# 现代化工"校企双元"人才培养职业教育改革系列教材
## 编写委员会

现代化工"校企双元"人才培养
职业教育改革系列教材

# 化工生产过程控制

张 鹏　主 编
张 燕　副主编
张新岭　主 审

化学工业出版社

·北京·

## 内容简介

　　《化工生产过程控制》主要是为职业院校化工类及相关专业的学生学习现代化工生产过程控制和生产岗位相关的知识、技能而编写的专业教材。全书以化工工艺相关岗位工作内容和职责的设置为依据，并结合德国双元制职业教育中关于"化学工艺操作员"的职业要求，共设置了四个学习情境，主要包括：控制仪表的调试运行、控制系统的调试运行、信号报警及联锁系统的调试运行、计算机控制系统的联调运行。本书渗透了课程思政和现代化工新发展理念，将安全思维、契约精神、规范严谨、绿色生产、智能控制、创新发展等元素"润物细无声"地融入教材中，是引导和培养学生树立正确的价值观和职业导向的化工类专业课程教材。全书以"任务引领、做学一体"的课程设计思路为原则，以真实的工作情境为主线，采用教材配套工作页的形式，并附带相关数字化资源，建议教学课时为72学时。

　　本书可作为职业院校化工类及相关专业教材，也可作为化工企业操作工专业技能培训教材，还可作为相关企业人员了解现代化工生产过程控制内容的参考书。

**图书在版编目（CIP）数据**

化工生产过程控制 / 张鹏主编；张燕副主编.
北京：化学工业出版社，2025. 7. -- ISBN 978-7-122
-47883-2
　　Ⅰ. TQ02
中国国家版本馆CIP数据核字第2025PC9051号

---

责任编辑：熊明燕　提　岩　旷英姿
文字编辑：师明远
责任校对：李露洁
装帧设计：王晓宇

---

出版发行：化学工业出版社
　　　　　（北京市东城区青年湖南街13号　邮政编码100011）
印　　装：中煤（北京）印务有限公司
787mm×1092mm　1/16　印张17　字数455千字
2025年9月北京第1版第1次印刷

---

购书咨询：010-64518888
售后服务：010-64518899
网　　址：http://www.cip.com.cn
凡购买本书，如有缺损质量问题，本社销售中心负责调换。

---

定　　价：49.80元　　　　　　　　版权所有　违者必究

化工产业是国民经济发展的支柱性产业，随着信息时代的技术加持，现代化工产业也迎来了深刻的变革，其可持续发展对于人类经济和社会发展具有重要的推动作用。2021年，中共中央办公厅、国务院办公厅联合印发的《关于推动现代职业教育高质量发展的意见》中指出，职业教育要尝试改进教学内容和教材，创新教学模式和方法，鼓励按照生产实际和岗位需求设计开发课程，普遍开展项目教学、情境教学、模块化教学，开发模块化、系统化的实训课程体系，提升学生实践能力，努力推动现代信息技术与教育教学深度融合，提高课堂教学质量。"化工生产过程控制"是职业院校化工技术类相关专业普遍开设的一门专业核心课程。本书的设计遵循化工相关专业学生的认知发展规律，选取的内容紧紧围绕完成典型工作任务的需要有序展开、层层递进，既满足职业能力的培养要求，又充分考虑到职业教育对理论知识学习的需要；本书遵循"任务引领、做学一体"的原则，以能力培养为主线，辅以化工生产过程控制运行相关典型工作任务，围绕职业能力的培养组织课程内容，让学生通过完成具体的工作任务掌握相关知识，提升职业能力。

本书编写团队根据现代化工对技能人才的培养要求，全面贯彻习近平总书记对职业教育工作的重要指示和2022年国务院印发的《国家职业教育改革实施方案》，聚焦"立德树人"的根本任务，在培养学生职业能力的基础上，引导其树立正确的世界观、人生观、价值观，同时强化科技强国、安全规范、环保健康的意识，旨在培养学生的大国工匠精神和民族自豪感。

本书由四个学习情境组成，以任务描述、学习目标、知识准备、任务实施为框架，配以巩固练习和知识卡片。本书由上海现代化工职业学院张鹏担任主编，茂名职业技术学院张燕担任副主编。具体编写分工为：学习情境一中的任务一及其工作页由盘锦职业技术学院崔帅编写；学习情境一中的任务二及其工作页由上海现代化工职业学院牛亚杰编写；学习情境二中的任务一及其工作页由茂名职业技术学院张燕编写；学习情境二中的任务二和学习情境三中的任务一、任务二及其工作页由上海现代化工职业学院张鹏编写；学习情境四中的任务一及其工作页由东营职业学院刘德志编写；学习情境四中的任务二及其工作页由东营职业学院杨林编写。全书由张鹏统稿，河北化工医药职业技术学院张新岭担任主审，上海应用技术大学王贵成副教授和科思创聚合物（中国）有限公司工程师鞠安秋参与审核。

中德化工职教联盟、上海现代化工职业学院、茂名职业技术学院、东营职业学院、上海市教育委员会研究室、化学工业出版社的领导和专家对本书的编写给予了极大的关心和支持，在此致以诚挚的感谢，同时感谢上海虎置文化集团有限公司为本书配套的数字资源提供技术支持。

由于编者的精力和水平所限，书中难免有不足之处，欢迎广大读者批评指正。


编者

2025 年 3 月

**目录**
CONTENTS

## 二维码资源目录

# 控制仪表的调试运行

## 情境描述

　　常减压车间技术改造完成，设备仪表安装完毕并检查合格，施工方需要按照交工验收方案进行系统模拟试验。系统模拟试验分为三个阶段：单体仪表调试、单系统调试和全系统调试。通过回路信号仿真测试方式监测测量仪表、控制器、执行器和信号报警及联锁系统的运行状况，进而测试系统的 PID 调节参数及控制器作用方向、工艺参数、安全仪表系统的工作状况，全工艺流程的系统运行状况，并检测其是否符合设计及生产工艺要求。本学习情境涉及其中的自动控制仪表调试运行方面的内容。

# 任务一　自动控制仪表的调试运行

## 子任务 1　认识数字式自动控制仪表

### 任务描述

在深入学习数字式自动控制仪表的基础上，了解自动控制仪表的应用类型和特点，熟悉其基本构成和工作原理，同时了解常见智能控制仪表的特点和操作。

学习目标

知识目标：① 了解自动控制仪表的应用类型、特点和基本构成。
　　　　　② 掌握常见智能控制仪表的特点和操作方法。

技能目标：① 会说出数字式控制仪表的工作原理。
　　　　　② 会操作常见智能控制仪表。

素养目标：① 培养逻辑分析能力。
　　　　　② 培养规范操作的能力。
　　　　　③ 具有家国情怀，增强民族自豪感和自信心。

### 知识准备

在简单控制系统中，自动控制仪表（控制器）的主要作用是监控、调节和控制被控对象，确保系统达到预定的控制目标。控制器通过接收检测装置的信号，与给定值进行比较，计算出偏差，并根据一定的运算规律（如 PID 运算）生成控制信号，传递给执行器以改变被控变量的数值，从而达到控制目的。

### 一、自动控制仪表的类型

根据所传送的信号形式，自动控制仪表可分为模拟式控制仪表和数字式控制仪表（表 1-1）。其中模拟式控制仪表所传送的是连续的模拟信号，由运算放大器等模拟电子器件构成，而数字式控制仪表所传送的是离散的数字信号，以微处理器为核心采用数字电路技术，两者的特点对比如表 1-1 所示，目前化工自动控制系统中大多采用的是数字式自动控制仪表。

表 1-1　模拟式控制仪表与数字式控制仪表的区别

| 自动控制仪表类别 | 模拟式控制仪表 | 数字式控制仪表 |
| --- | --- | --- |
| 技术原理 | 以模拟电子技术为基础 | 以数字电子技术为基础 |
| 硬件组成 | 以运算放大器等模拟电子器件为基本部件构成模拟电路 | 以微处理器为核心部件构成的数字电路 |

## 二、数字式控制仪表的特点

数字式控制仪表具有如下特点：
① 采用数字电路技术；
② 具有丰富的运算控制功能；
③ 使用灵活方便，通用性强；
④ 具有通信功能，便于系统扩展；
⑤ 可靠性高，维护方便。

## 三、数字式控制仪表的基本构成

### 1. 硬件电路部分

数字式控制仪表的硬件电路（图 1-1）主要由主机电路、过程输入通道、过程输出通道、人机接口电路以及通信接口电路等部分构成。

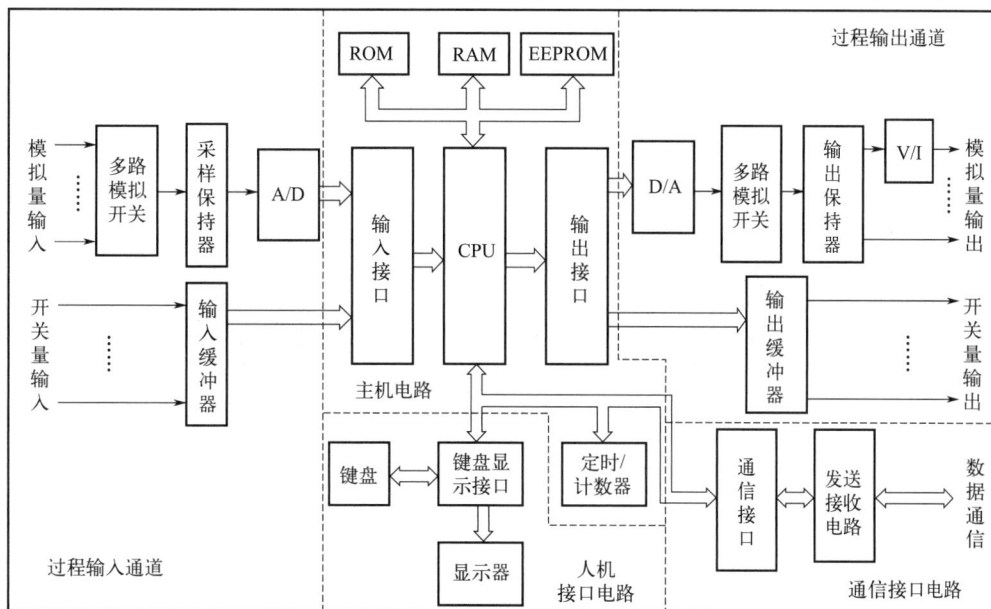

图 1-1　数字式控制仪表硬件电路组成图

（1）主机电路　主机电路是数字式控制器的核心，用于实现仪表数据运算处理及各组成部分之间的管理。

（2）过程输入通道　过程输入通道包括模拟量输入通道和开关量输入通道，模拟量输入通道用于采集接收模拟量输入信号，开关量输入通道用于采集接收开关量输入信号。

（3）过程输出通道　过程输出通道包括模拟量输出通道和开关量输出通道，模拟量输出通道用于输出模拟量信号，开关量输出通道用于输出开关量信号。

（4）人机接口电路（HMI）　人机接口电路一般置于控制器的正面和侧面，有测量值和设定值显示，以及运行状态（自动 / 手动 / 串级）切换按钮、手动操作按钮、各种状态指示灯、键盘按键等。

（5）通信接口电路（CIM）　通信接口将欲发送的数据转换成标准通信格式的数字信号，经发送电路送至通信线路（数据通道）上；同时通过接收电路接收来自通信线路的数字信号，将其转换成能被微控制器接收的数据。

### 2. 软件部分

数字式控制仪表的软件包括系统程序和用户程序两大部分。

（1）系统程序　通常由监控程序和功能模块程序两部分组成。监控程序保证控制仪表各硬件电路能正常工作并实现所规定的功能，同时管理各组成部分。功能模块提供了各种具体控制功能，用户可以选择所需要的功能模块构建用户程序，使控制器实现用户所规定的功能。

（2）用户程序　用户根据控制系统的要求，在系统程序中选择所需要的功能模块，并将它们按一定的规则连接起来的结果，其作用是使控制仪表完成预定的控制与运算功能。使用者编制程序实际上是完成功能模块的连接，也即组态工作。

用户程序的编程通常采用面向过程的 POL（problem oriented language）语言，这是一种为了定义和解决某些问题而设计的专用程序语言，它的优点是程序设计简单，操作方便，容易掌握和调试。通常有组态式和空栏式两种语言，组态式又有表格式和助记符式之分。控制器的编程工作是通过专用的编程器进行的，有"在线"和"离线"两种编程方法。由于这类控制器的控制规律可根据需要由用户自己编程，而且可以擦去改写，所以这类控制器实际上是一种可编程序的数字控制器。

## 四、智能控制仪表介绍

智能调节器（图1-2）采用了先进的模块化设计。它以微型计算机为核心，功能完善，性能优越，能解决模拟式仪表难以解决的问题，可以满足现代生产过程的高质量控制要求。

图1-2　智能调节器实物图

### 1. 主要特点

① 人性化设计的操作方法，非常方便易学；

② 通用性强，技术成熟可靠；

③ 提供多个型号，能广泛满足各种应用场合的需要；

④ 测量精确稳定；

⑤ 采用较为先进的人工智能调节算法，无超调，具备自整定（AT）功能。

### 2. 操作面板和使用方法介绍（图1-3）

## 任务实施

## 一、安全教育

由于在化工过程控制实训操作中，涉及一些强电设备的连接和使用操作，因此在开始实训之

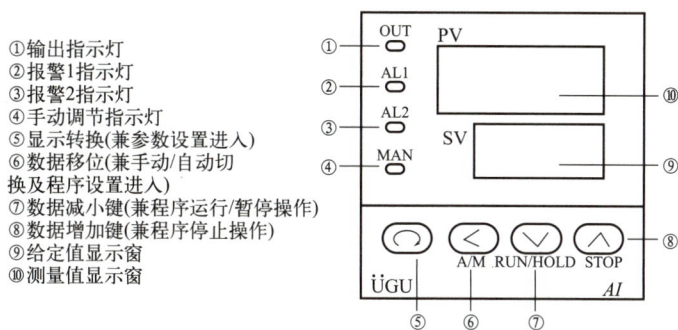

①输出指示灯
②报警1指示灯
③报警2指示灯
④手动调节指示灯
⑤显示转换(兼参数设置进入)
⑥数据移位(兼手动/自动切换及程序设置进入)
⑦数据减小键(兼程序运行/暂停操作)
⑧数据增加键(兼程序停止操作)
⑨给定值显示窗
⑩测量值显示窗

(a) 操作面板

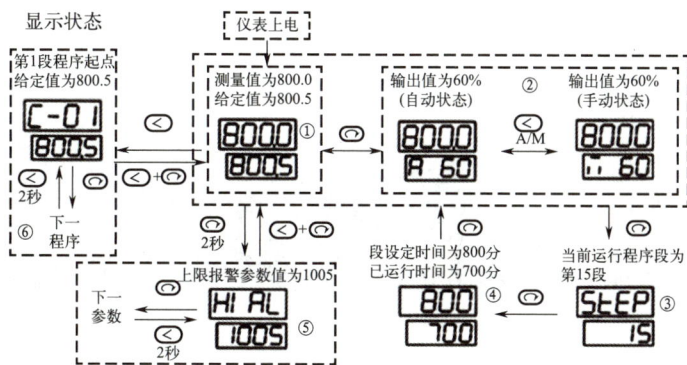

(b) 使用方法

图1-3　智能调节器操作面板（a）和使用方法（b）示意图

前，必须高度重视安全，需要明确工作环境和工作任务中可能存在的安全隐患和必要的防护措施，并签署该工作任务安全须知确认单。穿戴好个人防护用品（图1-4）进入实训（生产）场所。

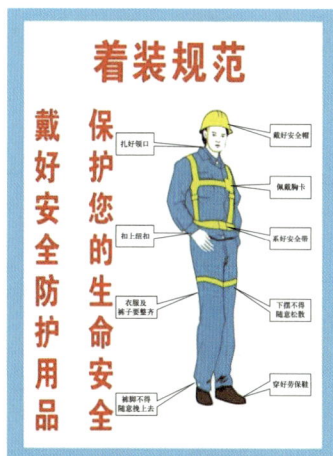

图1-4　个人防护用品规范穿戴示意图

## 二、所需仪器设备和工具

仪器设备使用清单见表1-2。

表1-2　仪器设备使用清单列表

| 设备名称 | 型号或数量 | 精度等级 |
|---|---|---|
| 高级过程控制对象系统实验装置 | THJ-3型 | 1.5级 |
| 过程综合自动化系统控制实验平台 | THSA-1型 | 1.5级 |
| 连接线 | 若干 | — |

## 三、现场装置

化工过程控制实训装置现场图见图1-5。

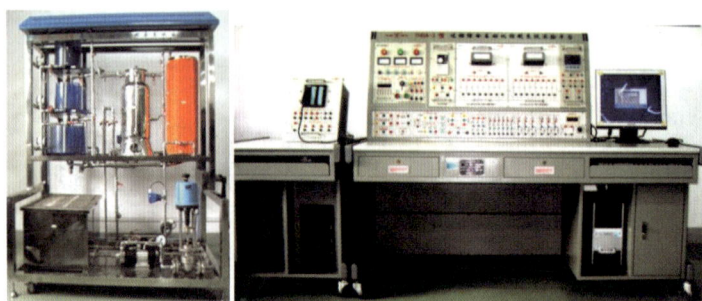

图1-5　化工过程控制实训装置现场图

## 四、工作内容与步骤

### 1. 任务要求

本次任务是水箱液位控制系统的构建和投运（图1-6）。被控变量为上水箱的液位，要求上水

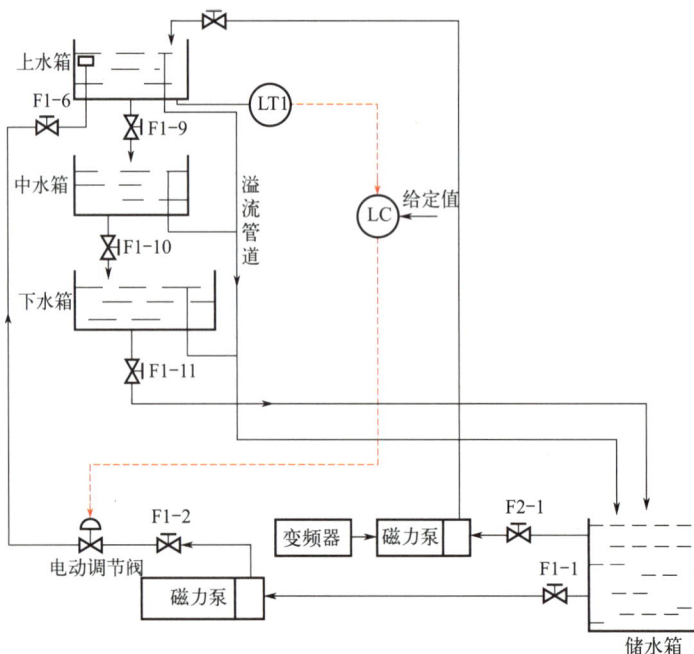

图1-6　水箱液位控制系统组成原理图

箱的液位稳定在给定值。将压力传感器 LT1 检测到的上水箱液位信号作为智能调节器的输入信号，与事先设置在智能调节器内部的给定值比较后求出差值，通过智能调节器的 PID 运算，输出控制信号，去控制电动调节阀的开度，以达到控制上水箱液位的目的。

### 2. 操作步骤

（1）设置流程，打开阀 F1-1、F1-2、F1-6，上水箱底阀 F1-9 半开，其他阀门处于关闭状态。

（2）看图接线（图 1-7）。

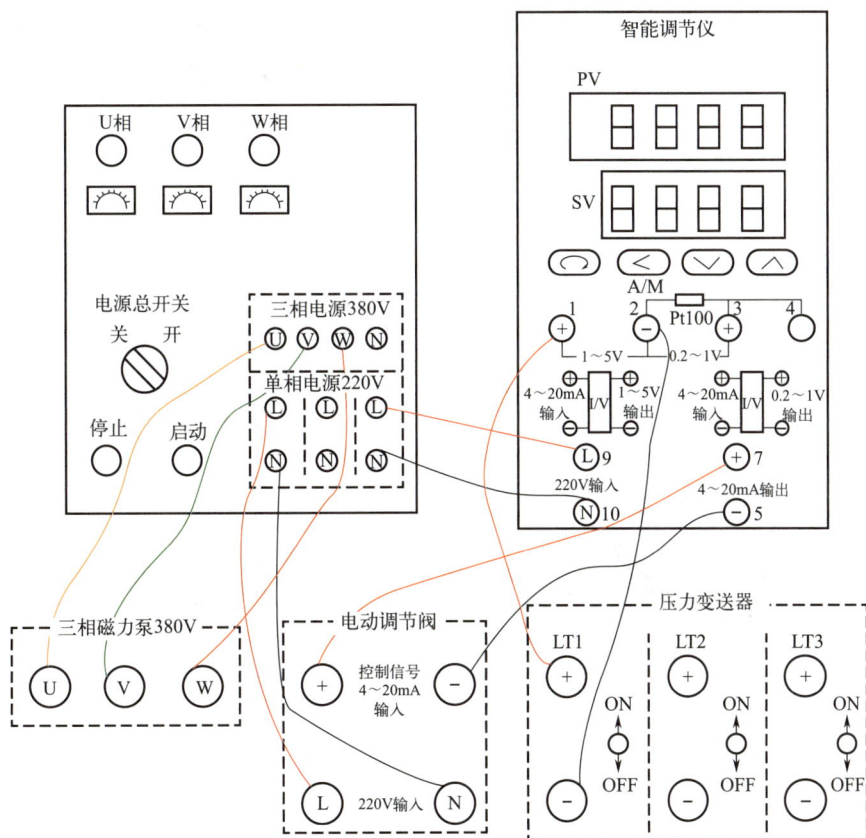

图 1-7　水箱液位控制系统接线图

接线提示：

① 三相电源输出端 U、V、W 对应连接到 380V 三相磁力泵的输入端 U、V、W。

② 电动调节阀的 L、N 端接至单相电源的 L、N 端。

③ 智能调节仪的 L、N 端接至单相电源的 L、N 端。

④ 将 FT1 上水箱液位（+、−）对应接到智能调节仪的 1 号、2 号输入端。

⑤ 智能调节仪的 7 号、5 号输出端对应接到电动调节阀 4 ～ 20mA 输入端（+、−）。

⑥ 将 FT1 上水箱液位钮子开关拨到"ON"位置。

（3）按下操作台左侧的绿色"启动"按钮，观察泵和调节阀是否通电；同时打开操作台右下角的 24V 直流电源开关，给变送器通电。

（4）调节仪设为"手动"状态，手动输出 60%，内部参数 ADDR = 1。

（5）点击上位机实验——单容液位定值控制。如图 1-8 所示，设置参数 SV=8.0cm、P=40.0、I=20.0、D=0.0，然后点击"启动仪表"。

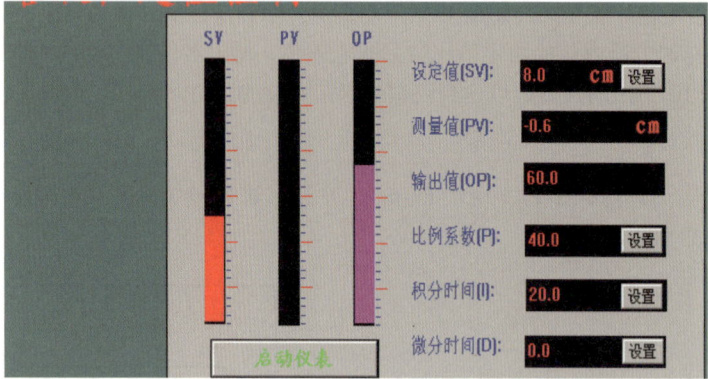

图 1-8　控制参数设定示意图

（6）如图 1-9 所示，设置输入规格 = 33，输入下限 =0.0，输入上限 =50.0，正反作用 =O（O 表示反作用），点击"关闭"。

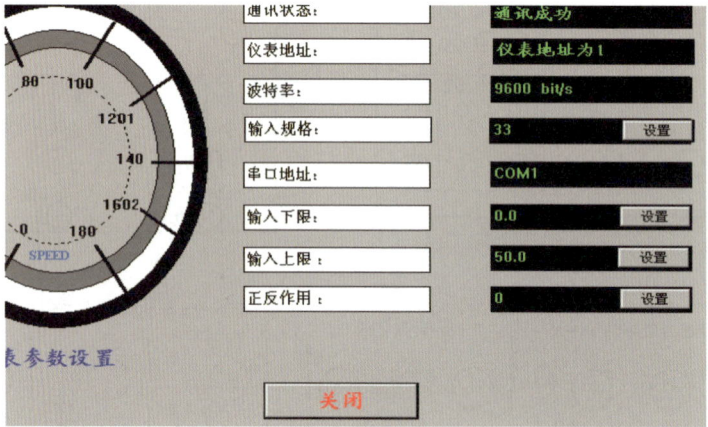

图 1-9　仪表参数设定示意图

（7）合上 380V 电源（即三相磁力泵通电），观察调节仪上 PV 值的变化情况，当 PV 值稳定且接近 SV 值时，调节仪切换到"自动"状态，系统经过微小波动后稳定。

（8）如图 1-10 所示，修改 SV = 10.0cm，点击"历史曲线"，观察过渡过程曲线变化情况。

图 1-10　控制参数设定示意图

（9）如图 1-11 所示，观察曲线的变化是否符合衰减振荡要求，当系统稳定后点击"退出"。

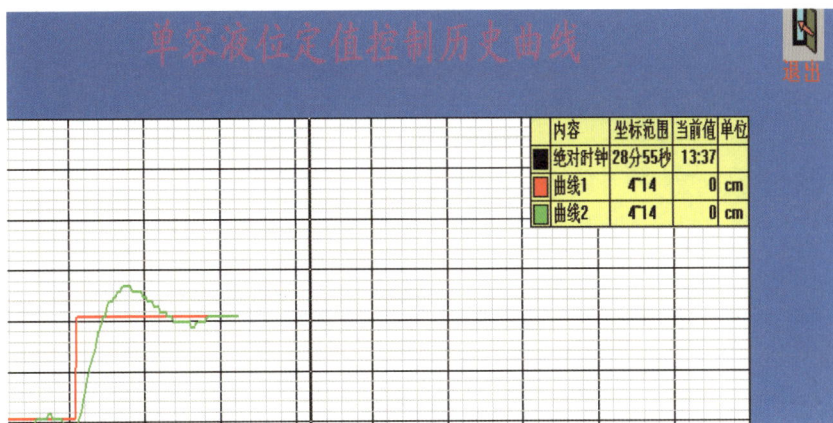

图 1-11　过渡过程曲线变化示意图

（10）操作完毕，退出本实验，按操作台"停止"按钮，关 24V 电源，拆线、理线。

## 五、获取控制结果曲线变化图

控制结果曲线变化见图 1-12。

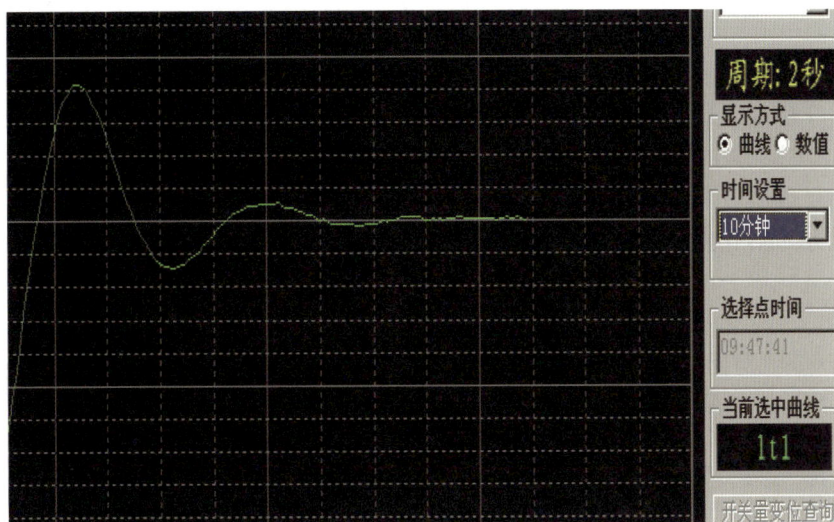

图 1-12　控制结果曲线变化图

## 六、考核评价内容

（1）按照安全规范进行 PPE 的穿戴和个人防护。

（2）根据工艺要求正确进行现场流程设置。

（3）正确接线构建控制系统。

（4）正确进行电脑控制的参数设置。

（5）正确实现现场与控制系统的联调，达到工艺要求和效果。

# 子任务 2　认识自动控制系统过渡过程

## 任务描述

在深入学习自动控制系统过渡过程的基础上，了解其类型和特点，会分析和计算过渡过程的各项品质指标，并能判断比例度、积分时间、微分时间对过渡过程曲线的影响。

学习目标

知识目标：① 了解自动控制系统过渡过程的类型和特点。

　　　　　② 熟悉比例、积分、微分控制规律的概念和特点。

　　　　　③ 了解比例、积分、微分控制规律对应的特征参数比例度、积分时间、微分时间对过渡过程曲线的影响。

技能目标：① 能判断比例度、积分时间、微分时间对过渡过程曲线的影响。

　　　　　② 会计算过渡过程的各项品质指标。

素养目标：① 具有规范严谨的数据计算和分析能力。

　　　　　② 具有撰写检验结果分析报告的能力。

　　　　　③ 树立取长补短、优势互补、协同配合地完成最优调节的意识。

## 知识准备

## 一、控制系统的静态与动态特性

### 1. 静态

在自动控制系统中，把被控变量不随时间变化的平衡状态称为系统的静态。当一个自动控制系统的输入（给定和干扰）和输出均恒定不变时，整个系统就处于一种相对稳定的平衡状态，系统的各个组成环节如变送器、控制器、控制阀都不改变其原先的状态，它们的输出信号也都处于相对静止状态，这种状态就是上述的静态。值得注意的是，这里所指的静态与习惯上所讲的静止是不同的。习惯上所说的静止都是指静止不动（当然指的仍然是相对静止）。而在自动化领域中的静态是指系统中各信号的变化率为零，即信号保持在某一常数不变化，而不是指物料不流动或能量不交换。因为自动控制系统在静态时，生产还在进行，物料和能量仍然有进有出，只是平稳进行，没有改变。

### 2. 动态

被控变量随时间而变化的不平衡状态称为系统的动态。假若一个系统原先处于相对平衡状态即静态，由于干扰的作用而破坏了这种平衡时，被控变量就会发生变化，从而使控制器、控制阀等自动化装置改变原来平衡时所处的状态，产生一定的控制作用来克服干扰的影响，并力图使系统恢复平衡。从干扰发生开始，经过控制，直到系统重新建立平衡，在这一段时间内，整个系统的各个环节和信号都处于变动状态之中，所以这种状态叫作动态。图1-13展示了控制系统中稳态与动态之间的转换过程。

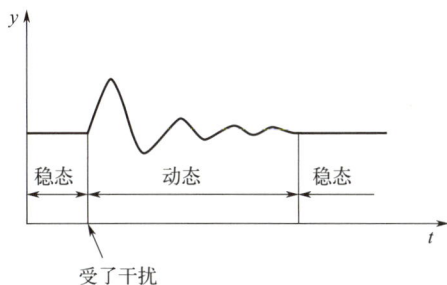

图 1-13　控制系统中稳态与动态的转换

## 二、控制系统的过渡过程

在自动化系统的运行过程中，了解系统的静态是必要的，但是了解系统的动态更为重要。这是因为在生产过程中，干扰是客观存在的，是不可避免的，例如生产过程中前后工序的相互影响；负荷的改变；电压、气压的波动；气候的影响等。这些干扰是破坏系统平衡状态引起被控变量发生变化的外界因素。在一个自动控制系统投入运行时，时时刻刻都有干扰作用于控制系统，从而破坏正常的工艺生产状态。因此，就需要通过自动化装置不断地施加控制作用去对抗或抵消干扰作用的影响，从而使被控变量保持在工艺生产所要求控制的技术指标上。自动控制系统在被控变量稳定时处于平衡状态，当有干扰时才进入动态调整过程。所以，研究自动控制系统的重点是研究系统的动态。

假定系统原先处于平衡状态，系统中的各信号不随时间而变化。在某一个时刻有一干扰作用于对象，于是系统的输出发生变化，系统进入动态过程。自动控制系统负反馈的稳定作用会使其重新恢复平衡状态。系统由一个平衡状态过渡到另一个平衡状态的过程，称为系统的过渡过程。在阶跃信号的干扰作用下，控制系统有可能出现图 1-14 所示的四种过渡过程（图 1-14）。

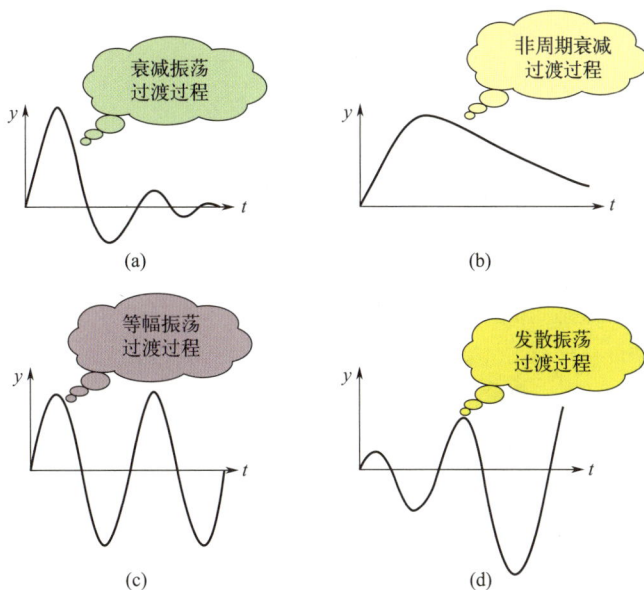

图 1-14　控制系统的四种过渡过程

### 1. 衰减振荡过渡过程

被控变量上下波动，但幅度逐渐减小，最后稳定在某一数值上，这种过渡过程形式称为衰减振荡过渡过程。

### 2. 非周期衰减过渡过程

被控变量在给定值的某一侧作缓慢变化，没有来回波动，最后稳定在某一数值上，这种过渡过程形式称为非周期衰减过渡过程。

### 3. 等幅振荡过渡过程

被控变量在给定值附近来回波动，且波动幅度稳定，这种过渡过程形式称为等幅振荡过渡过程。

### 4. 发散振荡过渡过程

被控变量来回波动，且波动幅度逐渐变大，即偏离给定值越来越远，这种过渡过程形式称为发散振荡过渡过程。

总结：自动控制系统总是希望达到衰减振荡过渡过程，选择合适的调节器 PID 参数才能实现衰减振荡的过渡过程。

## 三、控制系统的品质指标

控制系统的过渡过程是衡量控制系统品质的依据。由于在多数情况下，都希望得到衰减振荡过渡过程，所以选取衰减振荡过渡过程形式来讨论控制系统的品质指标。

假定自动控制系统在阶跃输入作用下，被控变量的变化曲线如图 1-15 所示。这是属于衰减振荡的过渡过程。图上横坐标 $t$ 为时间，纵坐标 $y$ 为被控变量离开给定值的变化量。假定在时间 $t=0$ 之前，系统稳定，被控变量等于给定值，即 $y=0$；在 $t=0$ 瞬间，外加阶跃干扰作用，系统的被控变量开始按衰减振荡的规律变化，经过相当长时间后，$y$ 逐渐稳定在 $C$ 值上，即 $y(\infty)=C$。

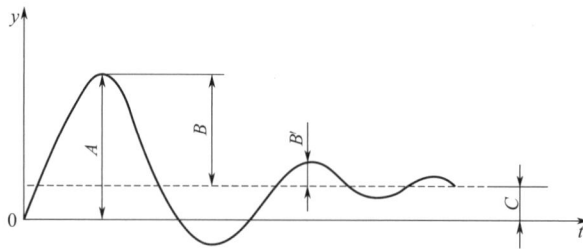

图 1-15 控制系统品质指标示意图

### 1. 最大偏差或超调量

最大偏差是指在过渡过程中，被控变量偏离给定值的最大数值。在衰减振荡过渡过程中，最大偏差就是第一个波的峰值，在图 1-15 中以 $A$ 表示。最大偏差表示系统瞬间偏离给定值的最大程度。若偏离越大，偏离的时间越长，表明系统离开规定的工艺参数指标就越远，这对稳定正常生产是不利的。因此最大偏差可以作为衡量系统质量的一个品质指标。一般来说，最大偏差当然是小一些为好，特别是对于一些有约束条件的系统，如化学反应器的化合物爆炸极限、催化剂烧结温度极限等，都会对最大偏差的允许值有所限制。同时考虑到干扰会不断出现，当第一个干扰还未清除时，第二个干扰可能也出现了，偏差有可能是叠加的，这就更需要限制最大偏差的允许值。所以，在决定最大偏差允许值时，要根据工艺情况慎重选择。

有时也可以用超调量来表征被控变量偏离给定值的程度。在图 1-15 中超调量以 $B$ 表示。从图中可以看出，超调量 $B$ 是第一个峰值 $A$ 与新稳态值 $C$ 之差，即 $B = A - C$。如果系统的新稳态值等于给定值，那么最大偏差 $A$ 就与超调量 $B$ 相等。

### 2. 衰减比

表示衰减程度的指标是衰减比，它是前后相邻两个峰值的比。在图 1-15 中衰减比是 $B:B'$，习惯上表示为 $n:1$。假如 $n$ 只比 1 稍大一点，显然过渡过程的衰减程度很小，接近于等幅振荡过渡过程，由于这种过程不易稳定、振荡过于频繁、不够安全，因此一般不采用。如果 $n$ 很大，则又太接近于非振荡过程，过渡过程过于缓慢，通常这也是不希望的。一般 $n$ 取 4 ～ 10 之间为宜。因为衰减比在 4:1 到 10:1 之间时，过渡过程开始阶段的变化速度比较快，被控变量在同时受到干扰作用和控制作用的影响后，能较快地到一个峰值，然后马上下降，又较快地达到一个低峰值，而且第二个峰值远远低于第一个峰值。当操作人员看到这种现象后，心里就比较踏实，因为他知道被控变量再振荡数次后就会很快稳定下来，并且最终的稳态值必然在两峰值之间，绝不会出现太高或太低的现象，更不会远离给定值以致造成事故。尤其在反应比较缓慢的情况下，衰减振荡过渡过程的这一特点尤为重要。对于这种系统，如果过渡过程是或接近于非振荡的衰减过程，操作人员很可能在较长时间内，都只看到被控变量一直上升（或下降），似乎很自然地怀疑被控变量会继续上升（或下降），由于这种焦急的心情，很可能会去拨动给定值指针或仪表上的其他旋钮。一旦出现这种情况，那么就等于对系统施加了人为的干扰，有可能使被控变量离开给定值更远，使系统处于难以控制的状态。所以，选择衰减振荡过程并规定衰减比在 4:1 至 10:1 之间，完全是操作人员多年操作经验的总结。

### 3. 余差

当过渡过程终了时，被控变量所达到的新的稳态值与给定值之间的偏差叫作余差，或者说余差就是过渡过程终了时的残余偏差，偏差的数值可正可负。在生产中，给定值是生产的技术指标，所以，被控变量越接近给定值越好，亦即余差越小越好。但在实际生产中，也并不是要求任何系统的余差都很小，如一般储槽的液位调节要求就不高，这种系统往往允许液位有较大的变化范围，余差就可以大一些。又如化学反应器的温度控制，一般要求比较高，应当尽量消除余差。所以，对余差大小的要求，必须结合具体系统作具体分析，不能一概而论。

有余差的控制过程称为有差调节，相应的系统称为有差系统。没有余差的控制过程称为无差调节，相应的系统称为无差系统。

### 4. 过渡时间

从干扰作用发生的时刻起，直到系统重新建立新的平衡时止，过渡过程所经历的时间叫过渡时间。严格地讲，对于具有一定衰减比的衰减振荡过渡过程来说，要完全达到新的平衡状态需要无限长的时间。实际上，由于仪表灵敏度的限制，当被控变量接近稳态值时，指示值就基本上不再改变了。因此，一般是在稳态值的上下规定一个小的范围，当被控变量进入这一范围并不再越出时，就认为被控变量已经达到新的稳态值，或者说过渡过程已经结束。这个范围一般定为稳态值的 ±5%（也有的规定为 ±2%）。按照这个规定，过渡时间就是从干扰开始作用之时起，直至被控变量进入新稳态值的 ±5%（或 ±2%）的范围内且不再越出时为止所经历的时间。过渡时间短，表示过渡过程进行得比较迅速，这时即使干扰频繁出现，系统也能适应，系统控制质量就高；反之，过渡时间太长，第一个干扰引起的过渡过程尚未结束，第二个干扰就已经出现，这样，几个干扰的影响叠加起来，就可能使系统满足不了生产的要求。

### 5. 振荡周期或频率

过渡过程同向两波峰（或波谷）之间的间隔时间叫振荡周期或工作周期，其倒数称为振荡频率。在衰减比相同的情况下，周期与过渡时间成正比，一般希望振荡周期短一些为好。

还有一些次要的品质指标，其中振荡次数，是指在过渡过程中被控变量振荡的次数。所谓"理想过渡过程两个波"，就是指过渡过程振荡两次就能稳定下来，在一般情况下，可认为这是较为理想的过程。此时的衰减比约相当于 4:1，图 1-15 中所示的就是接近 4:1 的过渡过程曲线。上升时间也是一个品质指标，它是指干扰开始作用起至第一个波峰时所需要的时间，显然，上升时间以短一些为宜。

综上所述，过渡过程的品质指标主要有：最大偏差、衰减比、余差、过渡时间等。这些指标在不同的系统中各有其重要性，且相互之间既有矛盾，又有联系。因此，应根据具体情况分清主次，区别轻重，那些对生产过程有决定性意义的主要品质指标应优先予以保证。另外，对一个系统提出的品质要求和评价一个控制系统的质量，都应该从实际需要出发，不应过分偏高偏严，否则就会造成人力物力的巨大浪费，甚至根本无法实现。

**例** 某换热器的温度控制系统在单位阶跃干扰作用下的过渡过程曲线如图 1-16 所示。试分别求出最大偏差、余差、衰减比、振荡周期和过渡时间（给定值为 200℃，稳态值为 205℃）。

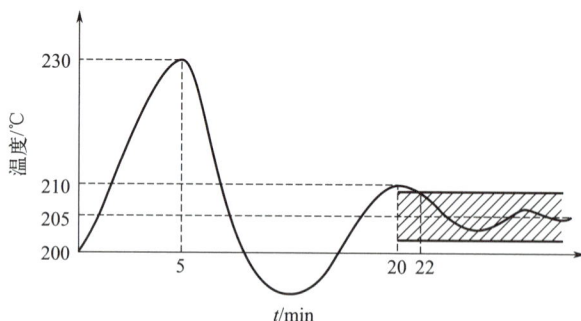

图 1-16 换热器温度控制系统过渡过程曲线

**解：** 最大偏差 $A = 230 - 200 = 30$（℃）

余差 $C = 205 - 200 = 5$（℃）

从图 1-16 中可以看出，第一个波峰值 $B = 230 - 205 = 25$（℃），第二个波峰值 $B' = 210 - 205 = 5$（℃），故衰减比应为 $B : B' = 25 : 5 = 5 : 1$。

振荡周期为同向两波峰之间的时间间隔，故周期 $T = 20 - 5 = 15$（min）

过渡时间与规定的被控变量限制范围大小有关，假定被控变量进入设定值的 ±2% 就可以认为过渡过程已经结束，那么限制范围为 $200 \times (\pm 2\%) = \pm 4$（℃），这时，可在新稳态值（205℃）两侧以宽度为 ±4℃ 画一区域，图 1-16 中以画有阴影线的区域表示，只要被控变量进入这一区域且不再越出，过渡过程就可以认为已经结束。因此，从图中可以看出，过渡时间为 22min。

# 子任务 3 认识 PID 控制规律

## 任务描述

在深入学习比例积分微分控制规律的基础上，深入理解各种不同控制的作用方式和特点，明晰不同 PID 参数对控制系统过渡过程的影响。

知识目标：① 熟悉双位、比例、积分、微分控制的作用方式。

② 理解双位、比例、积分、微分控制的特点和应用。

技能目标：① 会根据不同的工艺要求和工况选择合适的控制方式。

② 会根据工艺要求进行 PID 参数整定保证系统良好投运。

素养目标：① 培养对比逻辑分析能力。

② 培养不断修正偏差，提升控制质量的意识。

③ 理解公式中参数变化影响的能力。

## 知识准备

控制器的输入信号是经过比较运算后得到的偏差信号 $e$，我们经常假定控制器的输入信号 $e$ 是一个阶跃信号，然后来研究控制器的输出信号 $p$ 随时间的变化规律。

其中，控制器的输出信号与输入信号之间的关系，即 $p = f(e) = f(z - x)$

化工生产中自动化控制中常用的一般控制作用有双位控制、比例控制（P）、积分控制（I）、微分控制（D），具体的应用形式主要有比例控制（P）、比例积分控制（PI）、比例微分控制（PD）和比例积分微分控制（PID）。

## 一、双位控制

双位控制的动作规律是当测量值大于设定值时，控制器的输出为最大（或最小），而当测量值小于设定值时，则输出为最小（或最大），即控制器只有两个输出值，相应的控制机构也只有开和关两个极限位置，因此又称为开关控制。

理想的双位控制器其输出 $p$ 与输入偏差 $e$ 之间的关系（图 1-17）为：

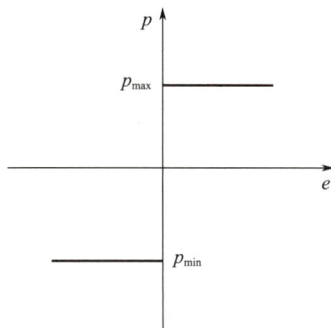

图 1-17　理想的双位控制特性示意图

$$p = \begin{cases} p_{\max}, & e>0(或 e<0) \\ p_{\min}, & e<0(或 e>0) \end{cases}$$

举例：采用双位控制的液位控制系统，它利用电极式液位计来控制储槽的液位，电磁阀作为执行器在双位控制的作用下频繁开关从而将液位维持在设定值上下很小的一个范围内波动。如果将测量装置及继电器线路稍加改变，便可成为一个具有中间区的改进版的双位控制器，由于设置了中间区，当偏差在中间区内变化时，控制机构不会动作，因此可以使控制机构开关的频繁程度大为降低，延长了控制器中运动部件的使用寿命，如图1-18所示。

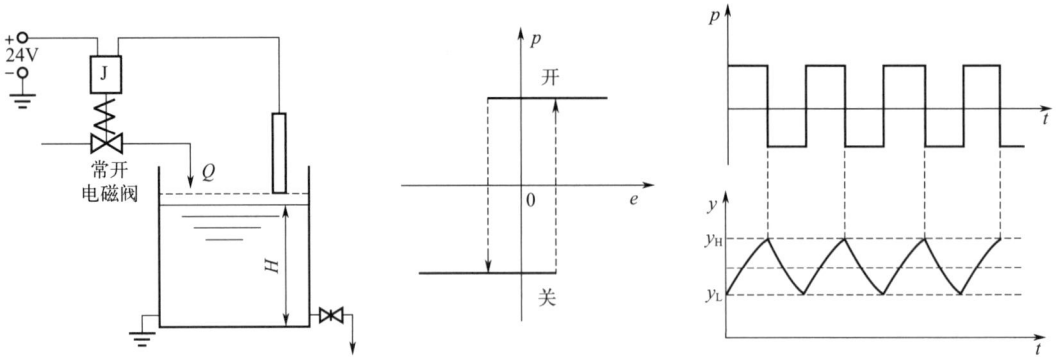

图1-18 双位控制示意图

双位控制过程中一般采用振幅与周期作为品质指标，如果工艺生产允许被控变量在一个较宽的范围内波动，控制器的中间区间就可以宽一些，这样振荡周期较长，可使可动部件动作的次数减少，既减少了磨损，也减少了维修工作量，因此只要被控变量波动的上、下限在允许范围内，使周期长些比较有利。双位控制器结构简单、成本较低、易于实现，因而应用很普遍。

## 二、比例控制（P）

在双位控制系统中，被控变量不可避免地会产生持续的等幅振荡过程，为了避免这种情况，应该使控制阀的开度与被控变量的偏差成比例，根据偏差的大小，控制阀可以处于不同的位置，这样就有可能获得与对象负荷相适应的操纵变量，从而使被控变量趋于稳定，达到平衡状态。控制器的输出信号与输入信号之间呈比例关系，即

$$p = K_P e$$

其中比例控制的放大倍数 $K_P$ 是一个重要的系数，它决定了比例控制作用的强弱。其原理可参照图1-19采用杠杆原理控制水箱液位的实例来理解，杠杆两个力臂之比越大，控制作用越强，即控制输出值越大。

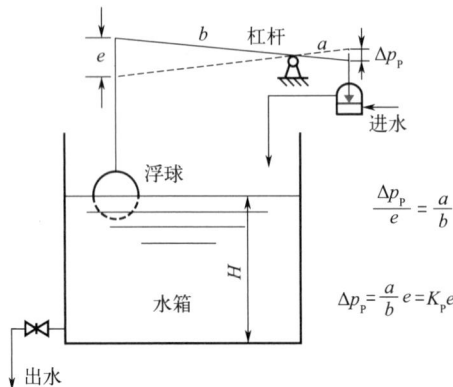

$$\frac{\Delta p_P}{e} = \frac{a}{b}$$

$$\Delta p_P = \frac{a}{b} e = K_P e$$

图1-19 水箱液位比例控制

比例度 $\delta$ 是指控制器输入的变化相对值与相应的输出变化相对值之比的百分数，它与比例放大系数 $K_P$ 成反比，即控制器的比例度 $\delta$ 越小，它的放大倍数 $K_P$ 就越大，它将偏差（控制器输入）放大的能力越强，反之亦然。

$$\delta = \frac{1}{K_P} \times 100\% \qquad \Delta p_P = \frac{1}{\delta}e$$

比例度 $\delta$ 对控制系统过渡过程的影响如图 1-20 所示。

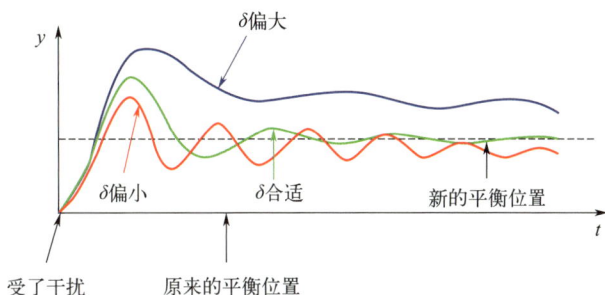

图 1-20　比例度 $\delta$ 对控制系统过渡过程的影响示意图

比例控制的优点是反应快，控制及时，缺点是存在余差。当对象的滞后较小、时间常数较大以及放大倍数较小时，控制器的比例度可以选得小些，以提高系统的灵敏度，使反应快些，从而过渡过程曲线的形状较好。反之，比例度就要选大些以保证稳定。

# 三、积分控制（I）

当对控制质量有更高要求时，就需要在比例控制的基础上，再加上能消除余差的积分控制作用。积分控制作用的输出变化量 $p$ 与输入偏差 $e$ 的积分成正比，即

$$\Delta p_I = \frac{1}{T_I} \int e \mathrm{d}t$$

其中 $T_I$ 是积分时间，$T_I$ 越小，积分控制作用越强；$T_I$ 越大，积分控制作用越弱。积分控制规律的特性曲线如图 1-21 所示。

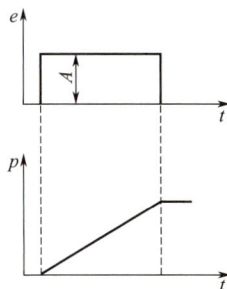

图 1-21　积分控制作用示意图

积分控制的作用是消除余差，可实现无差控制；但过程缓慢、有滞后、波动较大、不易稳定。因此积分控制规律一般不单独使用。当有偏差存在时，输出信号将随时间增长（或减小）。当偏差为零时，输出才停止变化而稳定在某一值上，因而用积分控制器组成控制系统可以达到无余差。

积分时间 $T_I$ 对控制系统过渡过程的影响如图 1-22 所示。

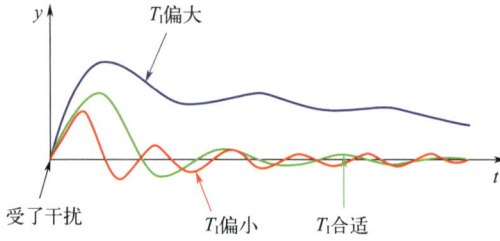

**图 1-22** 积分时间 $T_I$ 对控制系统过渡过程的影响示意图

## 四、微分控制（D）

对于滞后性较大的对象，常常希望能根据被控变量变化的快慢来控制。在人工控制时，虽然偏差可能还小，但看到参数变化很快，估计到很快就会有更大的偏差，此时会过分地改变阀门开度以克服干扰的影响，这就是按偏差变化速度进行控制。在自动控制时，控制器需要具有微分控制规律，控制器的输出信号与偏差信号的变化速度成正比，即

$$\Delta p_D = T_D \frac{\mathrm{d}e}{\mathrm{d}t}$$

其中，$T_D$ 是微分时间，$T_D$ 越小，微分控制作用越弱；$T_D$ 越大，微分控制作用越强。

微分控制规律的特性曲线如图 1-23 所示。

微分控制的优点是可实现超前控制功能，缺点是它的输出不能反映偏差的大小，假如偏差固定，即使数值很大，微分作用也没有输出，因而控制结果不能消除偏差，所以不能单独使用这种控制器，它常与比例控制和积分控制组合构成比例积分微分控制作用。

微分时间 $T_D$ 对控制系统过渡过程的影响如图 1-24 所示。

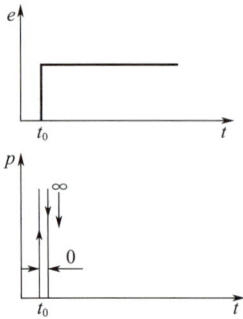

**图 1-23** 微分控制作用示意图

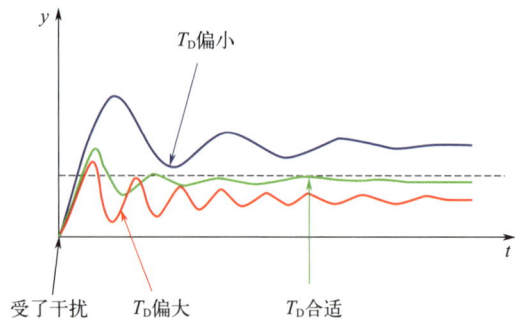

**图 1-24** 微分时间 $T_D$ 对控制系统过渡过程的影响示意图

## 五、比例积分控制（PI）

把比例控制与积分控制组合起来，这样控制既及时，又能消除余差，即

$$\Delta p_{PI} = \Delta p_P + \Delta p_I$$
$$= \frac{1}{\delta}\left(e + \frac{1}{T_I}\int e\mathrm{d}t\right)$$

比例积分控制的特性曲线如图 1-25 所示。

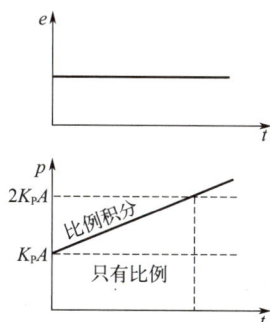

图 1-25 比例积分控制作用示意图

比例积分控制器对于多数系统都可采用，比例度和积分时间两个参数均可调整。当对象滞后很大时，可能控制时间较长、最大偏差也较大，当负荷变化过于剧烈时，由于积分动作缓慢，使控制作用不及时，此时可增加微分作用。

## 六、比例积分微分控制（PID）

在容量滞后大而又要消除余差的场合，应用比例积分微分控制，用 PID 表示，即

$$\Delta p_{PID} = \Delta p_P + \Delta p_I + \Delta p_D = \frac{1}{\delta}\left(e + \frac{1}{T_I}\int e \mathrm{d}t + T_D \frac{\mathrm{d}e}{\mathrm{d}t}\right)$$

比例积分微分控制的特性曲线如图 1-26 所示。

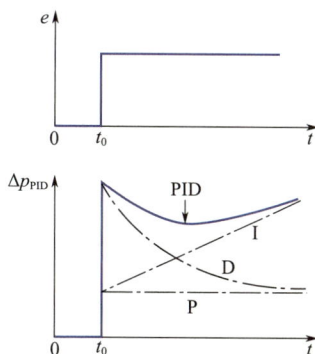

图 1-26 比例积分微分控制作用示意图

不同的 PID（$\delta$、$T_I$、$T_D$）参数的选择对控制系统过渡过程的影响如图 1-27 所示。

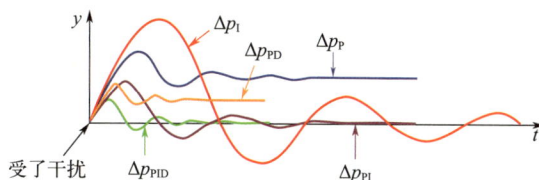

图 1-27 PID（$\delta$、$T_I$、$T_D$）各参数的选择对控制系统过渡过程的影响示意图

比例、积分、微分三种控制的比较总结如表 1-3 所示。

表1-3 PID 不同控制的作用对比

| 控制规律 | 数学特性式 | 特性参数 | 控制依据 | 特性参数对控制作用强弱的影响 | 特点 |
|---|---|---|---|---|---|
| P | $\Delta p_P = \dfrac{1}{\delta} e$ | $\delta$ | 偏差的大小 | $\delta$越小，控制作用越强 | 控制及时，存在余差 |
| I | $\Delta p_I = \dfrac{1}{T_I} \int e dt$ | $T_I$ | 偏差是否存在 | $T_I$越小，控制作用越强 | 消除余差，存在滞后 |
| D | $\Delta p_D = T_D \dfrac{de}{dt}$ | $T_D$ | 偏差的变化速度 | $T_D$越大，控制作用越强 | 超前控制，存在余差 |

常见的工业四大参数，也就是温度、压力、液位、流量，在控制上已经很成熟，经验上，PID 参数可以按照下面范围取值，可以减少调节的时间。千万要注意的是，不同的控制系统（电控、气控）或者不同的介质情况，会对控制参数有较大影响，千万不要生搬硬套，一般选择范围如下：

（1）温度控制　比例度 $P$ 取 20%～80%，积分时间 $T_I$ 取 180～600s，微分时间 $T_D$ 取 3～180s。

（2）压力控制　比例度 $P$ 取 30%～70%，积分时间 $T_I$ 取 24～180s。

（3）液位控制　比例度 $P$ 取 20%～80%，积分时间 $T_I$ 取 60～300s。

（4）流量控制　比例度 $P$ 取 40%～100%，积分时间 $T_I$ 取 6～60s。

# 任务二　执行器的调试运行

## 子任务 1　认识执行器

### 任务描述

通过学习执行器的基本概念，了解执行器的类型及其主要特点，熟悉执行器的基本组成，通过绘制执行器与检测变送器、控制仪表之间的关系，进一步理解执行器在自动控制系统中的作用。

**学习目标**

知识目标：① 了解执行器的类型及主要特点。

　　　　　② 熟悉执行器的组成及作用。

技能目标：① 能比较气动、液动、电动执行器的主要特点。

　　　　　② 能绘制执行器与检测变送器、控制器之间的关系。

素养目标：① 具备类比分析的能力。

　　　　　② 具备逻辑思维的能力。

　　　　　③ 树立高度的责任意识和规则意识。

### 知识准备

## 一、执行器的作用

执行器是自动控制系统中的一个重要组成部分，它的作用是接收控制器送来的控制信号，改变被控介质的流量，从而将被控变量维持在所要求的数值上或一定的范围内，使生产过程按照预定要求正常运行。图 1-28 为自动控制系统的工作过程。

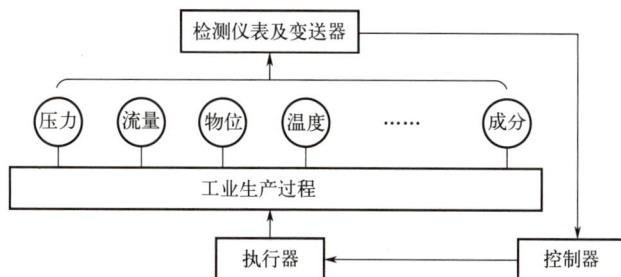

图 1-28　自动控制系统的工作过程

## 二、执行器的分类

典型的自动化控制系统包括检测仪表变送器、控制器、执行器和被控对象四个部分。在过程控制中，执行器安装在工业现场，直接与被控流体相接触，对生产安全起到至关重要的作用。

按所用驱动能源，执行器分为气动、电动和液动三大类（表1-4）。气动执行器用压缩空气作为能源，其特点是结构简单、安全性好、输出推力较大、维修方便，而且价格较低，因此广泛应用于化工、炼油等生产过程中。电动执行器以电能为主要能源，取用方便，信号传递迅速，但由于其结构较复杂、防爆性能差、推动力较小，故在化工、炼油生产过程中使用较少。液动执行器以液压传递为动力，其显著特点是推动力大，但装置复杂，只适用于需要大推动力的特定场合，如三峡的船阀。

表1-4　气动、电动和液动执行器的比较

| 执行器类别 | 气动执行器 | 电动执行器 | 液动执行器 |
| --- | --- | --- | --- |
| 结构 | 简单 | 复杂 | 简单 |
| 体积 | 中 | 小 | 大 |
| 推力 | 中 | 小 | 大 |
| 配管配线 | 较复杂 | 简单 | 复杂 |
| 动作滞后 | 大 | 小 | 小 |
| 维护检修 | 简单 | 复杂 | 简单 |
| 使用场合 | 适用于防火防爆 | 隔爆型适用于防火防爆 | 注意火花 |
| 频率响应 | 狭 | 宽 | 狭 |
| 温度影响 | 较小 | 较大 | 较大 |
| 成本 | 低 | 高 | 高 |

按阀芯的运动轨迹，执行器分为直行程和角行程两大类。直行程调节阀阀芯一般是在直线上往复运动，典型的产品有单座阀、双座阀、套筒阀、三通阀、角形阀、Y形阀、轴流阀等。角行程调节阀一般是在90°范围内往复旋转运动，典型的产品有蝶阀、球阀、偏心旋转阀（凸轮挠曲阀）、旋塞阀等。

执行器的产品类型多种多样，随着数字技术和微处理技术的发展，目前集常规仪表的检测、控制、执行等作用于一身的新型执行器——智能执行器被应用于过程控制，它是以执行器为主体，将许多部件组装在一起的一体化结构，具有智能化的控制、显示、诊断、保护和通信功能。

## 三、执行器的组成

执行器由执行机构和控制机构（阀体）两部分组成（图1-29），其中执行机构是执行器的驱动装置，它按控制信号压力的大小产生相应的推力，推动控制机构动作，所以它是将信号压力的大小转换为阀杆位移的装置。控制机构是执行器的控制部分，它直接与被控介质接触，在执行机构的推动下，改变阀芯和阀座之间的流通面积，从而控制流体的流量，所以它是将阀杆的位移转换为流过阀的流量的装置。一般来说，阀体是通用的，既可以与气动执行机构匹配，也可以与电动执行机构或液动执行机构匹配。

根据实际使用需要，执行器可以与多种辅助仪表配合使用，常用的有电气阀门定位器和手轮。阀门定位器的作用是利用反馈原理来改善执行器的性能，使执行器按控制器的控制信号，实现准确的定位。手轮机构的作用是当因停电、停气造成控制器无输出或执行机构失灵时，利用它可以

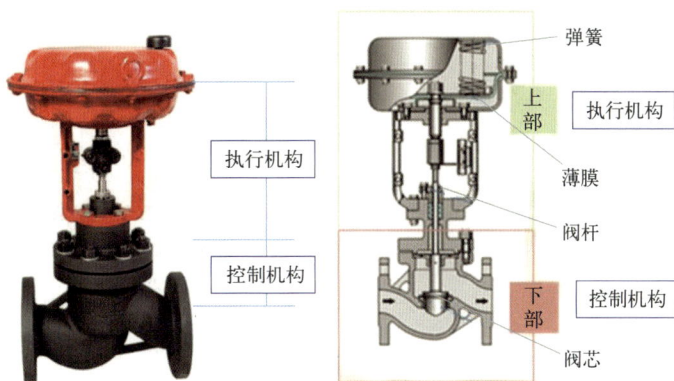

图 1-29　执行器的组成

直接操纵控制阀，以维持生产的正常进行。

# 子任务 2　认识气动执行器

## 任务描述

通过学习气动执行器，了解气动执行器的结构和分类，熟悉不同控制阀的主要特点，理解气动执行器的选择原则，通过气动薄膜调节阀的安装和拆卸，进一步掌握气动执行器的使用要求。

学习目标

知识目标：① 了解列举气动执行器的结构和分类。

　　　　　② 理解阐述气动执行器的工作原理及选择原则。

技能目标：① 能辨识各种不同类型的控制阀并了解其主要特点。

　　　　　② 能在规定时间内，规范进行气动薄膜调节阀的安装和拆卸。

素养目标：① 具备类比分析的能力。

　　　　　② 具备逻辑思维的能力。

　　　　　③ 培养辨别意识和防范意识，根据不同工作场景选择合适设备。

## 知识准备

## 一、气动执行器的组成和分类

气动执行器一般是由气动执行机构和控制机构两部分组成（图 1-30），根据需要还可以配上阀门定位器和手轮机构等附件。气动薄膜调节阀是一种典型的气动执行器。气动执行机构接收控制器（或转换器）的输出气压信号，按一定的规律转换成推力，去推动控制机构。控制机构为执行器的调节部分，它与被调节介质直接接触，在气动执行机构的推动下，使阀门产生一定的位移，通过改变阀芯与阀座间的流通面积，来控制被调节介质的质量。调节过程如图 1-31 所示。

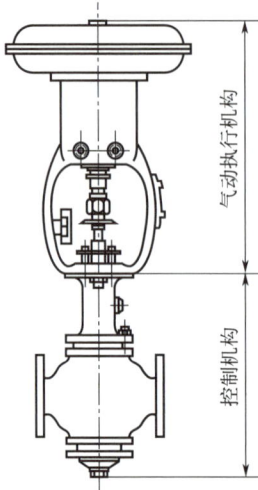

图 1-30　气动执行器的组成　　图 1-31　气动薄膜调节阀作用原理图

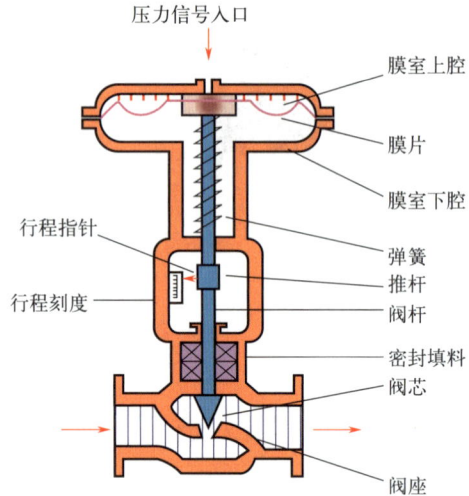

## 二、执行机构

### 1. 气动薄膜执行机构

气动薄膜执行机构有正作用和反作用两种形式。如图 1-32 所示，当来自控制器或阀门定位

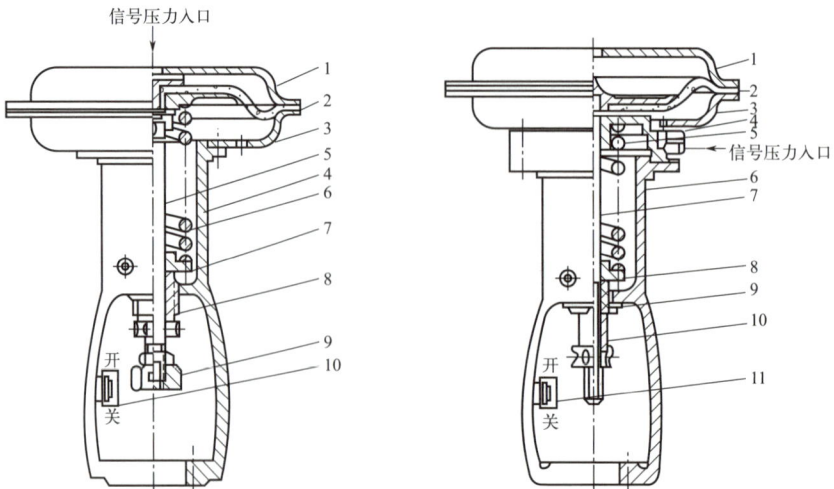

(a) 执行机构的正作用形式　　(b) 执行机构的反作用形式

1—上阀盖；2—膜片；3—下阀盖；4—阀体；5—推杆；6—弹簧；7—导向件；8—锁紧螺母；9—插销件；10—标尺

1—上阀盖；2—膜片；3—下阀盖；4—气源接口；5—弹簧；6—阀体；7—推杆；8—导向件；9—锁紧螺母；10—插销件；11—标尺

图 1-32　气动薄膜执行机构的正反作用示意图

器的信号压力增大时，阀杆向下动作的叫正作用执行机构；当信号压力增大时，阀杆向上动作的叫反作用执行机构。正作用执行机构的信号压力是通入波纹膜片上方的薄膜气室；反作用执行机构的信号压力是通入波纹膜片下方的薄膜气室。由于反作用执行机构的信号压力是通入膜片与下膜盖组成的气室，而推杆也从下方引出并做上下移动，因此为了防止气压信号经下膜盖与推杆之间的间隙泄漏，增加了密封圆环。正、反作用执行机构之间只要更换个别零件，就可方便地进行互相改装。

气动薄膜调节阀
3D 动画

### 2. 气动活塞执行机构

气动活塞执行机构的主要部件为气缸、活塞、推杆。气缸内活塞随气缸内两侧压差的变化而移动。气动活塞执行机构根据特性分为两位式和比例式两种。两位式根据输入活塞两侧操作压力的大小，活塞从高压侧被推向低压侧。比例式是在两位式基础上加以阀门定位器，使推杆位移和信号压力成比例关系。

气动薄膜执行机构由于结构上的限制，一般信号压力为 $20 \sim 100kPa$，最高压力不超过 $250kPa$，再加上结构上装有压缩弹簧，执行机构的推力大部分被弹簧反作用力抵消，因此薄膜执行机构的输出力较小。对于高压差、不平衡力较大的调节阀，如使用气动薄膜执行机构就必须采用庞大的薄膜头，这样对于中、小口径的调节阀，配上庞大的薄膜头极不相称，既占地方又不经济，因此就产生了活塞执行机构，这种执行机构由于气缸允许操作压力较大，可达 $500kPa$，而且无弹簧抵消推力，因此具有很大的输出力，适用于高静压、高压差的工艺场合，是自动控制系统中应用较多的强力气动执行机构。

## 三、控制机构

控制阀的阀体结构常见的有直通单座阀、直通双座阀、角形阀、三通阀、隔膜阀、笼式阀、球阀、蝶阀、偏心旋转阀等，前六种为直行程，后三种为角行程。下面介绍几种常用的类型（表 1-5）。

表 1-5　常见控制阀类型介绍

| 名称 | 实物图 | 结构简图 |
|---|---|---|
| 直通单座阀 |  |  |
| 直通双座阀 |  |  |

| 名称 | 实物图 | 结构简图 |
|---|---|---|
| 角形阀 | | |
| 三通阀 | | (a) 合流型<br>(b) 分流型 |
| 隔膜阀 | | |
| 笼式阀 | | |
| 球阀 | | |

续表

| 名称 | 实物图 | 结构简图 |
|---|---|---|
| 蝶阀 | | |
| 偏心旋转阀 | | |

### 1. 直通单座阀

直通单座阀：阀体内只有一个阀座和阀芯，是使用较多的一种阀体类型。

特点：结构简单，密封效果好，易保证关闭，甚至完全切断，但是流通能力差，不平衡推力大。

应用场合：适用于较干净的气液介质，不适合高差压、大口径的场合。

### 2. 直通双座阀

直通双座阀：阀体内有两个阀座和阀芯。

特点：结构较复杂，不平衡推力小，但是密封效果较差，泄漏量较大。

应用场合：适用于阀两端压差较大，泄漏量要求不高的干净介质场合，不适用于高黏度和含纤维的场合。

### 3. 角形阀

角形阀：两个接管呈直角形，一般为底进侧出。

特点：流路简单，阻力较小，密封性好。

应用场合：适用于现场管道要求直角连接的场合，以及介质为高黏度、高压差、含有少量悬浮物和固体颗粒的场合。

### 4. 三通阀

三通阀：共有三个出入口与工艺管道连接，按照流通方式分合流型（两种介质混合成一路）和分流型（一种介质分成两路）两种。

特点：结构复杂，存在不平衡推力。与直通阀相比，组成相同的系统时，可省掉一个二通阀和一个三通接管。

应用场合：可以用来代替两个直通阀，适用于配比控制与旁路控制。

### 5. 隔膜阀

隔膜阀：采用耐腐蚀衬里的阀体和隔膜。

特点：结构简单，流阻小，流通能力比同口径的其他种类的阀要大，不易泄漏，耐腐蚀性强。

应用场合：适用于强酸、强碱、强腐蚀性介质的控制，也能用于高黏度及悬浮颗粒状介质的控制。

注意事项：选用隔膜阀时，执行机构须有足够的推力。由于受衬里材料性质的限制，这种阀的使用温度宜在150℃以下，压力在1MPa以下。

### 6. 笼式阀

笼式阀：又名套筒型控制阀，阀体与一般的直通单座阀相似。

特点：可调比大，振动小，不平衡推力小，结构简单，套筒互换性好，更换不同的套筒即可得到不同的流量特性，阀内部件所受的汽蚀小、噪声小，是一种性能优良的阀。

应用场合：适用于要求低噪声及压差较大的场合，但不适用高温、高黏度及含有固体颗粒的流体。

### 7. 球阀

球阀：阀芯与阀体都呈球形，按阀芯形式可分为"V"形和"O"形两种球阀。"O"形球阀的节流元件是带圆孔的球形体，转动球体可起控制和切断的作用。"V"形球阀的节流元件是V形缺口球形体，转动球心使V形缺口起节流和剪切的作用。

特点："V"形球阀流路简单，流通能力大，相当于同口径双座阀的2～2.5倍。

应用场合："V"形球阀适用于纤维、纸浆等高黏度和含杂质介质的控制。"O"形球阀常用于双位式控制。

### 8. 蝶阀

蝶阀：又名翻板阀，是一种角行程的调节阀。

特点：结构简单，重量轻，价格便宜，流路阻力极小，但泄漏量大。

应用场合：适用于大口径、大流量、低压差的场合，也可以用于含少量纤维或悬浮颗粒介质的控制。

### 9. 偏心旋转阀

偏心旋转阀：又名凸轮挠曲阀，阀芯呈扇形球面状，与挠曲臂及轴套铸成一体，固定在转动轴上。挠曲臂在压力作用下能产生挠曲变形，使阀芯球面与阀座密封圈紧密接触，密封性好。

特点：重量轻，体积小，安装方便。

应用场合：适用于高黏度或带有悬浮物的介质流量控制。

综合上述调节阀的特点，可得如下结论：

（1）前后压差小，要求泄漏量小的系统可用直通单座阀。

（2）前后压差大，允许有较大泄漏量的场合可用直通双座阀。

（3）黏度高，含悬浮物的介质或压力较高的地方用角形阀。

（4）要求低噪声的系统选用笼式阀；而介质腐蚀性强的情况下可用隔膜阀。

（5）低压、大流量、大口径管道可用蝶阀。一般情况下优先选用直通单座阀、直通双座阀和笼式阀。

## 四、气动执行器的选择

气动执行器的选型一般包括以下内容：

（1）根据工艺条件，选择合适的控制阀的结构形式和材质。

（2）根据工艺对象特性，选择流量特性。

（3）根据工艺数据，计算并确定阀门口径。

（4）根据阀杆受不平衡力的大小，选择足够推力的执行机构。

（5）根据工艺过程的要求，选择合适的辅助装置。

1. 气动薄膜调节阀型号的编制和识读（图1-33）

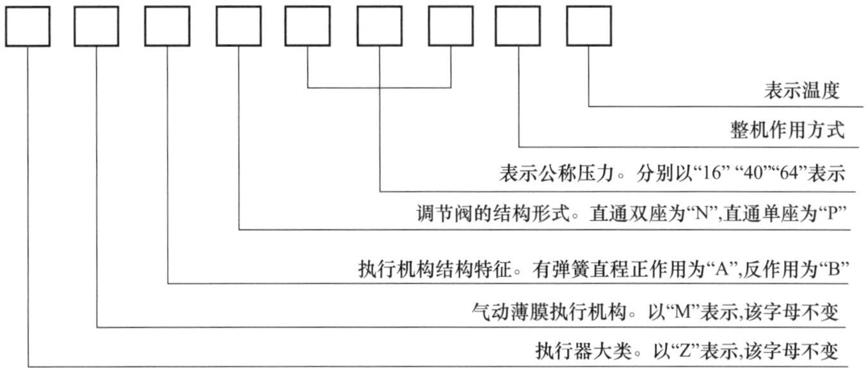

图1-33　气动薄膜调节阀的型号编制方法示意图

2. 执行器形式和材质的选择

在选择控制阀的结构形式时，应根据工艺生产条件，例如温度、压力、流量等，流体的特性，例如黏度、腐蚀性、毒性等，对控制的要求，例如可调比、泄漏量、开度范围等综合考虑。一般情况下优先选择直通单、双座控制阀和普通套筒阀。常用控制阀的主要优点和应用注意事项如下所述。

选择阀体组件材质时，主要考虑工艺介质的腐蚀性、温度、压力、汽蚀和冲刷等因素。控制阀的使用温度范围、耐压等级等指标一般在阀的铭牌、产品选型样本和使用说明书中有明确标注。考虑汽蚀、冲刷等因素时，可选用特殊合金或特殊结构形式的阀。一般在有耐腐蚀性要求时，阀体和阀芯常选用普通不锈钢（1Cr18Ni9Ti），耐腐蚀要求较高时可选用钼二钛不锈钢（Cr18Ni12Mo2Ti），还可选用适用于大多数腐蚀介质的全钛材质。阀内件应选用耐腐材质，例如表面堆焊司太立（Stelite）合金等。

介质温度高于 +200℃时，应选用散热型阀盖；介质温度低于 −20℃时，应选用长颈型阀盖；介质温度为 −20 ～ +200℃时，应选用普通型阀盖。

3. 流量特性的选择

（1）流量特性的概念　控制阀的流量特性是指被控介质流过阀门的相对流量与阀门相对开度之间的关系，即

$$\frac{Q}{Q_{\max}} = f\left(\frac{l}{L}\right)$$

式中　$Q/Q_{\max}$——相对流量，是指控制阀在某一开度的流量与最大流量的比值；

$l/L$——相对开度，即控制阀在某一开度下的行程与全行程之比。

一般来说，改变阀门的开度就可以改变流过阀门的流量。但流量的大小还与阀前后的压力差有关，因此，流量特性就有理想流量特性与工作流量特性之分。前者是指阀前后压差保持恒定时，控制阀的相对开度与相对流量之间的关系，它只与阀本身的结构有关，制造厂标明的流量特性都是理想流量特性；后者是指在实际压差下的情况。因为随着控制阀开度的改变，实际工艺管道中流体流量的变化会引起与控制阀串联的工艺管道、阀门、设备的压力损失的相应变化，所以，控

化工生产过程控制

制阀前后的压差也要改变。这样，控制阀的流量特性与理想流量特性就不一样。这种实际工作条件下的流量特性称为控制阀的工作流量特性。它不仅取决于阀的结构，还取决于与控制阀连接的工艺管道的具体安装情况。

（2）理想流量特性（图1-34）　在不考虑控制阀前后压差变化时得到的流量特性称为理想流量特性。它取决于阀芯的形状，主要有直线、等百分比、快开及抛物线等几种。

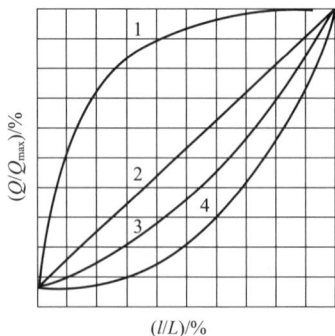

图1-34　理想流量特性
1—快开；2—直线；3—抛物线；4—等百分比曲线

① 直线流量特性。直线流量特性是指控制阀的相对流量与相对开度成直线关系，如图1-34中曲线2所示。在流量小时，流量变化的相对值大；在流量大时，流量变化的相对值小。也就是说，当阀门在小开度时控制作用太强；而在大开度时控制作用太弱，这是不利于控制系统的正常运行的。从控制系统来讲，当系统处于小负荷（原始流量较小）时，要克服外界干扰的影响，希望控制阀动作所引起的流量变化量不要太大，以免控制作用太强产生超调，甚至发生振荡；当系统处于大负荷时，要克服外界干扰的影响，希望控制阀动作所引起的流量变化量要大一些，以免控制作用微弱而使控制不够灵敏。直线流量特性不能满足以上要求。

② 等百分比（对数）流量特性。等百分比流量特性是指单位相对行程变化所引起的相对流量变化与此点的相对流量成正比关系，如图1-34中曲线4所示。曲线斜率随行程的增大而增大。在同样的行程变化值下，流量小时，流量变化小，控制平稳缓和；流量大时，流量变化大，控制灵敏有效。

③ 快开流量特性。快开流量特性是指单位相对位移的变化所引起的相对流量变化与该点相对流量值的倒数成正比关系，如图1-34中曲线1所示。具有快开流量特性的控制阀在开度较小时就有较大流量，随开度的增大，流量迅速达到最大值，接近全开状态，因此称为"快开阀"，主要适用于迅速启闭的切断阀或双位控制系统。

④ 抛物线流量特性。抛物线流量特性是指单位相对位移变化所引起的相对流量变化与该点相对流量值的平方根成正比关系，如图1-34中曲线3所示。它介于直线流量特性和等百分比流量特性之间。一般地，快开式控制阀为平板形结构，抛物线流量特性控制阀和等百分比流量特性控制阀都为曲面形状，抛物线流量特性控制阀阀芯曲面形状较瘦，等百分比流量特性控制阀阀芯曲面形状较胖。因此，当被控介质含有固体悬浮物，容易造成磨损，影响控制阀的使用寿命时，宜选择抛物线流量特性控制阀。

（3）工作流量特性　在实际生产中，控制阀前后压差总是变化的，这时的流量特性称为工作流量特性。控制阀的工作流量特性与实际的管道系统有关。

① 串联管道的工作流量特性。图1-35表示串联管道时的流量情况。当控制阀串联在管道系统中时，$\Delta P_V$表示控制阀前后的压力损失，$\Delta P_f$表示管道中其他元件与配管的压力损失，$\Delta P$表示系统中总的压差，则有：

$$\Delta P = \Delta P_V + \Delta P_F$$

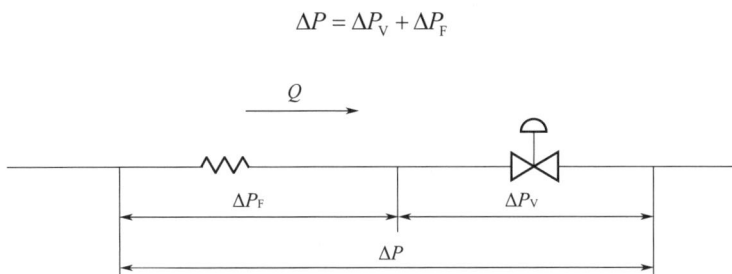

图1-35　串联管道的工作流量特性示意图

② 并联管道的工作流量特性。图1-36表示并联管道时的流量情况。在压力一定的情况下，管路的总流量 $Q$ 是控制阀流量 $Q_1$ 与旁路流量 $Q_2$ 之和，即

$$Q = Q_1 + Q_2$$

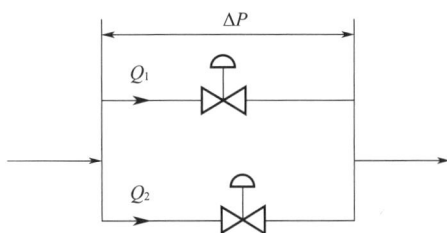

图1-36　并联管道的工作流量特性示意图

串、并联管道使用情况如下：
① 串、并联管道都会使阀的理想流量特性发生畸变，串联管道的影响尤为严重。
② 串、并联管道都会使控制阀的可调范围降低，并联管道尤为严重。
③ 串联管道使系统总流量减少，并联管道使系统总流量增加。
④ 串、并联管道会使控制阀的放大系数减小，即输入信号变化引起的流量变化值减小。

**4. 控制阀气开、气关形式的选择**

（1）控制阀气开、气关的定义

① 气开式控制阀（FC 故障关）。没有输入控制信号或控制信号最小时阀全关，随着控制信号增加阀开大。气开式控制阀也称正作用控制阀。

② 气关式控制阀（FO 故障开）。没有输入控制信号或控制信号最小时阀全开，随着控制信号增加阀关小。气关式调节阀也称反作用控制阀。

由于执行机构有正、反两种作用形式，控制阀也有正装和反装两种形式。因此，实现控制阀气开、气关有四种组合（图1-37）。

（2）控制阀气开、气关形式的选择　对于一个具体的控制系统来说，选气开阀还是气关阀，即在阀的气源信号发生故障或控制系统某环节失灵时，阀是处于全开的位置安全，还是处于全关的位置安全，要由具体的生产工艺来决定。一般来说要根据以下几条原则进行选择：

① 从生产安全出发。当气源供气中断，或控制器因故障而无输出，或调节阀因膜片破裂而漏气等导致调节阀无法正常工作以致阀芯回复到无能源的初始状态（气开阀回复到全关，气关阀回复到全开）时，应能确保生产工艺设备

气动薄膜调节阀
气开、气关形式

31

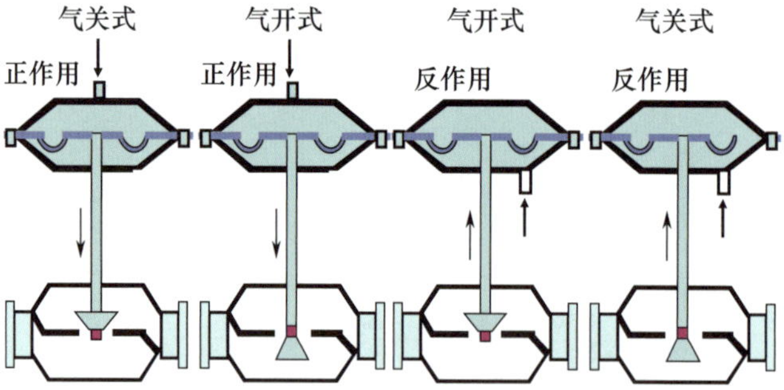

图1-37 控制阀不同结构形式组合

的安全，不致发生事故。如生产蒸汽的锅炉水位控制系统中的给水调节阀，为了保证发生上述情况时不致把锅炉烧坏，调节阀应选气关式。

② 从保证产品质量出发。当调节阀处于无能源状态而恢复到初始位置时，不应降低产品的质量。如精馏塔回流量调节阀常采用气关式，一旦发生事故，调节阀全开，使生产处于全回流状态，防止不合格产品被蒸出，从而保证塔顶产品的质量。

③ 从降低原料、成品、动力损耗出发。如控制精馏塔进料的调节阀常采用气开式，一旦调节阀失去能源即处于气关状态，不再给塔进料，以免造成浪费。

④ 从介质的特点出发。精馏塔塔釜加热蒸汽调节阀一般选用气开式，以保证在调节阀失去能源时能处于全关状态，避免蒸汽的浪费，但是遇上釜液是易凝、易结晶、易聚的物料时，调节阀则应选气关式，以防调节阀失去能源时阀门关闭，蒸汽停止进入而导致釜内液体结晶和凝聚。

# 子任务 2-1 气动薄膜调节阀的拆卸

## ✓ 任务实施

## 一、安全教育

穿戴好个人防护用品进入实训（生产）场所。由于在数字逻辑电路连接过程中有相关电路连接，涉及一些电气设备和元件的使用和操作，因此在开始实训之前，必须开展安全教育活动，明确工作环境和工作任务中可能存在的安全隐患和必要的防护措施，并签署该工作任务安全须知确认单。

## 二、所需仪器设备和工具

所需仪器设备和工具见表1-6和表1-7。

表1-6 仪器设备使用清单

| 设备名称 | 型号 | 精度等级 |
|---|---|---|
| 气动薄膜调节阀 | 重庆川仪HTS | 1.0% |
| 电-气阀门定位器 | 重庆川仪HEP 15-125A | 1.0% |

表1-7　工具使用清单

| 工具名称 | 使用数量 | 工具名称 | 使用数量 |
|---|---|---|---|
| 手锤 | 1把 | 开口扳手19-22 | 1把 |
| 錾子 | 1把 | 开口扳手24-27 | 1把 |
| 梅花扳手13-16 | 1把 | 开口扳手16-18 | 1把 |
| 梅花开口扳手13-13 | 1把 | 十字螺丝刀 | 1个 |
| 梅花扳手22-24 | 1把 | | |

## 三、拆卸零件明细

气动薄膜调节阀拆卸零件明细见图1-38。

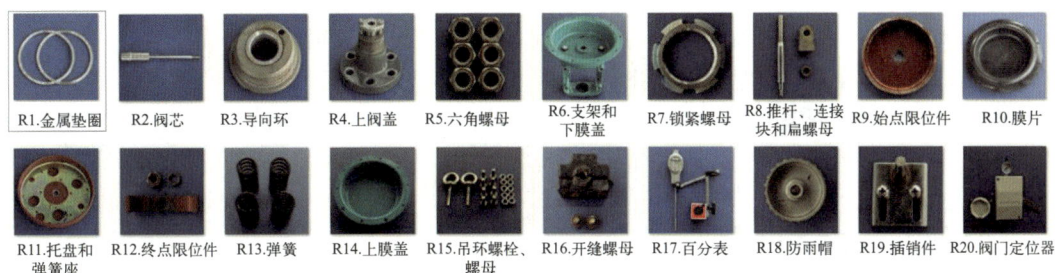

R1.金属垫圈　R2.阀芯　R3.导向环　R4.上阀盖　R5.六角螺母　R6.支架和下膜盖　R7.锁紧螺母　R8.推杆、连接块和扁螺母　R9.始点限位件　R10.膜片

R11.托盘和弹簧座　R12.终点限位件　R13.弹簧　R14.上膜盖　R15.吊环螺栓、螺母　R16.开缝螺母　R17.百分表　R18.防雨帽　R19.插销件　R20.阀门定位器

图1-38　气动薄膜调节阀拆卸零件明细图

## 四、工作内容与步骤

### 1.任务要求

选用合适的工具，合理地拆卸气动薄膜调节阀，包括阀体、阀杆、阀芯及配套电气阀门定位器组件，直至拆卸到固定在实训平台底部的阀座为止，然后将零部件规整地摆放在台面上。

### 2.操作步骤

（1）选取合适的工具：手锤、錾子、梅花扳手22-24、梅花扳手13-16、梅花开口扳手13-13、开口扳手16-18、开口扳手19-22、开口扳手24-27、十字螺丝刀。

（2）拆卸反馈杆和电气阀门定位器组件。

（3）拆卸上阀盖和下阀盖部分：拆卸吊环螺栓螺母、防雨帽、上阀盖、上膜盖、膜片、托盘、弹簧座、弹簧、始点限位件、终点限位件、支架和下膜盖。

（4）拆卸阀杆和下阀体部分：拆卸锁紧螺母、导向环、开缝螺母、推杆、插销固定件、插销组件。

（5）拆卸阀芯组件：拆卸内部垫片、阀芯和阀杆。

（6）整齐摆放拆卸好的零部件，与零部件图对比并清点。

## 五、考核评价内容

（1）按照安全规范进行个人防护装备（简称PPE）的穿戴和个人防护。

（2）整齐摆放拆卸好的零部件，并与零部件图对比并清点。

（3）工具的正确规范使用。

（4）可以组成安全员小组进行巡视，对其他同学的操作规范性和安全性进行监督和评分。

（5）操作过程注重交流沟通，教师巡回检查指导，与学生共同分析研讨。

# 子任务 2-2　气动薄膜调节阀的安装

## ✓ 任务实施

## 一、安全教育

穿戴好个人防护用品进入实训（生产）场所。由于在数字逻辑电路连接过程中有相关电路连接，涉及一些电气设备和元件的使用和操作，因此在开始实训之前，必须开展安全教育活动，明确工作环境和工作任务中可能存在的安全隐患和必要的防护措施，并签署该工作任务安全须知确认单。

## 二、所需仪器设备和工具

所需仪器设备和工具与子任务 2-1 中的相同，见表 1-6 和表 1-7。

## 三、气动薄膜调节阀组装完成

气动薄膜调节阀组装完成实物图见图 1-39。

图 1-39　气动薄膜调节阀组成完成实物图

## 四、工作内容与步骤

### 1. 任务要求

选用合适的工具，合理地组装气动薄膜调节阀，包括阀体、阀杆、阀芯及配套电气阀门定位器组件，然后连接电路和气路初步测试其动作是否正常。

### 2. 操作步骤

（1）阀体内组件的安装　气动薄膜调节阀阀体内组件如图 1-40 所示。

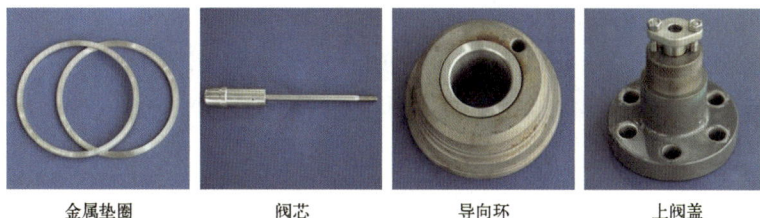

图 1-40　气动薄膜调节阀阀体内组件展示

① 在阀座内先安装一个金属垫圈。
② 在阀座内再安装阀芯。
③ 在阀座内再安装导向环。
④ 在阀座内再安装另一个金属垫圈。
⑤ 在阀座上再安装上阀盖。
⑥ 在上阀盖上再安装六角螺母。
⑦ 在上阀盖上用 24 号扳手对角均匀拧紧螺母。
⑧ 用同样的扳手用力按压阀芯。

（2）执行机构的安装　执行机构内组件如图 1-41 所示。

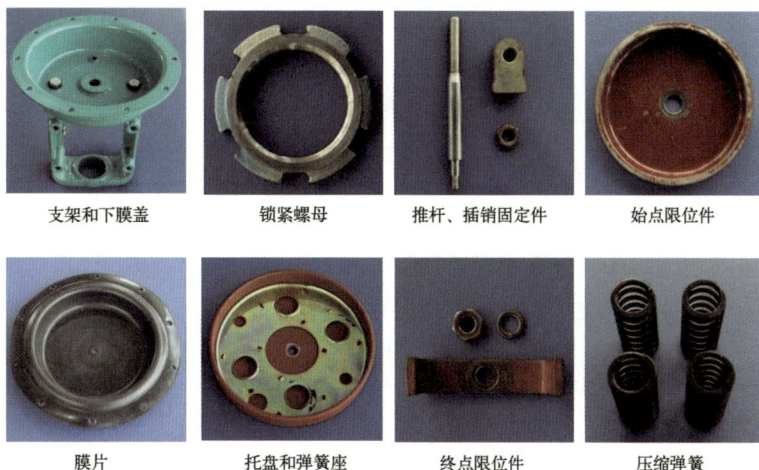

图 1-41　气动薄膜调节阀执行机构内组件展示

① 安装支架和下膜盖的组件（注意：支架与管道呈平行状态；行程牌面向操作者）。
② 安装锁紧螺母（注意：锁紧螺母突出部分朝下）。
③ 利用锤子、錾子将锁紧螺母锁紧（注意：敲打时錾子要呈水平状态，防止锁紧螺母损伤）。
④ 将工具放回原处，检查支架是否锁紧。
⑤ 安装推杆（注意：安装时 M22 的螺纹朝下；推杆垂直对准密封口，慢慢下压，防止螺纹损伤密封口）。
⑥ 安装 M22 螺母。
⑦ 安装插销固定件。

⑧ 安装始点限位件，下压到底。

⑨ 安装膜片，旋转膜片，使膜片上的螺栓孔与下膜盖上的 10 个螺栓孔对齐。

⑩ 安装托盘和弹簧座，旋转弹簧座使弹簧座长方形的长轴与管道垂直。

⑪ 安装终点限位件，终点限位件与管道平行。

⑫ 安装 M17 螺母（注意：先安装一个弹簧垫圈，再锁紧螺母）。

⑬ 用 22-24 开口扳手卡住终点限位件，用 M17 开口扳手将螺母锁紧。

⑭ 安装压缩弹簧，将 4 个压缩弹簧依次放到弹簧座上。

（3）上膜盖的安装　气动薄膜调节阀上膜盖内组件如图 1-42 所示。

① 安装上膜盖（注意：将上膜盖上的防雨孔朝向正前方，水平放下；将上膜盖上的 10 个螺栓孔与下膜盖上的 10 个螺栓孔对齐）。

② 安装吊环螺栓（注意：将吊环螺栓安装在与管道平行的 2 个螺栓孔上）。

③ 将 2 个吊环螺母旋上（注意：2 个吊环螺母要交替旋上，保持上阀盖呈水平状态）。

④ 用 M14 开口扳手将 2 个吊环螺母交替旋入，直到上膜盖与下膜盖接触。

⑤ 安装其余的 8 个螺栓，将螺栓依次放入螺栓孔。

⑥ 将 8 个螺母依次旋上。

⑦ 用 M14 开口扳手将膜头上的 10 个螺母按照如下顺序锁紧：

a. 首先锁紧膜头上的 2 个吊环螺母（注意：先锁紧第一个螺母，再锁紧对角线方向的另一个螺母）。

b. 沿着顺时针方向，锁紧另一组螺母（注意：先锁紧第一个螺母，再锁紧对角线方向的另一个螺母）。

c. 再沿着顺时针方向，锁紧另一组螺母（注意：先锁紧第一个螺母，再锁紧对角线方向的另一个螺母）。

d. 再沿着顺时针方向，锁紧另一组螺母（注意：先锁紧第一个螺母，再锁紧对角线方向的另一个螺母）。

e. 再沿着顺时针方向，锁紧另一组螺母（注意：先锁紧第一个螺母，再锁紧对角线方向的另一个螺母）。

⑧ 重复①～⑦步骤，直到 10 个螺母均匀锁紧（注意：对角均匀锁紧至少 1 遍）。

（4）开缝螺母的安装　开缝螺母与控制面板如图 1-43 所示。

① 连接执行机构膜头与定值器，用专用气源管将执行机构膜头与定值器的标准输出气源连接起来。

② 调整减压器的输出，使气源表的读数指示在 0.4MPa（注意：眼睛和刻度保持平行，并且眼睛、刻度和指针三点一线，保证读数的准确性）。

③ 调整定值器的输出，使标准表的读数指示在 0.08MPa（注意：刻度盘上的每个小分隔是 0.005MPa，眼睛和刻度保持平行，并且眼睛、刻度和指针三点一线，保证读数的准确性）。

上膜盖　　吊环螺栓和螺母

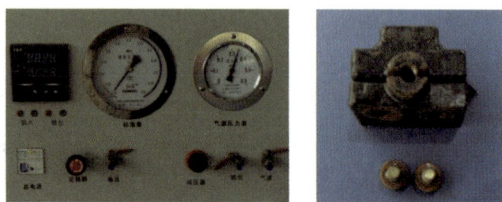

图 1-42　气动薄膜调节阀上膜盖内组件展示

控制面板　　开缝螺母

图 1-43　控制面板和开缝螺母实物展示

④ 调整定值器的输出，继续增加输出压力，使标准表的读数从 0.08MPa 上升到 0.24MPa。

⑤ 再调整定值器的输出，使标准表的读数回到 0.08MPa。

⑥ 安装开缝螺母（注意：安装时使开缝螺母上的指针对准行程牌，开缝螺母丝口配对并且高度平齐）。

⑦ 安装开缝螺母上的 2 只螺栓。

⑧ 用活动扳手锁紧开缝螺母上的 2 个螺栓（注意：锁紧时 2 个螺栓交替进行，保证 2 个开缝螺母基本平行锁紧）。

## 五、考核评价内容

（1）按照安全规范进行 PPE 的穿戴和个人防护。

（2）合理有序地完成各个零件的安装。

（3）工具的正确规范使用。

（4）可以组成安全员小组进行巡视，对其他同学的操作规范性和安全性进行监督和评分。

（5）操作过程注重交流沟通，教师巡回检查指导，与学生共同分析研讨。

# 子任务 3　认识电 – 气阀门定位器

## 任务描述

通过学习电 - 气阀门定位器，了解阀门定位器的基本结构，理解其工作原理和作用，在规定时间内完成阀门定位器和气动薄膜调节阀的调校。

学习目标

知识目标：① 了解电 - 气阀门定位器的工作原理。

② 理解电 - 气阀门定位器的作用。

技能目标：① 能在规定时间内完成电 - 气阀门定位器的调校。

② 能在规定时间内完成气动薄膜调节阀的调校。

素养目标：① 具备类比分析的能力。

② 具备逻辑思维的能力。

③ 培养相互协作、共同完成任务的工作理念。

## 知识准备

## 一、电 – 气阀门定位器的作用

电 - 气阀门定位器是控制阀的主要附件，它将阀杆位移信号作为输入的反馈测量信号，以控制器输出信号作为设定信号，进行比较，当两者有偏差时，改变其到执行机构的输出信号，使执行机构动作，建立阀杆位移量与控制器输出信号之间的一一对应关系。

电 - 气阀门定位器的作用：

> 改善调节阀的静态特性，提高阀门位置的线性度。
> 改善调节阀的动态特性，减少调节信号的传递滞后。
> 改变调节阀的流量特性。
> 改变调节阀对信号压力的响应范围，实现分程控制。
> 使阀门动作反向。

## 二、电 - 气阀门定位器的分类

（1）按阀门定位器是否带中央处理器（简称 CPU）可分为：普通型电 - 气阀门定位器和智能型电 - 气阀门定位器。普通电 - 气阀门定位器没有 CPU，因此，不能处理有关的智能运算。智能电 - 气阀门定位器带 CPU，可处理有关智能运算，例如，可进行前向通道的非线性补偿等，现场总线电 - 气阀门定位器还可带 PID 等功能模块，实现相应的运算。

（2）按阀门定位器输出和输入信号的增益符号分为：正作用阀门定位器和反作用阀门定位器。正作用阀门定位器的输入信号增加时，输出信号也增加，因此，增益为正。反作用阀门定位器的输入信号增加时，输出信号减小，因此，增益为负。

## 三、普通型电 - 气阀门定位器的工作原理

普通电 - 气阀门定位器是按力矩平衡的原理工作的。配薄膜执行机构的电 - 气阀门定位器的动作原理如图 1-44 所示。

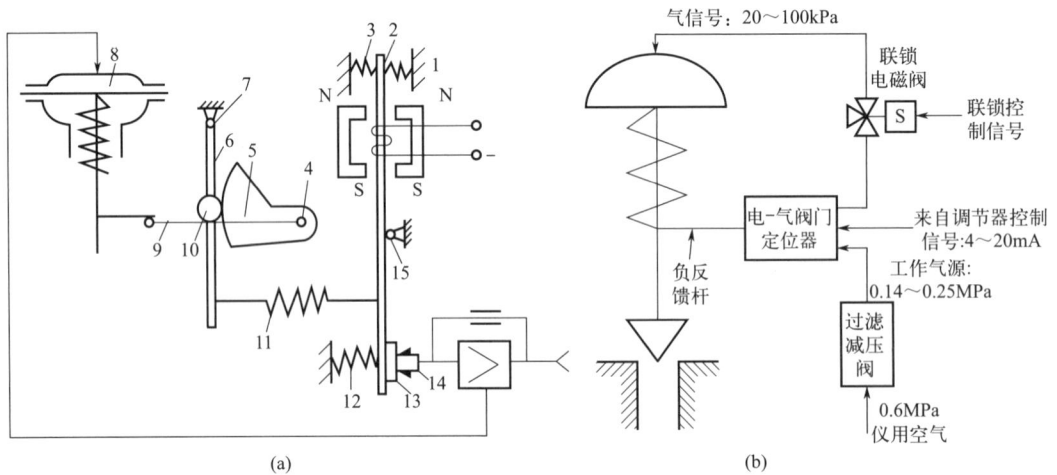

1—力矩马达；2—主杠杆；3—平衡弹簧；4—反馈凸轮支点；5—反馈凸轮；6—副杠杆；7—副杠杆支点；8—薄膜执行机构；9—反馈杆；10—滚轮；11—反馈弹簧；12—调零弹簧；13—挡板；14—喷嘴；15—主杠杆支点

图1-44 电-气阀门定位器工作原理图（a）和系统硬件连接图（b）

力矩马达组件是将电流变为力（力矩）的转换元件，它由力矩马达 1、主杠杆 2、平衡弹簧 3和线圈磁铁所组成。导磁体和衔铁用高导磁性能的坡莫合金制成。永久磁钢呈 U 形，其端部 N、S 两极罩在导磁体上。当信号电流通过线圈时，由于电磁场和永久磁钢的相互作用，使主杠杆 2

受到一个向左的力，于是它绕主杠杆支点 15 逆时针方向偏转，使挡板 13 靠近喷嘴 14，喷嘴背压经放大器放大后，送入薄膜气室使阀杆向下移动，并带动反馈杆 9 绕反馈凸轮支点 4 转动，连在同一轴上的反馈凸轮 5 也作逆时针方向转动，通过滚轮 10 使副杠杆 6 绕副杠杆支点 7 转动，将反馈弹簧 11 拉伸。弹簧对主杠杆的拉力与马达作用在主杠杆上的力两者力矩平衡时，仪表便达到平衡状态。此时，一定的电信号就被转换为一定的气压信号，并与阀门位置成精确的对应关系。弹簧 12 是作调整零位用的。改变凸轮 5 的形状，可以改变输入电流信号与输出阀杆位移的对应关系。

## 四、智能型电 – 气阀门定位器

### 1. 工作原理

智能电 - 气阀门定位器以微处理器为核心，利用新型的压电阀代替传统定位器中的喷嘴、挡板调压系统来实现对输出压力的调节。目前有很多厂家生产智能型电气阀门定位器（图 1-45），西门子公司的 SIPATT PS2 系列智能电气阀门定位器比较典型，具有一定代表性。

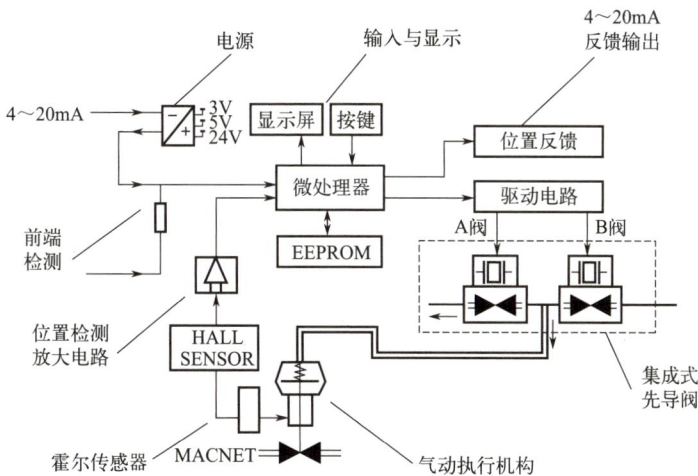

图 1-45　智能型电 - 气阀门定位器及其工作原理图

### 2. 特点及应用

新型控制元件如导电塑料和压电阀的使用，可以使阀门定位器达到很高精度；微处理器的使用，可以使定位器的调校以及适用范围有大的改善。其主要特点是：

（1）安装简易，可以进行自动调校。组态简便、灵活，可以非常方便地设定阀门正反作用、流量特性、行程限定或分程操作等功能。

（2）定位器的耗气量极小。传统定位器的喷嘴、挡板系统是连续耗气型元件。智能定位器采用脉冲压电阀替代了传统定位器的喷嘴、挡板系统，而且五步脉冲压电阀控制方式可实现阀门的快速、精确定位。智能定位器只有在减小输出压力时，才向外排气，因此在大部分时间内处于非耗气状态，其总耗气量为20L/h，相对于传统定位器来说可以忽略不计。

（3）具有智能通信和现场显示功能，便于维修人员对定位器进行检查维修。

（4）定位器与阀门可以采用分离式安装方式。因为智能定位器的位置反馈元件是电位器，即阀位信息是用电信号传递的，并且可以在 CPU 中对阀门的特征进行现场整定。因此采用行程位置检测装置外置的方法，将阀位反馈组件与定位器本身分离安装。将行程位置检测装置安装在执行机构上，定位器安装在离执行器一定距离的地方，这样就大大扩展了定位器的使用范围，例如可以用于大型风门、闸门等非标准结构的执行机构以及超大行程结构的执行机构中（已经有大量此类应用）。正是与智能电 - 气阀门定位器的结合，大大提高了此类装置的控制定位精度。

（5）行程位置检测装置还可以采用非接触式位置传感器，用于恶劣现场，如应用在强振动、高低温及核辐射区环境中的阀门上，避免不良环境对定位器的影响，保证定位器的可靠使用和寿命。

（6）具有丰富的自诊断功能。不仅可以对定位器本身的工作情况进行故障自诊断，还可以对调节阀和执行机构的性能进行定量测量和诊断。如阀门行程的变化检测，对阀门极限位置变化的测量，可诊断阀门的磨损情况；对阀门定位时间的测量可以诊断定位周期是否合适，是否会引起振荡；还可以对气动执行机构的密封情况等进行诊断，从而为阀门的维修提供科学依据。

（7）可以非常方便地进行安全检测测试与试动作，尤其在对阀门的可靠动作要求非常高的安全仪表系统中，可以在线验证安全仪表系统（SIS）的阀门执行的安全有效性。

# 子任务 3-1　电 - 气阀门定位器的调校

## 任务实施

## 一、安全教育

穿戴好个人防护用品进入实训（生产）场所。由于在数字逻辑电路连接过程中有相关电路连接，涉及一些电气设备和元件的使用和操作，因此在开始实训之前，必须开展安全教育活动，明确工作环境和工作任务中可能存在的安全隐患和必要的防护措施，并签署该工作任务安全须知确认单。

## 二、所需仪器设备和工具

所需仪器设备和工具与子任务 2-1 中的相同，见表 1-6 和表 1-7。

## 三、气动薄膜调节阀安装调校

气动薄膜调节阀调校实物如图 1-46 所示。

图 1-46 气动薄膜调节阀调校实物图

## 四、工作内容与步骤

### 1. 任务要求

根据工艺要求，通过对电-气阀门定位器的零点和量程旋钮的调节，完成对气动薄膜调节阀阀杆行程正反行程的五点调校，使其每个点都满足阀杆行程 1.0%（±0.25mm）的精度控制要求。

### 2. 操作步骤

（1）校验工具的安装　数字百分表和防雨帽组件如图 1-47 所示。

① 调整行程牌，首先用十字螺丝刀松开行程牌上的 2 个螺栓。

② 调整行程牌的位置，使行程牌的零点与行程指针对齐，再旋紧行程牌上的 2 个螺栓。

③ 将 17-19 号开口扳手安装到执行机构的推杆上（注意：安装时使扳手与调节阀支架大约成 30°）。

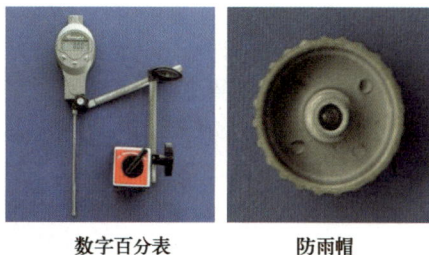

**数字百分表**　　**防雨帽**

图 1-47 数字百分表和防雨帽
组件展示

④ 接下来用活动扳手将螺母锁紧。

⑤ 将工具放回原处。

⑥ 安装数字百分表，先将表座放到上膜盖上，移动表座使表座与扳手方向平行。

⑦ 打开表座开关，将表座固定在上膜盖上。

⑧ 接下来安装数字百分表支架，将一端安装在表座上。

⑨ 锁紧时，使杆子呈水平状态。

⑩ 接下来安装数字百分表，将百分表固定在竖杆上。

⑪ 锁紧时，百分表与竖杆呈平行状态。

⑫ 调整竖杆高度，使百分表触头接触在扳手里边。

⑬ 调整竖杆，使竖杆呈垂直状态，将螺母锁紧。

⑭ 关闭表座开关，移动表座，将百分表触头压在扳手上。

⑮ 打开表座开关，打开数字百分表开关。

⑯ 安装防雨帽，将防雨帽安装到上膜盖的螺口上，将防雨帽锁紧。

（2）电-气阀门定位器的安装　电-气阀门定位器的组件安装如图 1-48 所示。

插销组件　　　　电-气阀门定位器　　　　操作控制台

图1-48　电-气阀门定位器组件安装展示

① 安装插销组件，将插销组件安装在插销固定块上（注意：要将插销安装在螺丝口的下面）；

② 用2个十字螺栓将插销组件固定，但不要锁紧（注意：十字螺栓要加弹簧垫圈和平垫圈）。

③ 连接反馈杆与插销，将反馈杆上的弹簧抬起，把反馈杆连接到插销上，并将弹簧压在插销上。

④ 固定阀门定位器，用2个螺栓将定位器固定在支架上。

⑤ 先安装上面的螺栓，再安装下面的螺栓（注意：安装时要在螺栓上加弹簧垫圈和平垫圈），用13号开口扳手将2个螺栓锁紧（注意：锁紧时，要将定位器保持在与地面垂直的方向上），阀门定位器要垂直。

⑥ 调节气压使推杆至行程中点，增加定值器的输出，使数字百分表的读数指示在行程中点，即12.5mm处（注意：调节前，先确认百分表的读数为0），数字百分表指示在行程的中点12.5mm。

⑦ 调整并固定插销组件，调节插销组件的高度，使反馈杆与阀门定位器呈垂直状态（注意：调节时，眼睛要平视，观察反馈杆是否水平）。

⑧ 反馈杆与阀门定位器要垂直用十字螺丝刀将插销件固定。

⑨ 将定值器的输出调到零点。

（3）电路、气路的连接　图1-49所示是阀门定位器拆开保护盖之后的内部结构。

图1-49　阀门定位器内部结构

① 将标准输出阀门关闭，确定电源开关处于关断状态。

② 用导线将操作器输出端的正极连接到反馈输入端的正极上，再将阀门定位器的正极连接到反馈输入端的负极上。

③ 打开阀门定位器接线盒盖子，将操作器反馈信号输入端的负极连接到阀门定位器信号输入端的正极上，用十字螺丝刀将螺栓锁紧。

④ 用一根导线接到阀门定位器信号输入端的负极，用十字螺丝刀将螺栓锁紧，将接线盒盖子旋紧。

⑤ 将阀门定位器信号输入端的负极接到操作器信号输出端的负极上。

⑥ 打开操作台后门，将电源火线接到控制器的第19号端子上，用十字螺丝刀将端子螺栓锁紧。

⑦ 将电源零线接到控制器的第 20 号端子上，将端子螺栓锁紧，将操作台后门关上。

⑧ 将操作膜头上气源管拔出，拔出时用一只手将气源接头环往里推，另一只手拔出气源管。

⑨ 将定值器的标准输出接到阀门定位器的减压阀输入上。

⑩ 用一根 $\Phi$6 气源管，将阀门定位器的输出接到膜头的输入端上。

（4）电 - 气阀门定位器的调校  图 1-50 所示是操作控制台面板。

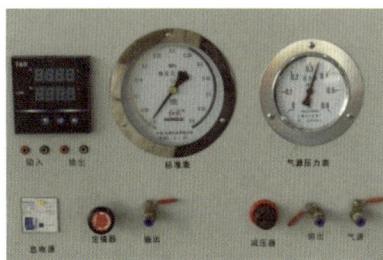

图1-50  操作控制台面板

① 打开空气开关，接通操作器电源。

② 打开定值器标准输出阀门。

③ 增大定值器输出，使标准表读数指示在 280kPa（注意：读数时注意读数方法，保证读数的准确性）。

④ 打开阀门定位器盖子，先旋下下面的一个螺栓，再旋下另一个螺栓。

⑤ 调整阀门定位器的零点旋钮，使数字百分表在允许误差，即 ±0.25mm 范围内。

⑥ 将操作器输出调整到满量程位置，即 100%。

⑦ 数字百分表已经超出了允许范围，即 24.75 ～ 25.25mm。

⑧ 松开量程锁紧螺栓，调节量程旋钮，使数字百分表显示在允许范围之内。

⑨ 将操作器输出调整到零点，即 0%。

⑩ 数字百分表读数在允许范围之内。

⑪ 零点满量程调校合格。

⑫ 将操作器输出调整到满量程中点，即 50%。

⑬ 数字百分表读数在允许范围之内。

⑭ 继续增加操作器输出到 55% 以上，再调整回到满量程中间点，即 50%，数字百分表读数合格，量程中间点校验合格。

⑮ 将操作器输出调到零点。

⑯ 将阀门定位器盖子合上，先安装上面的螺栓，再安装下面的螺栓，用螺丝刀将螺栓锁紧。

（5）数据记录分析

① 对调节阀进行全行程校验，首先进行正行程校验，将操作器输出从零点逐步增加到 25%、50%、75%、100%，数字百分表读数均合格。

② 继续增加操作器输出到 100% 以上（例如 105%）。

③ 进行反行程校验，再调整回到满量程 100%、75%、50%、25%、0%，数字百分表读数均合格。

④ 全行程校验合格，精度合格。

⑤ 完成数据记录与分析使用校验单（表 1-8）。

表 1-8  气动薄膜调节阀与电 - 气阀门定位器检验单

| 气动薄膜调节阀与电-气阀门定位器调校校验单 | | | |
| --- | --- | --- | --- |
| 仪表名称 | 气动薄膜调节阀 | 仪表型号 | 重庆川仪HTS |
| 弹簧压力范围 | 80～240kPa | 额定行程 | 25mm |
| 电-气阀门定位器型号 | HEP 15-125A | 输入信号 | 4～20mA（DC） |
| 气源压力 | 300kPa | 精度等级 | 1.0级 |

| 输入 | | 输出 | | | | | |
|---|---|---|---|---|---|---|---|
| | | 标准值 | 实测值/mm | | | | |
| % | mA | mm | 上行 | 绝对误差 | 下行 | 绝对误差 | 正反行程差值 |
| 0.00 | 4 | 0.00 | 0.10 | 0.10 | 0.15 | 0.15 | −0.05 |
| 25.00 | 8 | 6.25 | 6.30 | 0.05 | 6.28 | 0.03 | 0.02 |
| 50.00 | 12 | 12.50 | 12.60 | 0.10 | 12.55 | 0.05 | 0.05 |
| 75.00 | 16 | 18.75 | 18.70 | −0.05 | 18.80 | 0.05 | −0.10 |
| 100.00 | 20 | 25.00 | 24.90 | −0.10 | 25.01 | 0.01 | −0.11 |
| 基本误差（引用误差） | | $(0.15/25)$ $\times100\%=$ $\pm0.6\%$ | 回差（变差） | | | $(-0.11/25)\times100\%=$ $\pm0.44\%$ | |
| 备注 | | 由于基本误差（±0.6%）和回差（±0.44%）都小于精度等级所确定的相对百分误差±1.0%，所以校验结论为合格 | | | | | |
| 成绩 | | | 校验日期 | | | | |

## 五、考核评价内容

（1）按照安全规范进行 PPE 的穿戴和个人防护。
（2）正反行程调校过程中数据获取和记录的正确性。
（3）误差的正确计算及校验结论的得出。
（4）可以组成安全员小组进行巡视，对其他同学的操作规范性和安全性进行监督和评分。
（5）操作过程注重交流沟通，教师巡回检查指导，与学生共同分析研讨。

# 子任务3-2 气动薄膜调节阀密封性及泄漏量测试

## 任务实施

## 一、安全教育

穿戴好个人防护用品进入实训（生产）场所。由于在数字逻辑电路连接过程中有相关电路连接，涉及一些电气设备和元件的使用和操作，因此在开始实训之前，必须开展安全教育活动，明确工作环境和工作任务中可能存在的安全隐患和必要的防护措施，并签署该工作任务安全须知确认单。

## 二、所需仪器设备和工具

所需仪器设备和工具与子任务 2-1 中的相同，见表 1-6 和表 1-7。

## 三、气动薄膜调节阀气密性测试

气动薄膜调节阀气密性测试现场见图 1-51。

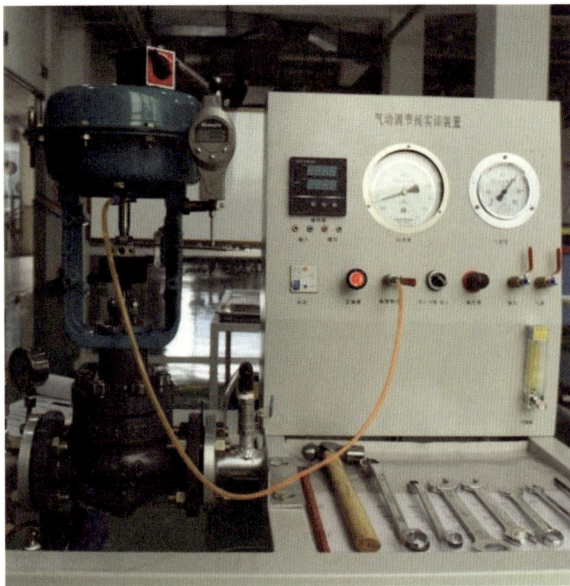

图1-51　气动薄膜调节阀气密性测试现场图

## 四、工作内容与步骤

### 1. 任务要求

请选用合适的工具，在现有装置条件下，自己设计合理方案，对气动薄膜调节阀进行密封性及泄漏量的测试。

### 2. 操作步骤

（1）上阀盖、填料函及其他连接处的密封性测试

① 打开空压机，调整减压阀，使气源压力表指针指示到 0.34 ～ 0.36MPa。

② 打开储气罐上的阀门 V4、V5，关闭 V6、V7，使调节阀的阀体内通入压缩空气，在规定压力（0.35MPa）下，应保证上阀盖无渗漏；关闭阀门 V5，观察压力表指针是否下降，下降说明漏气。

③ 调节阀的填料函及其他连接处应保证在规定压力下无渗漏现象。

（2）气动调节阀气室的密封性测试

① 在额定气源压力（0.35MPa±0.01MPa）下，5min 内薄膜气室内的压力下降不大于 2.5kPa，测试合格。

② 在额定气源压力（0.35MPa±0.01MPa）下，5min 内薄膜气室内的压力下降大于 2.5kPa，测试不合格。

（3）泄漏量测试

① 正确操作数字手操器使输出信号为零（4mA）。

② 使用压力定值器设置额定气源压力（0.35MPa±0.01MPa）。

③ 关闭阀门 V6，打开阀门 V7，通压缩空气到调节阀体入口，打开流量计进口阀门。

④ 打开阀门 V5，通压缩空气到调节阀体入口，观察转子流量计的浮子位置。

⑤ 通过流量计检测调节阀的泄漏量，当调节阀关闭时，泄漏量≤ 1.8L/min 检测为合格，当调节阀关闭时，泄漏量大于 3.6L/min 检测为不合格，说明在膜头施加 80kPa 气压始点位置时，阀芯

与阀杆之间的开缝螺母没有装配好，应重新调试或者装配。

## 五、考核评价内容

（1）按照安全规范进行 PPE 的穿戴和个人防护。

（2）试压过程中注意安全操作。

（3）工具的正确规范使用。

（4）可以组成安全员小组进行巡视，对其他同学的操作规范性和安全性进行监督和评分。

（5）操作过程注重交流沟通，教师巡回检查指导，与学生共同分析研讨。

# 子任务4　认识电动执行器

## 任务描述

在深入学习的基础上，掌握化工生产中常用的两种电动执行器（电动调节阀、电磁阀）的结构、工作原理、特点和应用。

**学习目标**

知识目标：① 了解电动调节阀的结构、工作原理、特点和应用。

② 熟悉电磁阀的工作原理、分类、应用和选型原则。

技能目标：① 能说出电动调节阀和电磁阀的工作原理和适用场合。

② 能根据工艺要求和工况选择合适的电磁阀形式。

素养目标：① 具备逻辑分析能力。

② 结合结构原理图加深理解的能力。

③ 培养在分析实际需求的基础上比较、分析和判断的能力。

## 知识准备

## 一、电动调节阀

电动调节阀是把来自控制仪表的标准直流电信号转换成与输入信号相对应的转角或位移，以达到连续调节生产工艺过程中的流量，或简单地开启和关闭阀门以控制流体的通断等自动控制生产过程的目的。

学习情境一
电动调节阀
3D 动画

### 1. 特点和应用

（1）由于工频电源取用方便，不需增添专门装置，特别是执行器应用数量不太多的单位，更为适宜。

（2）动作灵敏，精度较高，信号传输速度快，可远距离传输信号，电缆敷设比气管和液体管道敷设方便得多，便于集中控制。

（3）在电源中断时，电动执行器能保持原位不动，不影响主设备的安全。

（4）与计算机连接方便简捷，更适应采用电子信息新技术。

（5）体积较大，成本较高，结构复杂，维修麻烦，并只能应用于防爆要求不太高的场合。

### 2. 结构组成

电动调节阀就是将电动执行机构与控制机构固定连接在一起的成套电动执行器。它也是由执行机构（DZA）和阀体两部分组成。其中阀体和气动调节阀是通用的，不同的是其采用了电动执行机构，它用电动机产生推力启闭调节阀。电动执行机构与控制机构的连接方法很多，两者可相对固定安装在一起，也可以用机械连杆把两者连接起来。

（1）电动执行机构　电动执行机构由伺服放大器和执行机构两部分组成（图1-52）。执行机构又包括两相伺服电动机、减速器和位置发送器等组成。

电动执行机构用控制电机作为动力输出装置，输出形式有以下三种：

① 角行程。电机转动经减速器后输出。

② 直行程。电机转动经减速器减速并转换为直线位移输出。

③ 多转式。转角输出，功率比较大，主要用来控制闸阀、截止阀等多转式阀门。

这几种执行机构的电气原理基本相同，只是减速器不一样。

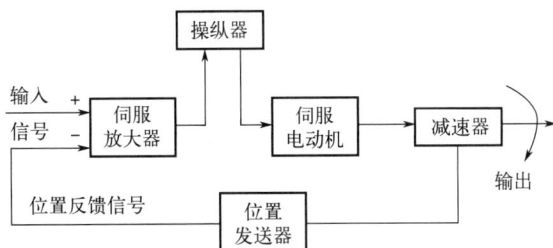

图 1-52　电动执行器工作原理图

（2）伺服放大器　由前置磁放大器、触发器、可控硅主系统及电源等组成，其作用为综合输入信号和反馈信号，并将该结果信号加以放大，使之有足够大的功率来驱动伺服电机转动。根据综合后结果信号的极性，放大器输出相应极性的信号，以控制电机的正、反运转。

## 二、电磁阀

电磁阀是用来控制流体方向的自动化元件，属于执行器的一种。通常用在机械控制和工业阀门上面，通过一个电磁线圈来控制阀芯位置，切断或接通气源以达到改变流体流动方向的目的，对介质方向进行控制，从而对阀门的开关进行控制。

### 1. 工作原理

当有电流通过线圈时，静铁芯吸合动铁芯，改变滑阀芯的位置，发生励磁作用，动铁芯带动滑阀芯并压缩弹簧，从而改变流体的方向。当线圈失电时，依靠弹簧的弹力推动滑阀芯，顶回动铁芯，使流体按原来的方向流动。

图1-53所示为两位五通直动式电磁阀（常断型）结构的简单剖面图及工作原理。起始状态，1、2进气，4、5排气；线圈通电时，静铁芯产生电磁力，使先导阀动作，压缩空气通过气路进入先

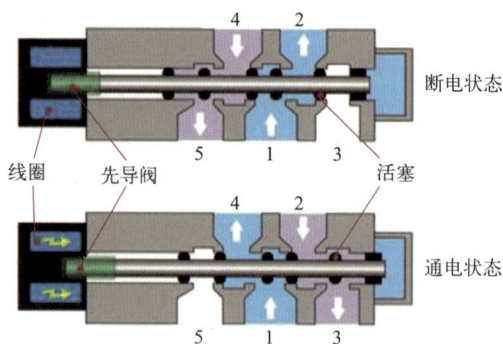

图 1-53　两位五通直动式电磁阀结构示意图

导阀使活塞向右运动，此时密封圆面打开通道，1、4 进气，2、3 排气；当断电时，先导阀在弹簧作用下复位，恢复到原来的状态。

　　两位五通电磁阀具有 1 个进气孔（接进气气源）、1 个正动作出气孔和 1 个反动作出气孔（分别提供给目标设备的一正一反动作的气源）、1 个正动作排气孔和 1 个反动作排气孔（安装消声器）。两位五通电磁阀一般为双电控（即双线圈）。两位五通双电控电磁阀动作原理：给正动作线圈通电，则正动作气路接通（正动作出气孔有气），即使给正动作线圈断电后正动作气路仍然是接通的，将会一直维持到给反动作线圈通电为止。给反动作线圈通电，则反动作气路接通（反动作出气孔有气），即使给反动作线圈断电后反动作气路仍然是接通的，将会一直维持到给正动作线圈通电为止。这相当于"自锁"。基于两位五通双电控电磁阀的这种特性，在设计机电控制系统或编制 PLC 程序的时候，让电磁阀线圈动作 1～2 秒就可以了，这样可以保护电磁阀线圈使其不容易损坏。

### 2. 电磁阀基本结构

　　电磁阀的基本结构如图 1-54 所示，包括一个或几个孔的阀体。阀体部分由滑阀芯、滑阀套、弹簧底座等组成，当线圈通电或断电时，可达到改变流体方向的目的。电磁阀的电磁部分由固定铁芯、动铁芯、线圈等部件组成，动铁芯的运动将导致流体通过阀体或被切断。

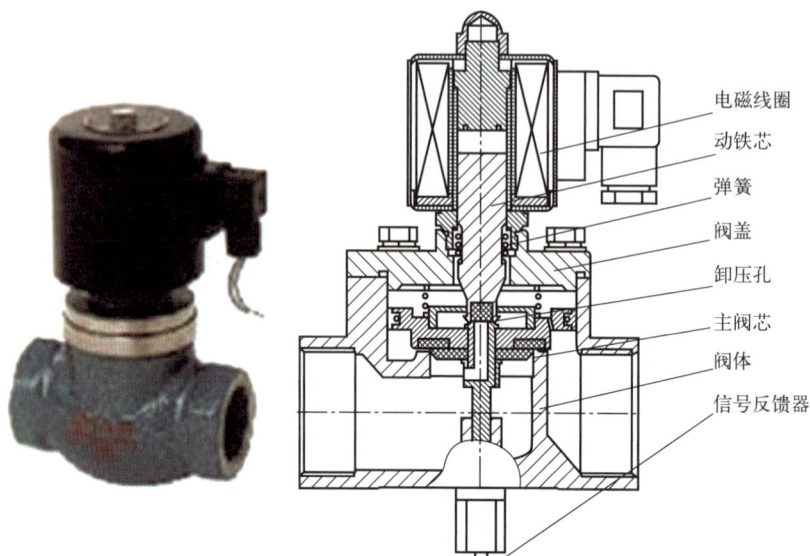

图 1-54　电磁阀结构示意图

### 3. 分类

（1）电磁阀按照工作原理可以分为以下三类。

① 直动式电磁阀（图 1-55）。在实际应用中分为常开型和常闭型两种，其中常开型电磁阀在断电状态下阀门处于打开状态，通电状态下阀门处于关闭状态，常闭型电磁阀则动作状态相反。其特点是结构简单、动作可靠，在零压差或真空状态下也能正常工作，可任意方向安装，但一般适用于公称直径在 25mm 以下的管路。

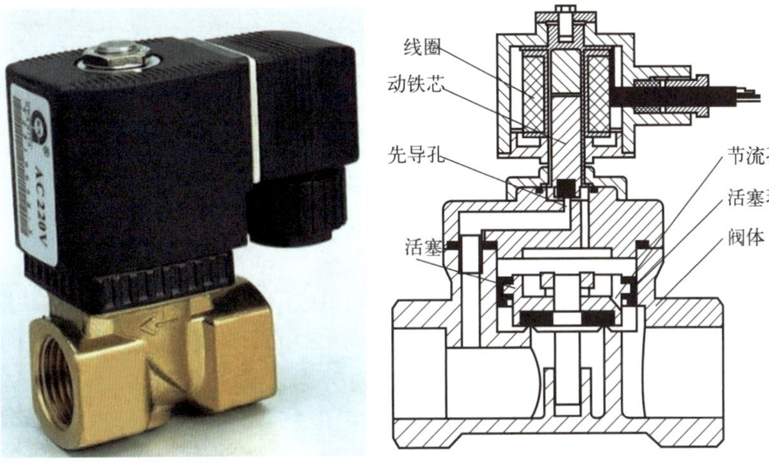

图 1-55　直动式电磁阀结构示意图

② 分步直动式电磁阀（图 1-56）。它由主阀与导阀组成，动作分步实现，而电磁力直接吸合动铁芯到主阀芯，同样在实际应用中也分为常开型和常闭型两种。其中，常闭型当电磁线圈通电后，产生的电磁力使动铁芯与静铁芯吸合，导阀口开启，而导阀口设在主阀芯上，动铁芯与阀芯通过机械方式直接连接在一起，此时主阀上腔的压力通过导阀口卸荷，由于压力差和电磁力的联合作用，主阀芯向上运动，使主阀介质流通。当线圈断电时，电磁力消失，动铁芯因自重脱离静铁芯，并关闭了导阀孔，此时介质从平衡孔进入主阀芯上腔，使上腔压力升高，在主阀芯自重的作用下，阀门关闭，介质断流。其特点是在压差等于零及抽真空时亦可以可靠动作，但功率消耗较大，通径受一定限制，且应竖直安装。

分步直动膜片式电磁阀(常闭型)

图 1-56

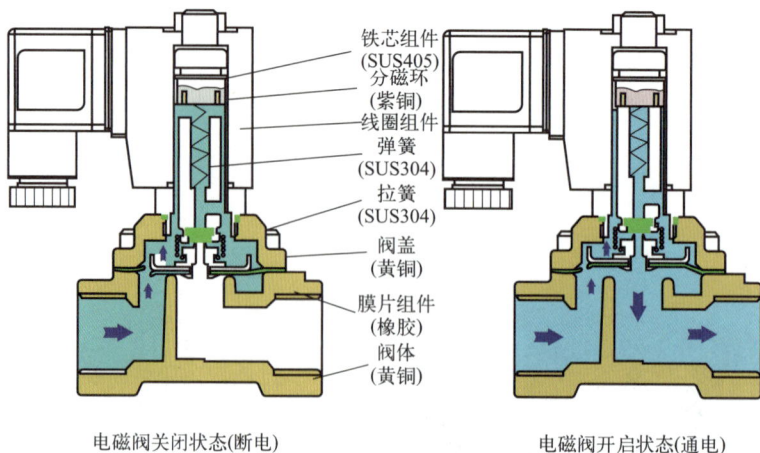

铁芯组件
(SUS405)

分磁环
(紫铜)

线圈组件

弹簧
(SUS304)

拉簧
(SUS304)

阀盖
(黄铜)

膜片组件
(橡胶)

阀体
(黄铜)

电磁阀关闭状态(断电)　　　　　电磁阀开启状态(通电)

图1-56　分步直动式电磁阀结构示意图

③ 先导式电磁阀（图1-57）。它由先导阀与主阀组成，当电磁线圈通电时，动铁芯与静铁芯吸合而导阀孔开放，阀芯背腔的压力通过导阀孔流向出口，此时阀芯背腔的压力低于进口侧的压力，利用压差使得阀芯脱离主阀座，介质从进口流向出口。当线圈断电时，动铁芯与静铁芯脱离，关闭导阀孔，阀芯背腔的压力高于进口侧压力从而关闭了导阀孔，之后阀芯背腔压力逐渐与进口侧压力相平衡，阀芯因受弹簧作用导致阀门关闭。同样，先导式也可以配备常开型。其特点是功率消耗低、公称直径大、结构简单、安装方向任意，但只能用于电磁阀两端有一定压差的场合。

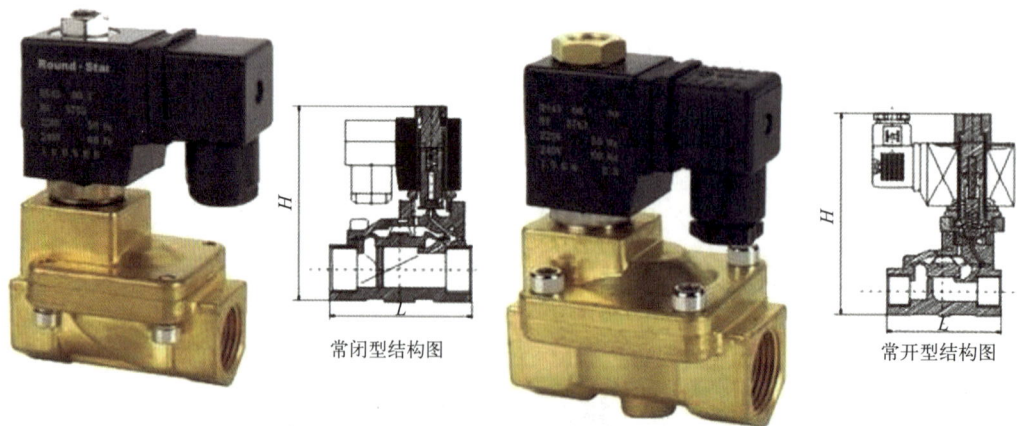

常闭型结构图　　　　　　　　　常开型结构图

图1-57　先导式电磁阀结构示意图

（2）电磁阀按照功能分类，常用的有两位二通、两位三通、两位四通、两位五通等形式。

（3）电磁阀按照操作方式分类，可以分为常闭型和常开型两种，常闭型指线圈没通电时阀门是断开的，常开型指线圈没通电时阀门是打开的。

### 4. 电磁阀的选型指导

电磁阀的选型应该依次遵循安全性、可靠性、适用性、经济性四大原则，其次是根据六个方面（即管道参数、流体参数、压力参数、电气参数、动作方式、特殊要求）的现场工况进行选择。

选型依据主要包括：

（1）根据管道参数选择电磁阀的通径规格和接口方式。

① 根据现场管道的内径尺寸或流量要求来确定通径尺寸。

② DN50 以下的可选择螺纹连接方式，DN50 以上的可选择法兰连接方式。

（2）根据介质种类选择电磁阀的阀体材质、密封材料、温度组。

① 腐蚀性流体可选择不锈钢或者聚四氟乙烯（PTEE），并选配氟橡胶或 PTEE 密封材料。

② 食用或者超净流体，阀体材料可选卫生级不锈钢，并选配硅橡胶密封材料。

③ 高温流体，要选择采用耐高温的电工材料和密封材料制造的电磁阀，而且要选用活塞型原理结构的电磁阀。

④ 黏度较大的流体应选用高黏度电磁阀。

（3）根据压力等级选择电磁阀的结构类型。

① 根据管道的公称压力或使用压力的 1.5 倍来确定电磁阀的公称压力。

② 当无压差、低压差、真空时，必须选用直动式或分布直动式原理的电磁阀。

（4）电源电压尽量优先选择 220V（AC）、24V（DC），确保使用方便。

（5）根据工作时间长短或特殊需要来选择控制方式。

① 当电磁阀需要长时间启动，并且持续开启的时间大大超过关闭的时间，宜选用常开型。

② 开和关频繁切换或开启的时间短或者开、关时间差不多时，则选用常闭型。

③ 遇到用于安全保护的工况，如炉窑火焰监测、燃气泄漏报警、消防安全联动系统，应选择紧急切断电磁阀，不能选用常开型。

④ 电磁阀一般都在带电状态下工作。

（6）根据环境要求选择电磁阀的辅助功能。

① 易燃、易爆环境中必须选择相应等级的防爆电磁阀。

② 当管道介质出现倒流现象时，可选择带止回功能的电磁阀。

③ 露天安装或粉尘较多的场合应选用防水、防尘等级的电磁阀。

# 子任务 5　执行器的常见故障与处置方法

## 任务描述

在深入学习的基础上，掌握化工生产中执行器常见的故障现象及处置方法。

学习目标

知识目标：① 了解执行器常见故障现象及原因。

② 理解执行器典型故障案例分析。

技能目标：① 能说出执行器常见故障现象、原因及处置方法。

② 能在分析执行器典型故障案例中获取并积累经验。

素养目标：① 培养逻辑分析能力。

② 具有结合结构和工作原理初步解决问题的能力。

③ 培养细致严谨的工作精神，在现场巡检过程中，做到安全检查常态化，一丝不苟抓细节，确保化工装置正常运行。

⊕ **知识准备**

## 一、执行器的常见故障与判断

不同类型的执行器及不同部位都有一些关键元件，这些元件也是容易出现故障的元件。

### 1. 气动执行器

（1）膜片　膜片是薄膜式气动执行机构中最重要的元件，当气源系统正常时，执行机构不工作，就应该想到问题可能出现在膜片上，应该考虑膜片是否破裂、是否安装好。特别是当金属接触面的表面有尖角、毛刺等缺陷时很容易把膜片扎破，正常工作时膜片绝对不能有泄漏。另外，膜片使用时间过长，材料老化也会影响使用。

（2）推杆　要检查推杆有无弯曲、变形、脱落现象。推杆与阀杆连接要牢固，位置要调整好，不漏气。

（3）弹簧　弹簧在过大的载荷作用下也可能断裂。要检查弹簧有无断裂现象。制造加工、热处理不当也会使弹簧断裂。

### 2. 电动执行器

（1）电机　检查它是否能转动，是否容易过热，是否有足够的力矩和耦合力。

（2）伺服放大器　检查它是否有输出，是否能调整。

（3）减速机构　各厂家的减速机构各不相同。因此要检查其传动零件轴、齿轮、涡轮等是否有损坏，是否磨损过大。

（4）力矩控制器　根据具体结构检查其失灵原因。

### 3. 阀的主要故障元件

（1）阀体　要经常检查阀体内壁的受腐蚀和磨损情况，特别是用于腐蚀介质和高压差、空化作用等恶劣工艺条件下的阀门，必须保证其耐压强度和耐腐、耐磨性能。

（2）阀芯　因为阀芯起到调节和切断流体的作用，是活动的截流元件，因此受介质的冲刷、腐蚀和颗粒的碰撞最为严重，在高压差、空化作用情况下更易损坏，所以要检查它的各部分是否破坏、磨损、腐蚀，是否要维修或更换。

（3）阀座　阀座接合面是保证阀门关闭的关键，它受腐受磨的情况也比较严重。而且由于介质的渗透，固定阀座的螺纹内表面常常受到腐蚀而松动，要特别检查这一部位。

（4）阀杆　要检查阀杆与阀芯、推杆的连接有无松动，是否产生过大的变形，是否有裂纹和腐蚀。

（5）填料　检查聚四氟乙烯或其他填料是否缺油、变质，填料是否压紧。

## 二、执行器常见故障的典型案例

### 1. 控制阀波动

故障现象：某液位控制系统采用气动薄膜调节阀，在运行中出现大幅波动。仪表人员迅速让工艺操作员切到手动操作后，到现场观察发现阀位仍然波动，立即让工艺操作人员改为副线操作。

故障分析：对控制阀进行常规检查。

（1）检查控制阀的外观，膜头的密封性、气源压力、控制阀输入信号都正常。

（2）对该控制阀进行校验，投运后仍然波动，于是推断长期使用的阀门的反馈弹簧在一种状态下可能刚度过于疲劳不能恢复到原性能。

（3）更换大功率阀门定位器后没有发现阀位波动，但是液位显示仍然波动，且手动控制阀位有动作但起不到调节作用。推断此时的控制阀阀芯可能脱落。

对该阀进行解体检查，发现阀杆从铝钉处断裂造成阀芯脱落。分析认为脱落的原因是该控制阀经常工作在小开度，长期在压差较大的状态下运行，引起阀芯振动，使阀杆的销钉孔处强度减弱，又有阀内介质冷凝水对该部位长期腐蚀导致断裂，造成阀芯脱落。

一般在处理有关气动薄膜调节阀波动故障时，当发现将控制系统切到手动时，液位仍有波动，并且对阀位进行调节，阀杆有动作但不起调节作用时，就可以进一步判断为阀芯脱落。

对于工作在压差较大状态下的控制阀，在选型时要注意阀芯的结构要与工艺条件相匹配，且年度大修时要对其进行解体检修。

### 2. 控制阀突然全关

故障现象：某流量控制系统控制阀突然全关，被控量降到零，造成系统被迫停车事故。

故障分析：检查控制器发现输出正常，但控制阀全关，打手轮操作，配合工艺恢复正常生产。将定位器输出管拆下，用手堵上，掀动喷嘴挡板机构，输出信号可达 0.1MPa，说明问题可能出在控制阀上，向膜头送气信号，膜头泄气孔有气体放出，证明膜片破了。

处理方法：更换控制阀膜片后投入运行，使系统恢复正常。

### 3. 控制阀全开，但流量为零

故障现象：某流量控制系统在开工时，控制阀全开时流量为零。

故障分析：检查控制器发现输出信号和接线都正常。到现场检查差压变送器的投用情况发现仪表三阀组操作正确，拧松表体负压室一端的排污阀，有水流出且仪表指示增加，说明流量仪表正常。然后将控制器输出信号设置到100%，现场控制阀工作正常，说明控制阀封装电源线正常。检查工艺管线，发现工艺管线上的副线未关，且控制阀前后的手阀也未打开。

处理方法：让工艺操作人员打开阀的前后手阀，当系统由手动控制平稳后切换到自动控制，流量指示正常。

经验教训：仪表维护人员在检查分析仪表故障时，不要忘记检查工艺操作条件。有些情况下仪表无指示或指示不准确并不是仪表本身的问题，也有可能与工艺操作情况的变化有关。与上例相似的情况是：仪表人员检修控制阀之后，操作人员未将副线阀关闭，在控制阀前后手阀未打开的情况下，无论怎样控制控制阀，流量的指示值都不会变化。

### 4. 电－气阀门定位器故障

故障现象：某流量控制系统的控制阀为气关式气动薄膜调节阀，配用电-气阀门定位器，在运行中该阀经常出现波动。用肥皂水检查发现该阀门定位器的功率放大器外壳有漏气现象。某日该阀再次波动，仪表人员采取提高气源气压的方法，该阀停止波动，但随后却突然全开。

故障分析：该放大器为一种力平衡式气动功率放大器，拆开检查发现问题出现在背压室膜片上，该膜片为橡胶膜片，膜片有一边缘处较窄且凹陷进去，装配时未能压好而漏气，所以每当输入信号变化，即背压变化时，控制阀就会波动。当时由于气压太高，膜片变形凹陷，使得背压室与排气室彻底相通，背压急剧下降，定位器输出为零，阀门全开。

处理方法：用限位螺杆将阀位调至工艺要求的开度。检查发现输入电信号、接线均无问题，定位器电器转换部分也有输出，但定位器的排气孔一直排气，定位器无输出，判断气动功率放大器有故障。更换上同一型号定位器的气动功率放大器后，定位器有输出，经在线调校，控制阀恢复正常。

### 5. 防止控制阀堵卡的方法

（1）清洗法　管路中的焊渣、铁锈、渣子等在节流口、导向部位、下阀盖平衡孔内造成堵塞或卡住使阀芯曲面、导向面产生拉伤和划痕，密封面上产生压痕等，这些现象常发生于新开车的装置和大修后投运初期，也是控制阀最常见的故障。遇到这些情况，应卸开装置进行清洗，除掉渣物，同时将底盖打开，冲掉渣物，并对管路进行冲洗。投运前，将控制阀全开，让介质流动一段时间后再投入正常运行。

（2）外接冲刷法　一些易沉淀、含有固体颗粒的介质采用普通控制阀时，经常在节流口、导向处堵塞，可在下阀盖底堵塞处接冲刷气体或蒸汽。当控制阀堵塞或卡住时，打开外接的气体或蒸汽阀，即可在不拆卸控制阀的情况下完成冲洗工作，减少仪表工的维修工作量。

（3）安装管道过滤器　对于小口径的控制阀，尤其是较小流量控制阀，其截流间隙小，介质中不能有渣物，最好在阀前管道上安装过滤器。

## 巩固练习

### 1. 选择题

（1）自动控制系统中的控制器代替了人工控制过程中的（　　）。

  A. 眼睛　　　　　　　B. 耳朵　　　　　　　C. 双手　　　　　　　D. 大脑

（2）自动控制系统最理想的过程曲线是（　　）曲线。

  A. 衰减振荡　　　　　B. 非周期衰减　　　　C. 等幅振荡　　　　　D. 发散振荡

（3）简单控制系统参数整定的任务是根据已定的控制系统，求取使控制质量最佳时的调节器（　　）值。

  A. $K_P$、$T_K$、$T_S$　　　B. $\delta$、$T_K$、$T_S$　　　C. $K_P$、$\delta$、$T$　　　D. $\delta$、$T_I$、$T_D$

（4）自动控制系统投运操作，一般情况是先置于调节器手动状态，被控变量接近设定值再切换自动，这样是为了使过程曲线（　　）。

  A. 不确定　　　　　　B. 波动时间长　　　　C. 波动幅度大　　　　D. 波动幅度小

（5）不单独使用的控制形式是（　　）控制形式。

  A. 比例　　　　　　　B. 积分　　　　　　　C. 比例积分　　　　　D. 比例积分微分

（6）输入信号增加，执行机构推杆向下运动，称为（　　）。

  A. 正作用　　　　　　B. 反作用　　　　　　C. 负作用　　　　　　D. 以上都不对

（7）生产中选用气关阀还是气开阀的考虑原则是（　　）。

  A. 适用性　　　　　　B. 安全性　　　　　　C. 经济性　　　　　　D. 可靠性

（8）典型的气动执行器有（　　）。

  A. 电动调节阀　　　　B. 气动薄膜调节阀　　C. 液压调节阀　　　　D. 电磁阀

（9）以下属于两位控制阀的是（　　）。

  A. 电动调节阀　　　　B. 气动薄膜调节阀　　C. 液压调节阀　　　　D. 电磁阀

（10）阀门定位器的工作原理是（　　）。

  A. 浮力原理　　　　　B. 磁力学原理　　　　C. 静力学原理　　　　D. 力矩平衡

### 2. 判断题

（1）比例控制及时，所以控制结果没有余差。　　　　　　　　　　　　　　　　（　　）

（2）积分时间 $T_D$ 越小，积分控制作用越弱。　　　　　　　　　　　　　　　　（　　）

（3）很多温度控制的场合可以适当加入微分环节以提高控制质量和效果。　　　　（　　）

（4）在自动控制系统中，被控变量随时间变化的不平衡状态被称为系统的稳态。（　　）

（5）在进行调节器参数整定时，时常通过来回改变设定值，来观察被控变量的控制过程曲线的情况。（　　）

（6）调节阀只能实现全开和全关两种状态。（　　）

（7）调节器的输出可控制调节阀的阀门开度。（　　）

（8）气动薄膜调节阀由气动执行机构和调节机构两部分组成。（　　）

（9）调节阀按照能源形式可分为气动、液动和电动三种。（　　）

（10）气动执行机构接收的输入的气信号通常是 20 ～ 100kPa，并转换成弹簧的压缩量或拉伸量，即阀杆的位移量。（　　）

3. 简答题

（1）评定控制系统过渡过程好坏的品质指标有哪些？

（2）什么是控制器的控制规律？基本控制规律有哪几种？

（3）比例积分微分调节器的控制规律是怎样的？它有什么特点？

（4）简述气动薄膜调节阀的结构组成和各部分的作用。

（5）阐述气动薄膜调节阀气开和气关形式的形成原理和选用原则。

（6）概述调节阀不同流量特性的概念、特点和适用场合。

（7）阐述电 - 气阀门定位器的作用并画出其与气动薄膜调节阀的连接原理图。

（8）简述调节阀的常见故障及处理方法。

（9）写出下列执行器符号的名称。

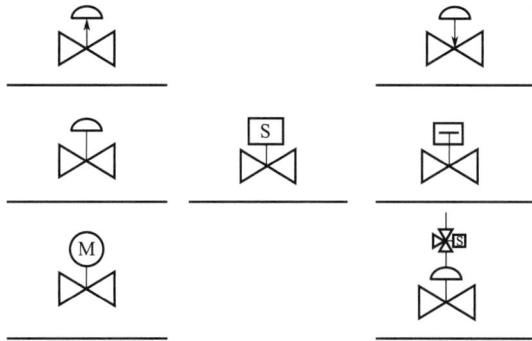

4. 计算题

某化学反应器工艺规定操作温度为（900±10）℃。考虑安全因素，控制过程中温度偏离给定值最大不得超过 80℃。现设计的温度定值控制系统，在最大阶跃干扰作用下的过渡过程曲线如图所示。试求该系统的过渡过程品质指标：最大偏差、超调量、衰减比、余差、振荡周期，并回答该控制系统能否满足题中所给的工艺要求。

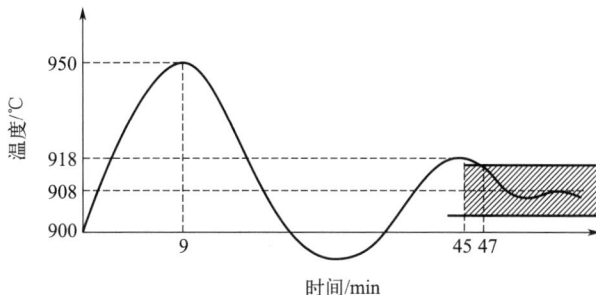

📚 **知识卡片**

### 国内自动化控制领域优秀企业——浙江中控技术股份有限公司

浙江中控技术股份有限公司（SUPCON）是一家面向全球的自动化、数字化与信息化、智能化技术、产品和解决方案的供应商，是国内领先的智能制造解决方案供应商，始终秉承"让工作与生活更轻松"的使命，致力于面向流程工业企业的"工业3.0+工业4.0"需求，提供以自动化控制系统为核心，涵盖工业软件、自动化仪表及运维服务的技术和产品，形成具有行业特点的智能制造解决方案，赋能用户，提升用户的自动化、数字化、智能化水平，实现工业企业高效自动化生产和智能化管理。

浙江中控技术股份有限公司的主要产品包括集散控制系统（DCS）、安全仪表系统（SIS）、先进控制与优化软件（APC）、生产过程执行系统（MES）、实时数据库（RTDB）、仿真培训软件（OTS）、安全栅、压力变送器、智能控制阀等，主要应用于炼油、石化、化工、煤化工、电力、核电、制药、冶金、建材、造纸等流程工业领域。

情境描述

常减压车间技术改造完成，设备仪表安装完毕并检查合格，施工方需要按照交工验收方案进行系统模拟试验。系统模拟试验分为三个阶段：单体仪表调试、单系统调试和全系统调试。通过信号发生端输入模拟信号，监测控制仪表、执行器、自动控制系统和信号报警联锁系统的运行状况，进而测试系统的允许误差、PID作用及作用方向、工艺参数设定、安全仪表及联锁报警系统的工作状况、控制系统的工艺全模拟运行状况，检测系统是否符合设计要求。

# 任务一　简单控制系统的调试运行

## 子任务 1　认识简单控制系统

### 任务描述

小张经过前期参与常减压车间技术改造的设备仪表安装，了解了常减压车间基本化工生产过程，为做好开车准备，师傅让小张的团队对装置的单系统控制系统进行调试，今天首先来认识简单控制系统的组成及表达控制过程的方法。

学习目标

知识目标：① 掌握自动控制系统的基本概念。

② 熟悉自动控制系统的结构组成、控制原理。

技能目标：① 会熟练地识别和绘制自动控制系统的方块图。

② 会根据单系统控制流程图分析控制系统的被控对象、被控变量、操纵变量、扰动因素。

③ 能进行简单控制系统的调试与投运。

素养目标：① 培养绘制控制方块图的能力。

② 培养控制系统分析能力。

③ 培养遵循严谨规范的操作规程，树立质量意识、责任意识、规范意识。

### 知识准备

#### 一、人工控制与自动控制

常减压装置用到中间容器或成品罐，这些中间容器或成品罐会连续从上一个工序接收物料，又会连续不断送到下一个工序进行加工或包装。图 2-1 所示为化工生产中常见的液位储槽，而流入物料量（或流出物料量）波动会引起储槽液位波动，严重时会满罐或抽空，影响生产，造成事故。

解决这个问题的方法是以储槽液位为操作指标，以改变阀门开度为控制手段（如图 2-1 所示以出口阀门控制），当液位上升时，将出口阀门开大，当液位下降时，将出口阀门关小，液位变化越大，阀门开度变化越大。

当这些操作都由操作人员去完成时，操作人员主要做以下三个方面的工作：

（1）观察（检测）　用眼睛观察液位计中液体的液位高低，并通过神经系统告诉大脑。

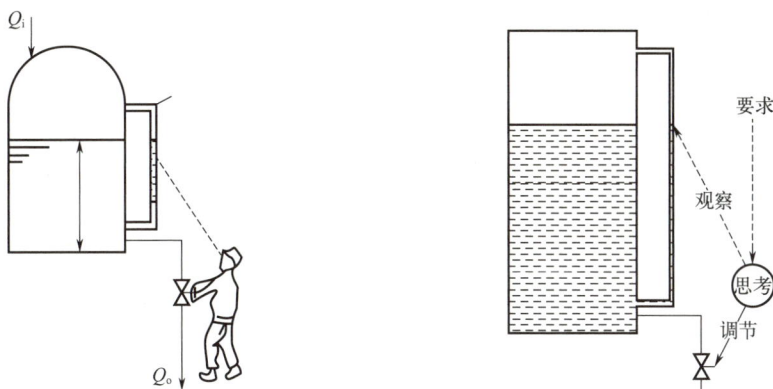

图 2-1　储槽液位人工控制过程

（2）思考（运算）　根据眼睛看到的液位高度，大脑与生产要求的液位高度进行比较，得出偏差的大小及正负，然后根据经验，思考、决策后发出命令。

（3）执行　根据大脑发出的命令，通过手去改变阀门的开度大小，从而改变流出的液体量，保证液位维持在要求的高度上。

这所有的操作由人去完成，通过眼、脑、手三个器官，分别完成检测、运算、执行三个任务，完成测量、求偏差、再控制纠正偏差的全过程，这就是人工控制，但人受各种因素所限，满足不了大型现代化生产对于控制精度及劳动强度的需要，若用一套自动化装置代替上述人工的操作，这样，就由人工控制变为了自动控制，液位储槽和自动化装置一起构成了一个自动控制系统（图 2-2）。

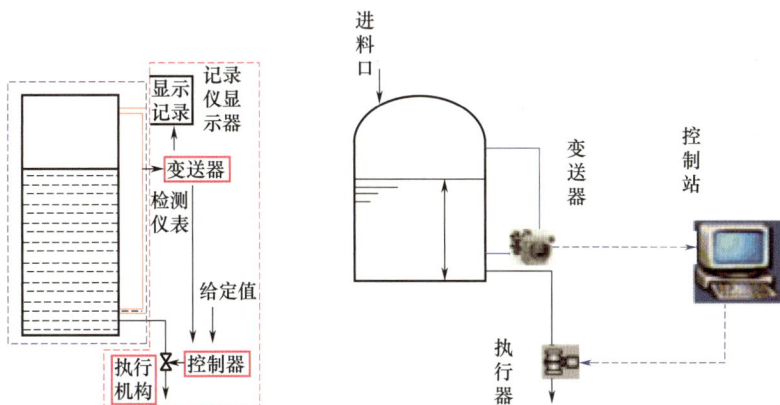

图 2-2　储槽液位自动化控制系统

自动化装置包括三个部分：

（1）测量元件与变送器　通过测量元件，测量液体的液位，并将液位的高度转换为一种特定的信号输出，可以是标准电流信号、标准气压信号、电压信号等。

（2）控制器　它接收变送器送来的信号，与工艺要求的液位高度（给定值）进行比较，得出偏差，并按某种运算规律算出结果，然后将结果用特定的信号送出。

（3）执行器　通常指可以自动调节的阀门，它与普通的阀门功能一样，只是它可自动根据控制器送来的信号改变阀门开度的大小。

水箱液位定值
控制

59

## 二、自动控制系统的组成

自动控制系统是在人工控制的基础上产生和发展起来的，它包括被控对象和自动化装置两大部分。自动化装置包括测量元件与变送器、自动控制器、执行器三个部分。因而自动控制系统的组成包括四个部分，或称四个环节——被控对象、测量元件与变送器、控制器、执行器。

在自动控制系统中，将需要控制其工艺参数的生产设备、机器、一段管道或生产设备的一部分叫作被控对象，简称对象，如图 2-1 所示，液位储槽就是这个液位控制系统的被控对象。化工生产中，各种塔器、反应器、换热器、泵、压缩机以及各种容器、储罐都是常见的被控对象，复杂的生产设备如精馏塔、吸收塔等，在一个设备上可能有好几个控制系统，这时在确定被控对象时，就不一定是整个生产设备，譬如说，一个精馏塔，往往塔顶有温度、压力控制，塔底也有温度、压力控制，还有液位、流量控制等，这时，就只有与控制有关的相应部分才是这个控制系统的被控对象，如在讨论塔釜液位控制系统时，被控对象指的只是塔底出口管道及阀门等，而不是整个精馏塔。

## 三、自动控制系统的方块图

在研究自动控制系统时，为了能更清楚地表示一个自动控制系统各个组成部分（环节）之间的相互影响和信号联系，往往将表示各环节的方块根据信号流的关系排列与连接起来，组成自动控制系统的方块图（图 2-3）。它是从信号流的角度出发，将组成自动控制系统的各个环节用信号线相互连接起来的一种图形。

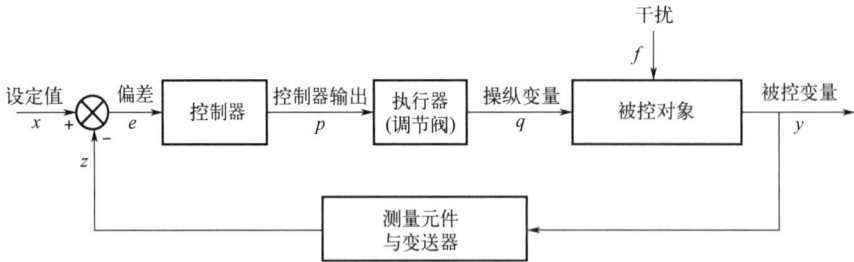

图 2-3　自动控制系统方块图

（1）方块（框）　在控制系统的方块图中，用方块框起来的是自动控制系统的四个部分（环节）。

（2）信号线　控制系统的作用是通过信息的获取、变换与处理来实现的。载有变量信息的物理变量就是信号，因此，对于控制系统或其组成环节来说，输入变量、输出变量和状态变量都是变量，也都是信号。信号的作用都是有方向性的，不可逆置，所以信号线带有箭头，箭头指向的方向，表示信号施加到某个环节上的独立变量，称为输入变量，箭头离开方块的信号表示环节送出的变量，称为输出变量。

在控制系统的分析中，必须从信号流的角度分析，不能与物料流或能量流混淆，物料或能量变化是影响因素，会改变信号大小。

（3）比较点　储槽液位信号是测量元件及变送器的输入信号，而变送器的输出信号 $z$ 进入比较机构（或元件），与工艺上希望保持恒定的被控变量值即设定值 $x$ 进行比较，得到偏差信号 $e$，并送到控制器。比较机构实际上是控制器的一个组成部分，不是一个单独的元件，在方块图中把它以相加（减）点形式单独画出（一般在图中以⊗表示），为的是能更清楚地说明其比较作用。

（4）被控变量　在自动控制系统中，被控对象中需要加以控制（一般是工艺上需要保持恒定的）的变量，称为被控变量，图中用 $y$ 来表示，对于液位储槽来说，液位就是被控变量。由方块图可知，被控变量是对象的输出变量。

（5）操纵变量　控制器根据偏差信号 $e$ 的大小，按一定的规律运算后，发出控制信号 $p$ 并送到执行器（调节阀），改变阀门开度的大小，从而改变出口物料量，以克服干扰对被控变量（液位）的影响，调节阀输出 $q$ 的变化称为控制作用，用来克服干扰对被控变量（液位）的影响。实现控制作用的物料量称为操纵变量，如图中流过调节阀的出口物料流量就是操纵变量，用来实现控制作用的物料一般称为操作介质或操纵剂。

控制阀门的出料流量，即操纵变量，是执行器（调节阀）的输出变量，其变化也是影响被控变量变化的因素，所以也是作用于对象的输入变量，因而，在方块图中，执行器（调节阀）的输出信号线和被控对象连接在一起。

（6）干扰　所有影响被控变量波动的外来因素，在自动控制系统中均称为干扰作用，用 $f$ 表示，干扰作用是作用于对象的输入变量。

## 四、反馈

对于任何一个简单自动控制系统，不论它们表面上看有多大差别，其方块图都有类似于图 2-1 的结构形式，组成系统各个环节的信号在传递关系上都形成一个闭合的系统，即其中任何一个信号，只要沿着箭头方向前进，通过若干个环节后，最终又会回到原来的起点，也就是形成闭环，所以自动控制系统是一个闭环系统。

自动控制系统之所以是一个闭环系统，是由于反馈的存在。由方块图可以看出，系统的输出变量是被控变量，但它经过测量元件与变送器后，又返回到系统的输入端，与给定值进行比较，这种系统（或环节）的输出信号直接或经过一些环节又重新返回到输入端的过程，称为反馈。

反馈有正反馈与负反馈之分，所谓正反馈就是反馈回到输入端的信号与系统原来的信号方向相同，会加强系统的输入；而负反馈就是反馈回到输入端的信号与系统原来的信号方向相反，会削弱系统的输入。

在自动控制系统中都采用负反馈，因为只有负反馈，在被控变量 $y$ 受到干扰发生变化时，控制器发出信号，使执行器的开度发生变化且变化的方向为负，才能使被控变量的改变向相反方向进行，达到控制的目的。若采用正反馈的形式，那么控制作用不仅不能克服干扰的影响，反而会推波助澜，输出的信号使控制阀的动作结果使被控变量的变化加强而不是削弱，而且一些微小的变化就有可能使控制的偏差越来越大，直到被控变量超出安全范围而破坏生产，所以自动控制系统绝不能单独使用正反馈。

综上所述，自动控制系统是具有被控变量负反馈的闭环系统。它与自动测量、自动操纵等开环系统比较，最本质的区别在于控制系统有无负反馈的存在。

## 五、自动控制系统的分类

自动控制系统从不同的使用角度，可以有不同的分类方法。

（1）从生产工艺角度，可按被控变量将自动控制系统分为：压力控制系统、温度控制系统、液位控制系统、流量控制系统等。

（2）按信号的传递流程和走向可将自动控制系统分为闭环控制系统和开环控制系统。

① 闭环控制系统。如图 2-4 所示，当进料的流量或温度引起出料的温度发生变化时，温度测

量变送器 TT 测得出料出口温度的变化并将其信号以负反馈的形式输出到温度控制器 TC，与工艺给定值进行比较得出偏差 $e$，温度控制器再根据 $e$ 的特点给出适当的输出信号并送到执行器（调节阀），以便改变蒸汽的进口流量，从而维持出料的出口温度在给定值范围内。这个系统明显的特点是被控变量以负反馈的形式重新回到系统的输入端，与给定值比较后被送到控制器进行运算，这种具有被控变量负反馈的自动控制系统，称为闭环控制系统。

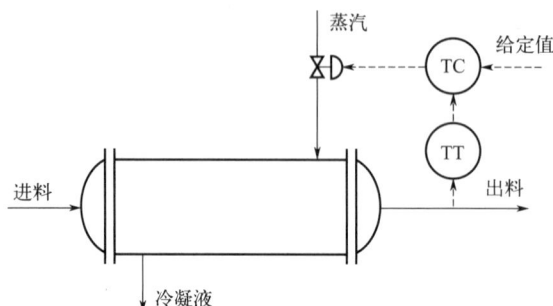

图 2-4　换热器温度控制系统

② 开环控制系统。系统的输出信号没有被反馈回输入端，执行器仅根据输入信号进行控制的系统称为开环系统，此时系统的输出与设定值与测量值之间的偏差无关，其方块图如图 2-5 所示。

图 2-5　开环控制系统方块图

（3）按组成和结构的复杂程度可将自动控制系统分为简单控制系统和复杂控制系统。

① 简单控制系统。由一个测量元件（变送器）、一台控制器、一台执行器和一个被控对象组成的一个闭环控制系统，在控制工程上称为简单控制系统，也称为单系统控制系统。

② 复杂控制系统。所谓复杂，只是相对于简单而言，一般凡是结构上较为复杂或控制目的较为特殊的控制系统，都可称为复杂控制系统，通常复杂控制系统是多变量的，由两个以上变送器、两个以上控制器或两个以上执行器所组成的多系统的控制系统，所以也称为多系统控制系统。

（4）从给定值的角度，按给定值是否有变化可将自动控制系统分为定值控制系统、随动控制系统和程序控制系统。

① 定值控制系统。如果自动控制系统的给定值是恒定不变的，这种控制系统称为定值控制系统。化工生产过程中的自动控制系统大部分为定值控制系统，定值控制系统的给定信号通常都是由控制器内部设定。定值控制系统的目的是确保被控变量保持在给定值不变。

② 随动控制系统。如果自动控制系统的给定值不是恒定不变的，是在不断变化的，而且这种变化还不是预先设定的，也就是说给定值是随机变化的，这种控制系统称为随动控制系统。随动控制系统的目的就是使所控制的工艺参数准确而快速地跟随给定值的变化而变化，例如导航的雷达系统。化工生产中的某些比例控制系统就属于随动控制系统，如加热炉燃料油和空气的流量比例控制系统，当燃料油的流量发生变化时，就要求空气的流量能快速而准确地随之变化。

③ 程序控制系统。如果自动控制系统的给定值是按预先设定值随时间不断变化的，即它是一个已知的时间函数，这类控制系统称为程序控制系统，又称顺序控制系统，例如加热炉的升温控制系统。

## 任务实施

### 一、安全教育

进入实训场所要穿戴好个人防护用品（图 2-6），由于现场装置，涉及一些电气设备和元件的使用和操作，因此必须开展安全教育活动，明确工作环境和工作任务中可能存在的安全隐患和必要的防护措施，并签署该工作任务安全须知确认单。

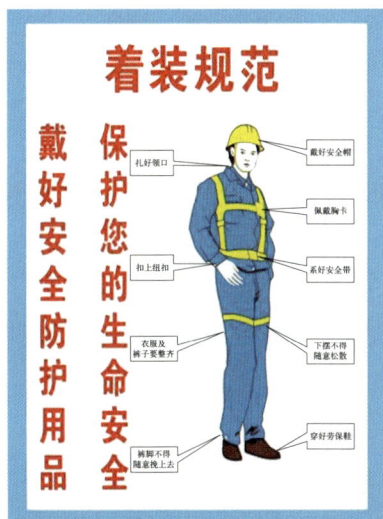

**图 2-6　个人防护用品规范穿戴示意图**

### 二、所需仪器设备和工具

所需仪器设备和工具见表 2-1 和表 2-2。

**表 2-1　仪器设备资料使用清单**

| 资料名称 | 类别 | 等级 |
| --- | --- | --- |
| 现场实验装置 | | |
| 装置流程图 | | |
| 电脑（软件包） | | |

**表 2-2　工具使用清单**

| 工具名称 | 使用数量 |
| --- | --- |
| 十字螺丝刀 | 1把 |
| 一字螺丝刀 | 1把 |
| 导线 | 若干 |

## 三、现场工艺 PID 图

常减压装置中的初馏塔、常压塔、减压塔，实质上都是蒸馏塔，为说明问题方便，将用一个简化的初馏塔工艺管道及控制流程示意图为例，分析说明简单控制系统。如图 2-7 所示，从原料槽来的原料进入初馏塔，轻组分汽化至塔顶经塔顶冷凝器冷凝后，部分作为塔顶回流，另一部分作为塔顶产品馏分出料去下一个工序或作为产品采出；从塔底出来的釜液，一部分经再沸器部分汽化后蒸气返回塔内，另一部分作为塔底产品去下一个工序。

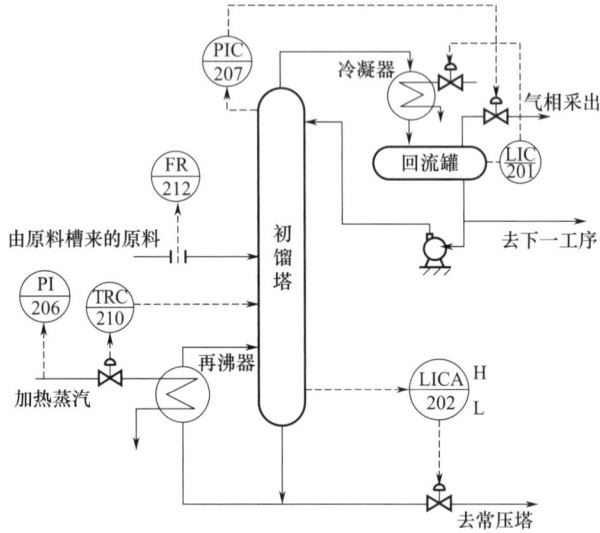

图 2-7　初馏塔的工艺管道及仪表控制流程图

## 四、工作内容与步骤

### 1. 任务要求

根据图 2-7 初馏塔的工艺管道及仪表控制流程图，完成以下任务：
（1）列出所有的开环控制系统并指出相对应的被控对象、被控变量。
（2）列出所有的闭环控制系统，指出对应的被控对象、被控变量和操纵变量。
（3）选择任一控制系统画出其控制方块图。

### 2. 操作步骤

（1）识读工艺管道及仪表控制流程图。

表 2-3　常用被测变量和仪表功能的字母代号表

| 字母 | 第一位字母 | | 后继字母 |
| --- | --- | --- | --- |
| | 被测变量 | 修饰词 | 功能 |
| A | 分析 | | 报警 |
| C | 电导率 | | 控制（调节） |
| D | 密度 | 差 | |
| E | 电压 | | 检测元件 |

续表

| 字母 | 第一位字母 | | 后继字母 |
| --- | --- | --- | --- |
| | 被测变量 | 修饰词 | 功能 |
| F | 流量 | 比（分数） | |
| I | 电流 | | 指示 |
| K | 时间或时间程序 | | 自动-手动操作器 |
| L | 物位 | | |
| M | 水分或湿度 | | |
| P | 压力或真空 | | |
| Q | 数量或件数 | 积分、累积 | 积分、累积 |
| R | 放射性 | | 记录或打印 |
| S | 速度或频率 | 安全 | 开关、联锁 |
| T | 温度 | | 传送 |
| V | 黏度 | | 阀、挡板、百叶窗 |
| W | 力 | | 套管 |
| Y | 供选用 | | 继动器或计算器 |
| Z | 位置 | | 驱动、执行或未分类终端执行机构 |

　　根据表 2-3，第一个字母表示的是被测变量，第二个字母代表仪表的功能：带有 C 的为自动控制系统，为闭环控制系统，而不带 C 的控制系统，则为开环控制系统，带 I 只有指示功能，带 R 有记录、指示功能，带 T 为传送功能，后续的数字编号代表其工位号。

　　对应图 2-7 工艺管道及仪表控制流程图中的图形符号，⑩就表示该仪表的被测变量为压力，具有指示功能，即该仪表测出压力的数值后可显示出来，但不能进行自动调整。206 代表仪表的位号：第 2 段、第 6 个压力测量仪表。

　　（2）确定自动控制系统的被控对象、被控变量、操纵变量、执行器、控制器，自动控制系统（即带 C 的自动系统）必须包含执行器、控制器，这样才具有自动控制的功能。

　　如图 2-8 所示，为塔釜液位自动控制系统，其被控对象为精馏塔塔釜，被控变量为塔釜液位，操纵变量为塔釜采出量，控制器为液位控制器 LICA202。

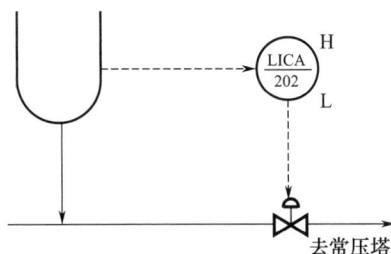

图 2-8　塔釜液位自动控制系统

　　（3）根据自动控制系统方块图的要素（方块、带箭头的信号线、比较点）画方块图。

## 五、数据记录表

### 1. 控制系统分析（表 2-4）

**表 2-4　控制系统分析表**

| 控制系统名称 | 开环或闭环系统 | 被控对象 | 被控变量 | 操纵变量 | 执行器 | 控制器/图形符号 |
|---|---|---|---|---|---|---|
| 流量检测系统 | 开环系统 | 脱乙烷塔进料管道 | 从脱甲烷塔来的原料（脱乙烷塔的进料量） | — | — | — |
| 加热蒸汽压力检测系统 | 开环系统 | 塔底加热蒸汽管道 | 加热蒸汽压力 | — | — | — |
| 塔釜温度控制系统 | 闭环系统 | 脱乙烷塔塔釜 | 塔釜温度 | 加热蒸汽量 | 可自动调节的阀门 | 温度控制器 |
| 塔顶压力控制系统 | 闭环系统 | 脱乙烷塔塔顶 | 塔顶压力 | 塔顶气相采出量 | 可自动调节的阀门 | 压力控制器 |
| 回流罐液位控制系统 | 闭环系统 | 回流罐 | 回流罐液位 | 塔顶冷却水量 | 可自动调节的阀门 | 液位控制器 |
| 塔釜液位控制系统 | 闭环系统 | 脱乙烷塔塔釜 | 塔釜液位 | 塔釜采出量 | 可自动调节的阀门 | 液位控制器 |

### 2. 方块图

（1）开环系统的方块图　以原料槽的进料量自动检测系统为例，如图 2-9 所示。

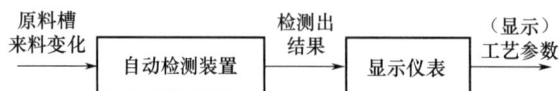

**图 2-9　原料槽进料量开环控制系统组成方块图**

（2）闭环系统的方块图　以塔顶压力控制系统为例，如图 2-10 所示。

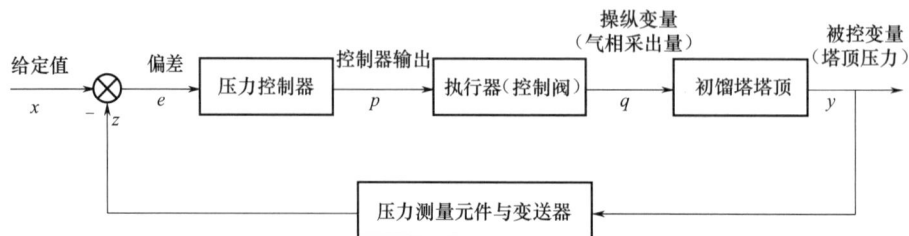

**图 2-10　塔顶压力闭环控制系统组成方块图**

## 六、考核评价内容

（1）按照安全规范进行 PPE 的穿戴和个人防护。

（2）根据工艺管道及仪表控制流程图可正确填写控制系统分析表。

（3）正确绘制自动控制系统方块图。

# 子任务 2　简单控制系统的设计

## 任务描述

小张通过前期的学习，掌握了简单控制系统的组成及表达控制过程的方法，同时也发现常减压装置的工艺参数非常多，那么，如何设计一个简单控制系统（单系统控制系统），实现自动控制作用呢？

学习目标

知识目标：① 了解被控变量的选择。

② 了解操纵变量的选择。

③ 理解控制器规律的选择。

技能目标：① 会分析工艺过程，根据工艺要求确定被控变量和操纵变量。

② 会根据工艺生产的目的要求，选择控制器的控制规律。

素养目标：① 具备分析工艺过程的能力。

② 具备设计简单控制系统的能力。

③ 培养整体思维，深刻认识从部分到整体的组成与发展。

## 知识准备

## 一、精馏塔的控制

精馏是石油和化工生产中应用很广泛的一种生产工艺。它利用液体（如石油）混合物中各组分挥发度的不同，将各组分进行分离以提取达到规定纯度要求的产品。精馏操作设备主要包括再沸器、冷凝器和精馏塔。图 2-11 为精馏塔的工艺流程图，精馏塔是完成精馏操作的主体设备。

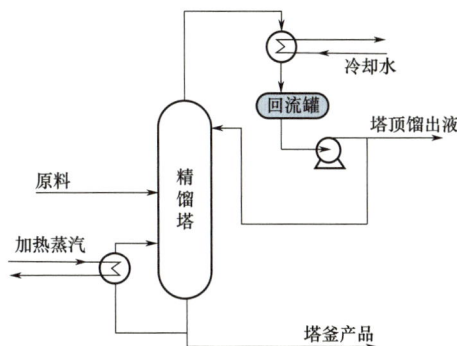

图 2-11　精馏塔的工艺流程图

位于塔顶的冷凝器使塔顶蒸气冷凝成液体，部分冷凝液作为回流液返回塔顶，其余馏出液是塔顶产品。位于塔底的再沸器使塔底液体部分汽化，蒸气返回精馏塔，沿塔逐层上升，余下的液体作为塔釜产品。进料口以上的塔段，把上升蒸气中易挥发组分进一步提浓，称为精馏段；进料口以下的塔段，从下降液体中提取易挥发组分，称为提馏段。

精馏塔的直接质量指标主要是产品纯度，一般应使塔顶或塔底的产品之一达到规定的纯度，另一个产品的纯度也应该维持在规定的范围内，或均保持在一定纯度内。根据前述可知，一个简单的控制系统包括四个环节，两个变量，要设计一个简单控制系统（单系统控制系统），实现产品质量的控制，就要确定两个变量——被控变量和操纵变量，同时要有可自动调节的执行器、控制器、测量元件与变送器。

## 二、被控变量的选择

生产过程中希望借助自动控制系统保持恒定值的变量，称为被控变量。实际的化工生产过程比较复杂，为了实现预期的工艺目标，通常会有多个工艺变量或参数可供选择为被控变量。在设计自动控制系统时，被控变量的选择关系系统能否达到稳定操作、增加产量、提高质量的目的。如果选择不当，无论配置多高级的自动化仪表，组成多么完善的自动控制系统，都不可能达到预期的工艺控制目的。

通常我们选择对生产影响显著的关键变量作为被控变量。所谓"关键"是指这些变量对产品的质量、产量、生产安全具有决定性的作用，并且对这些变量进行人工操作既紧张又频繁，或人工操作根本无法满足工艺要求。从多个变量中选择被控变量的总体原则为：

① 被控变量要能代表一定的工作操作指标或能反映工艺的操作状态，是工艺需要维持恒定，需要较频繁控制的变量。

② 尽量采用直接指标作为被控变量。

③ 当无法获得直接指标信号，或其测量变送信号滞后很大时，可选择与直接指标有单值对应关系，对直接指标的变化有足够大的灵敏度、反应也较快的间接指标作为被控变量。

④ 被控变量应比较容易测量，并具有小的滞后和足够大的灵敏度。

⑤ 选择被控变量时，必须考虑工艺的合理性和国内仪表产品的现状。

⑥ 被控变量应是独立的、可调的。

## 三、操纵变量的选择

在自动控制领域中，把用来克服干扰对被控变量的影响，具体实现控制作用的变量称为操纵变量，具体来说，就是执行器的输出量，最常见的操纵变量是某种介质的流量。

与被控变量的选择一样，选择操纵变量我们也要对工艺进行分析，找出哪些因素会使被控变量发生变化，并确定这些影响因素中哪些是可控的，哪些是不可控的。在对象的所有输入变量中，应选择一个对被控变量影响最大的变量作为操纵变量，这样才能有效克服干扰。在影响被控变量变化的诸多因素中，操纵变量确定后，其他因素就成为干扰因素了。操纵变量和干扰变量作用在对象上，会引起被控变量的变化。图 2-12 是其影响示意图，其中干扰变量由干扰通道施加在对象上，起着破坏作用，使被控变量偏离给定值；操纵变量由控制通道施加到对象上，使被控变量恢复到给定值，起着校正作用，这是一对相互矛盾的变量，我们希望操纵变量对被控变量的影响要有足够大的灵敏度，并且控制及时，同时希望干扰变量对被控变量的影响尽量小。所以，在选择操纵变量时，应遵循以下原则：

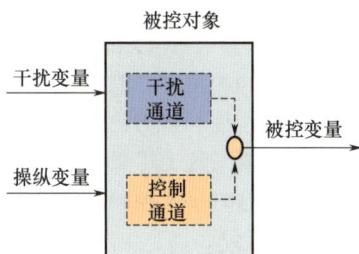

图 2-12　操纵变量和干扰变量影响被控变量示意图

① 操纵变量应是可控的，即工艺上允许控制的变量。

② 操纵变量一般应比其他干扰对被控变量的影响更加灵敏。因此，应通过合理选择操纵变量，使控制通道的放大倍数适当大、时间常数适当小、滞后时间尽量小。

③ 在选择操纵变量时，除了从自动化角度考虑外，还要考虑工艺的合理性与生产的经济性，尽可能地降低物料和能量的消耗。一般来说，不宜选择生产负荷作为操纵变量，因为生产负荷直接关系产品的产量，是不宜经常波动的。

## 四、控制器控制规律的选择

经验证明，相同的控制系统作用于不同的生产过程时，其控制质量往往差异很大。通常根据控制对象的特性和工艺要求来选择控制器，包括控制器形式和控制规律的选择。

目前工业上常用的控制器主要有三种控制规律：比例控制规律（简写为 P）、比例积分控制规律（简写为 PI）和比例积分微分控制规律（简写为 PID）。

### 1. 比例控制器（P）控制规律特点及应用

比例控制器的特点是：控制器的输出与偏差成比例，阀门位置与偏差之间有一一对应关系。当负荷变化时，比例控制器克服干扰能力强，过渡过程时间短。在常用控制规律中，比例作用是最基本的控制规律，不加比例作用的控制规律是很少采用的。但是，纯比例控制器在过渡过程终了时存在余差，负荷变化越大，余差就越大。比例控制器适用于调节通道滞后较小、负荷变化不大、工艺上没有提出无差别要求的系统，如中间储罐的液位、精馏塔塔釜液位以及不太重要的蒸汽压力等。

### 2. 比例积分控制器（PI）控制规律特点及应用

比例积分控制器的特点是：积分作用使控制器的输出与偏差的积分成比例，故过渡过程终了时无余差，这是积分作用的显著优点。但是，加上积分作用，会使稳定性降低。虽然在加上积分作用的同时，可以通过加大比例度，使稳定性基本保持不变，但超调量和振荡周期都相应增大，过渡过程时间也加长。比例积分控制器是使用最多、应用最广的控制器。它适用于调节通道滞后较小、负荷变化不大、工艺参数不允许有余差的系统。例如流量、压力和要求严格的液位控制系统，常采用比例积分控制器。

### 3. 比例积分微分控制器（PID）控制规律特点及应用

比例积分微分控制器的特点是：微分作用使控制器的输出与偏差变化速度成比例。它对克服容量滞后有显著效果。在比例的基础上加上微分作用能提高稳定性，再加上积分作用可以消除余差。比例积分微分控制器适用于容量滞后较大、负荷变化大、控制质量要求较高的系统，目前应用较多的是温度系统。对于滞后很小或噪声严重的系统，应避免引入微分作用，否则会由于参数

学习情境二

单闭环流量定值控制

的快速变化引起控制作用的大幅度变化，严重时会导致控制系统不稳定。

需要说明的一点是，当对象控制通道和测量元件的纯滞后较大时，微分作用也无能为力，不能克服纯滞后。这是因为在纯滞后阶段内，控制器的输入偏差变化速度为零，微分调节部分不起作用。在这种情况下，首先应从工艺和仪表安装上尽量消除和缩短纯滞后时间；如果纯滞后较大的情况不能改善，且负荷变化频繁，表明这时基本控制系统已无法满足要求，只能利用复杂控制系统来进一步加强抗干扰能力，改善系统性能，满足生产要求。

## ⊙ 任务实施

### 一、安全教育

进入实训场所要穿戴好个人防护用品（见图 2-6），由于现场装置，涉及一些电气设备和元件的使用和操作，还有自动阀门、水、电等，因此必须开展安全教育活动，明确工作环境和工作任务中可能存在的安全隐患和必要的防护措施，并签署该工作任务安全须知确认单。

### 二、所需仪器设备和工具

所需仪器设备和工具见表 2-5 和表 2-6。

表 2-5　仪器设备资料使用清单

| 资料名称 | 类别 |
| --- | --- |
| 现场实验装置 | 精馏塔实训装置 |
| 装置流程图 | 见图2-13 |
| 电脑（软件包） | 精馏塔实训控制软件 |

表 2-6　工具使用清单

| 工具名称 | 使用数量 |
| --- | --- |
| 图纸 | 1张 |
| 图板 | 1块 |
| 丁字尺 | 1把 |
| 制图工具 | 1套 |

### 三、现场工艺 PID 图

精馏过程是石油和化工生产中应用广泛的一个生产过程，精馏操作中的被控变量多，可选用的操纵变量也多，它们之间又可以有各种不同组合，所以控制方案更多。

图 2-13 是常见的一个精馏塔的控制方案。它是一个以塔底产品为目的产品的控制方案。下面来分析其被控变量及操纵变量的选择、控制器控制规律选择的思路。

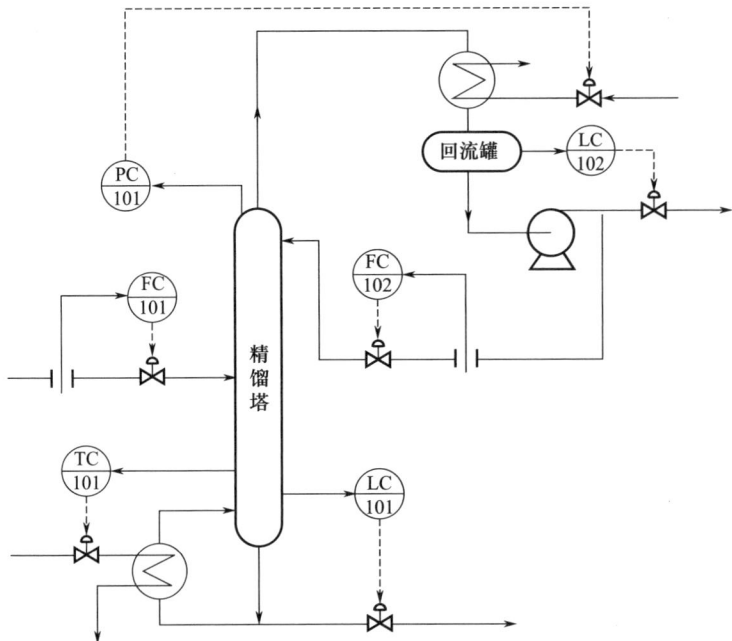

图 2-13 精馏塔提馏段控制方案

## 四、工作过程和步骤

### 1. 单系统控制方案被控变量的选择（以精馏塔塔底产品为目的产品）

根据被控变量与生产过程的关系，控制形式可分为两种类型：直接指标控制与间接指标控制。如果被控变量本身就是需要控制的工艺指标（如温度、压力、流量、液位等），则称为直接指标控制；如果工艺是要求按质量指标进行操作的，照理应以质量指标作为被控变量进行控制，但有时因缺乏获取质量信号合适的工具，或虽能测量，但信号很微弱或滞后很大，用直接指标控制不经济，这时可选取与直接质量指标有单值对应关系且反应又快的参数，如温度、压力等作为间接指标，这称为间接指标控制。

如图 2-11 所示，精馏塔的工作原理是利用被分离物各组分的挥发度不同，把混合物的各组分进行分离。若精馏塔的操作是要使塔顶产品达到规定的纯度，那么塔顶馏出物的组成 $x_D$ 是工艺上质量的控制指标，需要保持其恒定，但测量塔顶馏出物组成 $x_D$ 的分析测量仪表价格昂贵，因而不能直接以 $x_D$ 作为被控变量进行直接指标控制。这时可以在与 $x_D$ 有关的变量中找出合适的变量作为被控变量，进行间接指标控制。

在二元系统的精馏中，当气液两相并存时，塔顶易挥发组分的浓度 $x_D$、塔顶温度 $T_D$、压力 $p$ 三者之间有一定关系。当压力 $p$ 恒定时，组成 $x_D$ 和温度 $T_D$ 间存在单值对应关系。图 2-14 所示为苯、甲苯二元系统中易挥发组分浓度与温度间的关系。易挥发组分的浓度越高，对应的温度越低；相反，易挥发组分的浓度越低，对应的温度越高。

当温度 $T_D$ 恒定时，组成 $x_D$ 和压力 $p$ 之间也存在着单值对应关系，如图 2-15 所示，易挥发组分浓度 $x_D$ 越高，对应的压力 $p$ 也越高；反之，易挥发组分的浓度 $x_D$ 越低，与之对应的压力也越低。由此可见，在组分、温度、压力三个变量中，只要固定温度或压力中的任一个变量，另一个变量就可以代替组成 $x_D$ 作为被控变量。在温度和压力中，究竟选哪一个变量作为被控变量好呢？

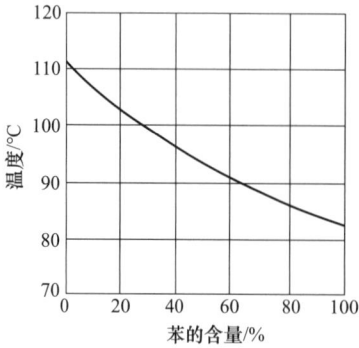

图 2-14　苯 - 甲苯溶液的 *T-x* 图　　图 2-15　苯 - 甲苯溶液的 *p-x* 图

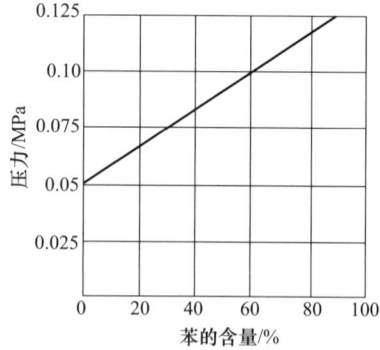

我们常选择温度作为被控变量，这是因为：第一，在精馏操作中，压力往往需要固定，只有将塔操作在规定的压力下，才易于保证塔的分离纯度，保证塔的效率和经济性，如果塔压波动，就会破坏原来的气液平衡，影响相对挥发度，使塔处于不良工况；同时，随着塔压的变化，往往还会引起与之相关的其他物料量（如进、出量，回流量等）的变化；第二，在塔压固定的情况下，精馏塔各层塔板上的压力基本是一致的，这样各层塔板上的温度与组分之间就有一定的单值对应关系，由此可见，固定压力，选择温度作为被控变量对精馏塔的出料组分进行间接指标控制是可能的，也是合理的。

在选择被控变量时，还必须使所选变量有足够的灵敏度。在上例中，当 $x_D$ 变化时，温度 $T_D$ 的变化必须灵敏，有足够大的变化，容易被测量元件所感应。此外，还要考虑简单控制系统被控变量间的独立性。假如在精馏操作中，塔顶和塔底的产品浓度都需要控制在规定的数值内，据上分析，可在固定塔压的情况下，塔顶与塔底分别设置温度控制系统。但这样一来，由于精馏塔各塔板上的物料温度相互之间有一定影响，塔底温度升高，塔顶温度相应也会升高；同样，塔顶温度升高，亦会使塔底温度相应升高。也就是说，塔顶的温度与塔底的温度之间存在关联问题。因此，用两个简单控制系统分别控制塔顶温度与塔底温度，势必造成相互干扰，使两个系统都不能正常工作。

所以采用简单控制系统时，通常只能保证塔顶或塔底一端的产品质量。若工艺要求保证塔顶产品质量，则选塔顶温度为被控变量；若工艺要求保证塔底产品质量，则选塔底温度为被控变量。如果工艺要求塔顶和塔底产品纯度都要严格保证，则通常需要组成复杂控制系统，增加解耦装置，解决相互关联问题。

从上述实例中可以看出，若要正确地选择被控变量，就必须了解工艺过程和工艺特点对控制的要求，仔细分析各变量之间的相互关系。

**2. 单系统控制方案操纵变量的选择（以精馏塔塔底产品为目的产品）**

根据前面的分析，为了保证精馏塔产品的纯度，若已选定精馏塔内某块塔板（一般为温度变化最灵敏的板——灵敏板）上的温度作为被控变量，那么，自动控制系统的任务就是通过维持灵敏板温度恒定，来保证产品的成分满足要求。

从图 2-16 可知，影响精馏塔内灵敏板温度 $T_灵$ 的因素主要有：进料流量（$F_入$）、进料成分（$x_入$）、进料温度（$T_入$）、回流的流量（$F_回$）、回流温度（$T_回$）、加热蒸汽流量（$F_蒸$）、冷凝器冷却温度（$T_冷$）及塔压（$p$）等。这些因素都会影响灵敏板温度 $T_灵$ 的变化，那么选择哪一个变量作为操纵变量最可行呢？我们可将这些影响因素分为两大类，即可控的和不可控的。

从工艺角度来看，本例中只有回流量（$F_回$）和加热蒸汽流量（$F_蒸$）为可控因素，其他均为不

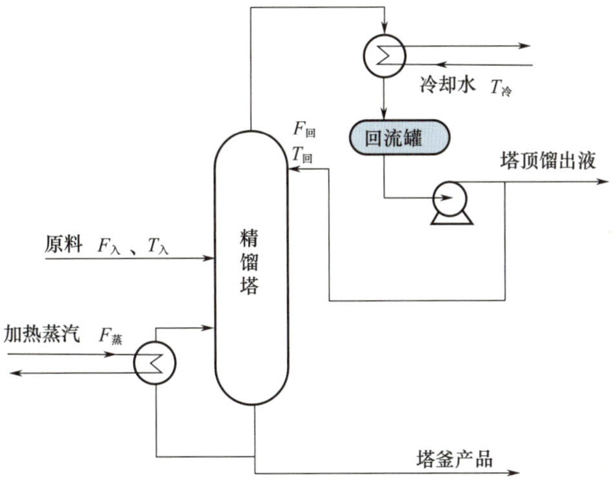

图 2-16　影响精馏塔内灵敏板温度 $T_{灵}$ 的因素

可控因素。当然，在不可控因素中，有些也是可以调节的，例如进料流量（$F_{入}$）、塔压（$p$）等，只是工艺上不允许用这些变量去控制塔内的温度，因为进料流量（$F_{入}$）波动意味着生产负荷波动；塔压波动意味着塔的工况不稳定，这些都是不允许的。

在两个可控因素中，回流量（$F_{回}$）和加热蒸汽流量（$F_{蒸}$）的变化都会影响塔内温度，其中回流量（$F_{回}$）对精馏段塔顶温度影响更迅速更显著，而加热蒸汽流量（$F_{蒸}$）的变化对提馏段温度影响更显著，对塔顶温度的影响存在滞后。所以，为了控制塔底产品质量，控制加热蒸汽流量比控制塔顶回流量更直接有效。综上所述，以精馏塔塔底产品为目的产品，应选择塔底加热蒸汽流量作为操纵变量。

### 3. 控制器控制规律的选择

因生产以精馏塔塔底产品为主要产品，塔底产品的质量控制是间接控制指标，所以在一定的操作压力下，温度与产品的组成有一一对应关系，因而控制方案中的主要控制系统是以提馏段某灵敏板温度为被控变量，再沸器加热蒸汽量为操纵变量，产品质量是一个很重要的控制指标，工艺上不允许有余差，因而控制器可采用 PID 控制方式。

如图 2-16 所示，除了这个主要控制系统外，还设有若干个辅助控制系统。

（1）进料流量控制（FC-101）　假设工艺上允许适当调节进料流量，则进料流量可采用均匀控制系统（适合控制要求不是很高、允许在一定范围内波动的被控变量），控制器采用纯比例控制，且比例度放在较大的数值上，如果需要增加控制效果，也可引入较弱的积分作用。

（2）塔底釜液的液位控制（LC-101）　通过控制塔底产品采出量来调节塔底液位，一般采用均匀控制系统，控制器为纯比例控制方式。

（3）塔顶的压力控制（PC-101）　对于二元组分精馏塔来说，控制塔压恒定，是保证产品组分与温度之间存在单值对应关系，塔板温度能间接反映产品质量的前提。所以塔压的控制要求较高，通过控制冷凝器的冷却量来维持塔压恒定。控制器可采用比例积分控制方式。

（4）塔顶的回流量控制（FC-102）　提馏段温控时，回流量的控制比较重要，且回流量应足够大，以便当塔的处理量最大时，仍能保持塔顶产品的质量指标在规定的范围内。回流量控制要求较高，控制器可采用比例积分控制方式。

（5）回流罐的液位控制（LC-102）　通过控制塔顶产品采出量来调节回流罐液位，一般采用均匀控制系统，控制器为纯比例控制方式。

## 五、数据记录表

### 1. 控制系统分析（表2-7）

**表2-7　控制系统分析表**

| 控制器图形符号 | 控制系统名称 | 被控对象 | 被控变量 | 操纵变量 | 备注 |
|---|---|---|---|---|---|
| FC 101 | 进料流量控制系统 | 精馏塔进料管道 | 塔的进料量 | 进料流量 | 辅助控制系统 |
| FC 102 | 塔顶回流量控制系统 | 塔顶回流管道 | 回流量 | 回流量 | 辅助控制系统 |
| TC 101 | 塔釜温度控制系统 | 精馏塔塔釜 | 塔釜温度 | 加热蒸汽流量 | 主要控制系统 |
| PC 101 | 塔顶压力控制系统 | 精馏塔塔顶 | 塔顶压力 | 冷却水流量采出量 | 辅助控制系统 |
| LC 102 | 回流罐液位控制系统 | 回流罐 | 回流罐液位 | 塔顶产品采出量 | 辅助控制系统 |
| LC 101 | 塔釜液位控制系统 | 精馏塔塔釜 | 塔釜液位 | 塔釜采出量 | 辅助控制系统 |

## 六、考核评价内容

（1）按照安全规范进行 PPE 的穿戴和个人防护。
（2）根据工艺管道及仪表控制流程图可正确填写控制系统分析表。
（3）能正确绘制自动控制系统方块图。

# 子任务 3　简单控制系统投运及操作中的常见问题分析

## 任务描述

常减压装置检修安装完成了，为确保装置正常开车，小张了解工艺流程、控制指标和要求之后。需要重点熟悉控制方案，全面掌握设计意图，在装置的仪表及自动控制系统投运前须对测量元件、变送器、控制器、控制阀和其他仪表装置，以及电源、气源、管路和线路等进行全面检查。

学
习
目
标

知识目标：① 理解控制器的正反作用。

② 了解控制器无扰动切换。

③ 熟悉控制器参数工程整定。

技能目标：① 会分析工艺过程，确定控制器的正反作用。

② 会使用工程整定方法进行控制器参数整定。

③ 会进行控制器的无扰动切换。

素养目标：① 具备仪表故障简单识别能力。

② 具备控制系统分析能力。

③ 培养忧患意识，做到居安思危，理解应急预案的意义，增强在突发
事件发生时的应急处理能力。

# 知识准备

## 一、控制系统的投运

一个自动控制系统设计并安装完毕后，投入生产、实现自动控制前，有什么工作要做呢？

### 1. 准备工作

（1）了解主要工艺流程、主要设备的功能、控制要求和指标，以及各种工艺参数之间的关系。

（2）熟悉各控制方案的构成，对测量元件和控制阀的安装位置、管线走向、工艺介质性质等进行确认。

（3）虽然仪表在安装前已经校验，但在投运前仍须对测量元件、变送器、控制器、控制阀和其他仪表装置，以及电源、气源、管路和线路进行全面检查，尤其是要对气压信号管路进行试漏。

### 2. 仪表检查

（1）先投运测量仪表，观察测量指示是否正常，对有差压变送器的测量仪表投入使用时，注意不要使其弹性元件受到突然冲击和处于单向受压。

（2）对于控制记录仪表，除了要观察测量指示是否正常外，还要特别对控制器控制点进行复校。如：对于比例积分控制器，当测量值与给定值相等时，控制器的输出可以等于任意数值（气动仪表在 0.02 ～ 0.1MPa 之间，电动仪表在 0 ～ 10mA 或 4 ～ 20mA 之间）。也就是说，将给定值指针与测量值指针重合（又称对针），这时控制器的输出就应该稳定在某一数值不变，如果输出稳定不住（还在继续增大或减小），说明控制器的控制点有偏差，此时，若要使控制器输出稳定下来，测量值与给定值之间必然就有偏差存在。对于比例积分控制器，测量值与给定值之间的偏差就是控制点偏差。当控制点偏差超过允许范围时，必须重新校正控制器的控制点。如果控制器是纯比例作用的，那么测量值与给定值之间存在偏差是正常现象。

### 3. 检查控制器的正、反作用及控制阀的气开、气关形式

自动控制阀有气开、气关形式，控制器上有"正""反"作用开关，在系统投运前，一定要根

据确定原则选择和确定好。控制器的正、反作用与控制阀的气开、气关形式是关系到控制系统能否正常运行与安全操作的重要问题。

前面已经讲到,自动控制系统是具有被控变量负反馈的闭环系统。也就是说,如果测得被控变量偏高,经过闭环的控制作用后应使之降低;相反,如果测得被控变量偏低,应使之升高。控制作用对被控变量的影响必须与干扰作用对被控变量的影响相反,才能使被控变量恢复到给定值,这里,就有一个作用方向的问题。

在控制系统的四个环节中,不仅控制器有正、反作用方向,被控对象、测量元件与变送器、执行器都有各自的作用方向。如果组合不当,使总的作用方向构成了正反馈,则控制系统不但起不到控制作用,反而会破坏生产过程的稳定。所以,在系统投运前必须注意检查各环节的作用方向。

所谓作用方向,就是指控制系统的某个环节输入变化后,输出变化的方向:当输入增加时,输出也增加,则称为"正作用"方向;反之,当输入增加时,输出减少,则称为"反作用"方向。

**想一想**

控制系统的方块图,控制器、执行器、被控对象、测量元件与变送器的输入、输出量各是什么?

(1)对于执行器,它的作用方向取决于执行器是气开阀还是气关阀(注意不要与控制阀的"正作用"及"反作用"混淆),因控制器的输出信号是执行器的输入信号,所以当控制器输出信号增加时,气开阀的开度会增加,所以是"正"方向,而气关阀则相反,是"反"方向。

(2)对于被控对象的作用方向,则随具体的工艺过程不同而各不相同。判断原则是当操纵变量增加时,被控变量也增加的对象属于"正作用";反之,被控变量随操纵变量的增加而降低的对象属于"反作用"。

(3)对于测量变送器,其作用方向一般都是"正"的,因为对于测量仪表,当被控变量增加时,其输出信号也是相应增加的。

(4)对于控制器,当被控变量(即变送器送来的信号)增加(即被控变量与给定值的变化是增加的)后,控制器的输出也增加,称为"正作用"方向;如果输出随着被控变量的增加而减小,则称为"反作用"方向。

总的来说,在一个确定的控制方案中,当从工艺需要和安全角度确定了执行器的作用方向后,对象、变送器和执行器三个环节的作用方向就都确定了,所以剩下的任务就是确定控制器的作用方向。构成负反馈系统的原则就是,通过改变控制器的作用方向,使系统的执行器、被控对象、变送器和控制器这四个环节的作用方向组合成"三正一反"或"三反一正"的总作用方向,这样系统就构成了负反馈系统(表2-8)。

表2-8 执行器、被控对象、变送器和控制器正反作用的相互关系

| 执行器 | 被控对象 | 变送器 | 控制器 |
| --- | --- | --- | --- |
| 气开阀(+) | + | + | − |
| 气开阀(+) | − | + | + |
| 气关阀(−) | + | + | + |
| 气关阀(−) | − | + | − |

另一种确定控制器正反作用的方法:可以将对象、变送器和执行器组合在一起,称为广义对象,于是控制系统可看成由控制器与广义对象两部分组成,系统要构成负反馈系统,则控制器的

正反方向必须与广义对象的相反，即广义对象为正作用方向时，控制器就必须是反作用方向，反之亦然。其相互关系如表 2-9 所示（因为变送器总是正作用的，所以广义对象的正反只考虑对象及执行器的正反作用即可）。

表 2-9　执行器、被控对象、广义对象和控制器正反作用的相互关系

| 执行器 | 被控对象 | 广义对象 | 控制器 |
| --- | --- | --- | --- |
| 气开阀（+） | + | + | − |
| 气开阀（+） | − | − | + |
| 气关阀（−） | + | − | + |
| 气关阀（−） | − | + | − |

### 4. 控制阀（执行器）的投运

在现场，控制阀的安装情况一般如图 2-17 所示。在控制阀 4 的前后各装有截止阀，图中 1 为上游阀，2 为下游阀。另外，为了在控制阀或控制系统出现故障时不致影响正常的工艺生产，通常在旁路上安装有旁路阀 3。开车时，有两种操作步骤，一种是先用人工操作旁路阀，此时切断阀门 1 和 2，待工况稳定后，再转为控制阀手动遥控；另一种就是一开始就用手动遥控调节。

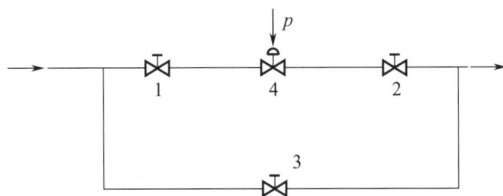

学习情境二

简单控制系统控制器正反作用的判断方法

图 2-17　控制阀安装示意图
1—上游阀；2—下游阀；3—旁路阀；4—控制阀

### 5. 控制器的投运

在条件许可的情况下，通过控制器本身的切换装置切至"手动"位置，先用手动遥控操作，改变手动输出，使被控变量在给定值附近稳定下来以后，再切换到"自动"运行状态。由手动切换到自动，或由自动切换到手动，因所用仪表型号及连接线路不同，有不同的切换程序和操作方法，总的要求是必须不影响正常操作，即不引起工艺参数的波动，做到平稳迅速，做到无扰动切换。

所谓无扰动切换，就是不因切换操作给被控变量带来干扰。对于气动薄膜控制阀来说，只要切换时无外界干扰，切换过程中就应保证阀膜头上的气压不变，也就是使阀位不跳动；如果正在切换过程中，发生了外界干扰，控制器立即会发出校正信号操纵控制阀动作，这是正常现象，不是切换带来的扰动。

### 6. 控制器参数的整定

控制系统投入自动后，即可进行控制器参数的整定。所谓控制器参数的整定，就是在已定的控制方案下，求得最佳控制质量时的控制器参数值，具体就是确定最佳的比例度、积分时间、微分时间的组合。

控制器参数工程整定的方法有临界比例度法、衰减曲线法、经验凑试法。

各种参数整定方法，都需要"看曲线，调参数"，因此，必须了解这些参数对过渡过程的影响。

（1）比例度（δ） 比例度越大，比例作用越弱，过渡过程越平缓，余差越大；比例度越小，比例作用越强，过渡过程振荡越剧烈，余差越小，δ过小，会导致系统发散。

（2）积分时间（$T_I$） 积分时间越大，积分作用越弱，过渡过程越平缓，消除余差越慢，余差越大；积分时间越小，积分作用越强，过渡过程振荡越剧烈，消除余差越快，余差越小。

（3）微分时间（$T_D$） 微分时间越大，微分作用越强，过渡过程趋于稳定，最大偏差减小，但微分时间过大，微分作用太强，又会增加过渡过程的波动。

不管采用哪种方法进行整定，被控变量不可能总是稳定在一个数值上长期不变，记录曲线在给定值附近有一些小的波动是正常的，但当有干扰影响被控变量，被控变量偏离给定值范围时，要重新整定。

## 二、控制系统投运中的常见问题

控制系统在投运以后及运行一个时期以后，可能会出现各种各样的问题，这时通常要从自动化装置和工艺两方面去寻找原因。

### 1. 测量仪表的故障及判别方法

自动控制系统在运行过程中，有时测量系统会出现各种故障。这时工艺人员若误认为是工艺有问题而对设备进行误操作，就会影响生产，甚至导致生产事故，所以在发现工艺参数的记录曲线出现异常情况时，先要分析情况，确定是自动化装置问题还是工艺问题，找到原因再处理，判别的方法可归纳为如下三点：

（1）记录曲线的分析比较

① 记录曲线突变。一般来说，工艺参数的变化是比较缓慢的，是有规律的。如果记录曲线突然变化到"最大"或"最小"两个极端位置上，则可能是仪表发生故障。

② 记录曲线突然大幅度变化。化工生产过程中各个工艺参数往往是相互关联的。一个参数大幅度变化，一般总要引起其他参数的明显变化，如果其他参数并没有变化，则这个指示参数大幅度变化的仪表或有关装置可能有故障。

③ 记录曲线出现不规则变化。一般来说，控制阀存在干摩擦或死区，记录曲线产生图 2-18 中 a 所示的现象；控制仪表记录笔卡住，记录曲线往往出现 b 所示的现象；控制阀定位器使用不当，产生跳动，记录曲线产生有规律的自持振荡，如图 2-18 曲线 c 所示。

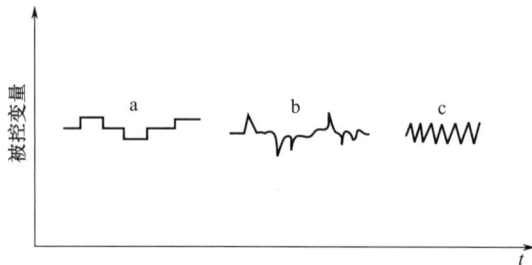

图 2-18 不规则变化的曲线

④ 记录曲线不变化，呈直线形（或圆形）。目前大多数较灵敏的仪表，对工艺参数的微小变化，多少总能反映一些出来。如果在较长的时间内，记录曲线是直线形，或原来有波动的曲线突然变成直线形（或圆形），就要考虑仪表可能有故障。这时可以人为地改变一点工艺条件，看仪表有无反应，如果没有反应，则仪表有故障。

（2）控制室仪表与现场同位仪表比较 对控制室仪表指示有怀疑时，可以观察现场同位置（或相近位置）安装的各种就地指示仪表（如弹簧管压力表、玻璃管温度计等）的指示，看两者指示值是否相近（不一定要完全相等），如果差别很大，则仪表有故障。

（3）两台仪表之间的比较 对一些重要的工艺参数，往往都是用两台仪表同时进行检测显示，以确保测量准确，便于对比检查。如果两台仪表的指示值不是同时变化，且相差较大，则仪表有故障。

总之，造成测量系统故障的原因很多，必须仔细分析，认真检查。

2. 控制系统运行中的常见问题

控制系统在正常投运以后，经过长期的运行，可能会出现各种问题。除了要考虑前面所讲测量系统可能出现的故障以外，还要特别注意被控对象特性的变化以及控制阀特性变化的可能性，也要从仪表和工艺两个方面去找原因，不能只从一个角度去看问题。

由于控制系统内各组成环节的特性对控制质量都有一定的影响，所以当控制系统中某个组成环节的特性发生变化时，系统的控制质量也会随之发生变化。

例如，在温度控制系统中，属于对象特性的主要因素有换热器的负荷大小，换热器的结构、尺寸、材质等，换热器内的换热情况、散热情况及结垢程度等，以上各种特性的变化都会使被控对象的时间常数变大，容量滞后增加等特性发生变化。

此外，阀门也可能由于受介质腐蚀，阀芯、阀座形状发生变化，阀的流通面积发生变化，特性变差，这样也易造成系统不能稳定工作。总之，影响自动控制系统的因素很多，在系统设计和运行过程中都应给予充分注意。

## 任务实施

## 一、安全教育

进入实训场所要穿戴好个人防护用品（见图 2-6），由于现场装置，涉及一些电气设备和元件的使用和操作，因此必须开展安全教育活动，明确工作环境和工作任务中可能存在的安全隐患和必要的防护措施，并签署该工作任务安全须知确认单。

## 二、所需仪器设备和工具

所需仪器设备和工具见表 2-10 和表 2-11。

表 2-10 仪器设备资料使用清单

| 资料名称 | 类别 |
| --- | --- |
| 现场实验装置 | 精馏塔实训装置 |
| 装置流程图 | 见图2-19 |
| 电脑（软件包） | 精馏塔实训控制软件 |

表 2-11 工具使用清单

| 工具名称 | 使用数量 |
| --- | --- |
| 十字螺丝刀 | 1把 |
| 一字螺丝刀 | 1把 |
| 导线 | 若干 |

## 三、现场工艺 PID 图

精馏塔控制流程见图 2-19。

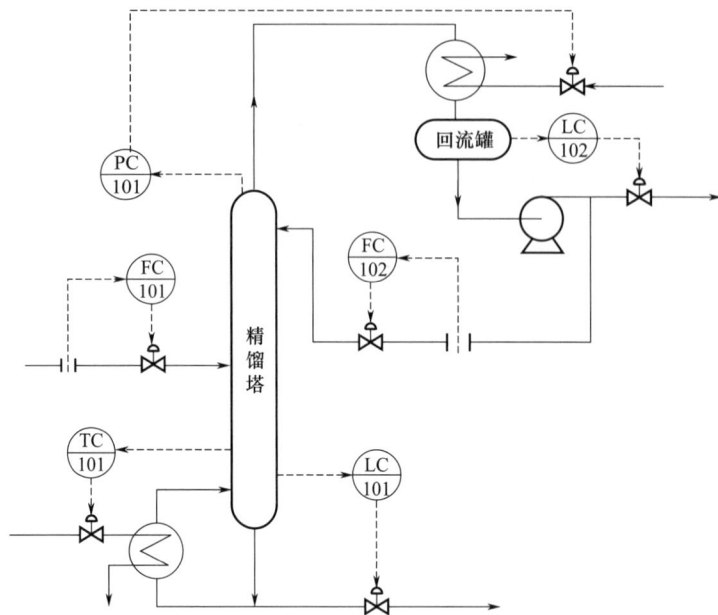

图 2-19  精馏塔控制流程图

## 四、工作内容与步骤

### 1. 确定控制器的正反作用

以图 2-8 精馏塔塔釜的液位控制系统为例，说明单系统控制系统各环节正反作用方向的确定，该例中液位是被控变量，塔釜采出量是操纵变量。

（1）从安全角度考虑，确定执行器的作用方向。塔釜液位不能抽空，所以一旦停止供气没有信号时，阀门应当自动关闭，以免物料全部流走，因此执行器应选用气开阀，是"正"方向。

（2）根据工艺过程，确定被控对象的作用方向。此控制系统执行器控制的是出口物料，当控制阀打开时，塔釜采出量（操纵变量）增加，但塔釜液位（被控变量）是下降的，所以根据正反作用的定义，被控对象为"反作用"方向。

（3）变送器总为"正"方向的。

（4）确定控制器作用方向，就是要使控制系统中各个环节总的作用方向构成负反馈系统，这样才能真正起到控制作用。所以对于精馏塔塔釜的液位控制系统，综合前面的分析：对象的作用方向是"反"方向，执行器是"正作用"方向，变送器总是"正"方向，四个环节中有"二正一反"了，要达到"三正一反"，这时控制器的作用方向必须为"正作用"才行。

也可以按如下方法确定该系统控制器的作用方向：对象的作用方向是"反"方向，执行器是"正作用"方向，变送器总是"正"方向，所以广义对象为"反作用"，为了使整个控制系统构成负反馈系统，控制器的正反与广义对象相反，所以控制器的作用方向必须为"正作用"。

### 2. 执行器的投运步骤

（1）当由旁路阀手工操作转为控制阀手动遥控时，步骤如下：

① 先将上游阀 1 和下游阀 2 关闭，手动操作旁路阀 3，使工况逐渐趋于稳定。

② 用手动定值器或其他手动操作器调整控制阀上的气压 $p$，使它等于某一中间数值或已有的经验数值。

③ 先开上游阀 1，再逐渐开下游阀 2，同时逐渐关闭旁路阀 3，以尽量减少波动（亦可开下游阀 2）。

④ 观察仪表指示值，改变手动输出，使被控变量接近给定值。

（2）直接采用手动遥控。远距离人工控制控制阀叫手动遥控，可以有三种不同的情况：

① 控制阀本身是遥控阀，利用定值器或其他手动操作器遥控。

② 控制器本身有切换装置或带有副线板，切至"手动"位置，利用定值器或手操轮遥控。

③ 控制器不切换，放在"自动"位置，利用定值器改变给定值而进行遥控。但此时宜将比例度置于中间数值，不加积分和微分作用。

一般来说，当达到稳定操作时，阀门膜头压力应为 0.03 ~ 0.085MPa 范围内的某一数值，否则，表明阀的尺寸不合适，应重新选用控制阀。压力超过 0.085MPa，表明所选控制阀太小（对气开阀而言），可适当利用旁路阀来调整，但这不是根本解决办法，将使阀的流量特性变差，当生产量不断增加，原设计的控制阀太小时，如果只是依靠开大旁路阀来调整流量，会使整个自动控制系统不能正常工作。这时无论怎样整定控制器参数，都不能获得满意的控制质量。

3. 控制器参数的整定

（1）临界比例度法　在闭合的控制系统中，先将控制器变为纯比例作用，即将 $T_I$ 放在"∞"位置上，$T_D$ 放在"0"位置上，在干扰作用下，从大到小逐渐改变控制器的比例度，直到系统出现等幅振荡（即临界振荡），如图 2-20 所示。

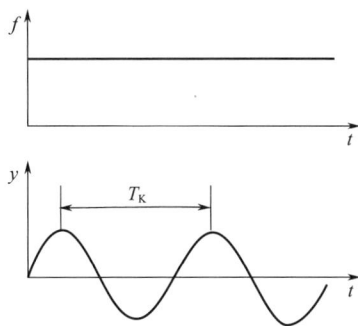

图 2-20　临界振荡过程示意图

此时的比例度叫临界比例度（$\delta_K$），周期称为临界周期（$T_K$），记下 $\delta_K$ 和 $T_K$，然后按表 2-12 中的经验公式计算出控制器的各参数整定数值。

表 2-12　临界比例度法控制器参数计算表

| 控制作用 | 比例度/% | 积分时间（$T_I$）/min | 微分时间（$T_D$）/min |
|---|---|---|---|
| 比例 | $2\delta_K$ | — | — |
| 比例+积分 | $2.2\delta_K$ | $0.85T_K$ | — |
| 比例+微分 | $1.8\delta_K$ | — | $0.1T_K$ |
| 比例+积分+微分 | $1.7\delta_K$ | $0.5T_K$ | $0.125T_K$ |

（2）衰减曲线法 在闭合的控制系统中，先将控制器变为纯比例作用，比例度放在较大的数值上，在达到稳定后，用改变给定值的办法加入阶跃干扰，通过反复调整比例度，观察记录曲线的衰减比，直至出现 4:1 衰减比为止，见图 2-21（a），记下此时的比例度 $\delta_S$（叫 4:1 衰减比例度），并从曲线上得出此时的衰减周期 $T_S$，然后根据表 2-13 中的经验公式，求出控制器的参数整定值。

有的过程，4:1 衰减仍为振荡过强，可采用 10:1 衰减曲线法。方法同上，得到 10:1 衰减曲线后，如图 2-21（b）所示，记下此时的比例度 $\delta'_S$ 和最大偏差的上升时间 $T_{升}$，然后根据表 2-14 中的经验公式，求出控制器相应的参数 $\delta$、$T_I$、$T_D$ 值。

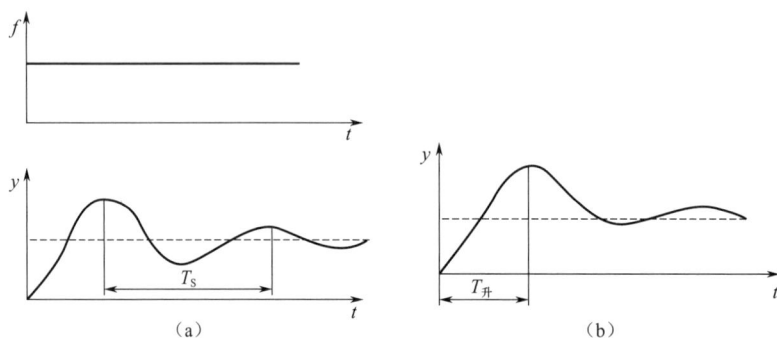

图 2-21 衰减比为 4:1 和 10:1 的衰减振荡过程

表 2-13 4:1 衰减曲线法控制器参数计算表

| 控制作用 | $\delta$ /% | $T_I$/min | $T_D$/min |
| --- | --- | --- | --- |
| 比例 | $\delta_S$ | — | — |
| 比例+积分 | $1.2\delta_S$ | $0.5T_S$ | — |
| 比例+积分+微分 | $0.8\delta_S$ | $0.3T_S$ | $0.1T_S$ |

表 2-14 10:1 衰减曲线法控制器参数计算表

| 控制作用 | $\delta$ /% | $T_I$/min | $T_D$/min |
| --- | --- | --- | --- |
| 比例 | $\delta'_S$ | — | — |
| 比例+积分 | $1.2\delta'_S$ | $2T_{升}$ | — |
| 比例+积分+微分 | $0.8\delta'_S$ | $1.2T_{升}$ | $0.4T_{升}$ |

采用衰减曲线法必须注意以下几点：

① 加的干扰幅值不能太大，要根据生产操作要求来定，一般为额定值的 5%，也有例外的情况。

② 在工艺参数稳定情况下才能施加干扰，否则得不到正确的 $\delta_S$、$T_S$ 或 / 和 $T_{升}$ 值。

③ 对于反应快的系统，如流量、管道压力和小容量的液位控制等，要在记录曲线上得到严格 4:1 衰减曲线比较困难，一般被控变量来回波动两次达到基本稳定，就可以近似地认为达到 4:1 衰减过程了。

衰减曲线法比较简便，适用于一般情况下各种参数的控制系统。但对于干扰频繁，记录曲线不规则，不断有小摆动的系统，由于不易得到正确的衰减比例度$\delta_S$和衰减周期$T_S$，这种方法难以应用。

（3）经验凑试法　经验凑试法是根据经验，先将控制器参数放在一个数值上，直接在闭合的控制系统中，通过改变给定值施加干扰，在记录仪上观察过渡过程曲线，以$\delta$、$T_I$、$T_D$对过渡过程的影响为指导，按照规定顺序，对比例度（$\delta$）、积分时间（$T_I$）和微分时间（$T_D$）逐个整定，直到获得满意的过渡过程为止。

各类控制系统中控制器参数的经验数据列于表 2-15 中，供参数整定时参考选择。

表 2-15　各种控制器 PID 参数经验数据表

| 控制变量 | 特点 | $\delta$ /% | $T_I$/min | $T_D$/min |
|---|---|---|---|---|
| 流量 | 对象的时间常数小，参数有波动，$\delta$要大；$T_I$要短；不用微分 | 40～100 | 0.3～1 | — |
| 温度 | 对象的容量滞后较大，即参数受干扰后变化迟缓；$\delta$应小；$T_I$要长；一般需加微分 | 20～60 | 3～10 | 0.5～3 |
| 压力 | 对象的容量滞后一般，不算大，一般不加微分 | 30～70 | 0.4～3 | — |
| 液位 | 对象的时间常数范围较大，要求不高时，$\delta$可在一定范围内选取，一般不用微分 | 20～80 | | |

表 2-15 中给出的只是一个大体范围，有时变动较大。例如，流量控制系统的$\delta$值有时需在200% 以上；有的温度控制系统，由于容量滞后大，$T_I$往往在 15min 以上。另外，选取$\delta$值时应注意测量部分的量程和控制阀的尺寸。如果量程范围小（相当于变送器的放大系数 $K$ 无穷大）或控制阀尺寸选大了（相当于控制阀的放大系数 $K_v$ 大），$\delta$应选得适当大一些。

经验凑试法整定的步骤有以下两种。

① 先用纯比例作用进行凑试，待过渡过程已基本稳定并符合要求后，再加积分作用消除余差，最后加入微分作用提高控制质量。按此顺序观察过渡过程曲线进行整定工作。

② 比例度（$\delta$）和积分时间（$T_I$）在一定范围内相互补偿，可得到相同的衰减曲线，也就是说，比例度（$\delta$）减小，可用增加积分时间（$T_I$）来补偿。所以，经验凑试法还可以按下列步骤进行：先按表 2-15 中给出的范围把 $T_I$ 定下来，由大到小调整比例度（$\delta$）直到出现满意的过渡曲线，如要引入微分作用，可取 $T_D=$（1/3 ～ 1/4）$T_I$，将 $T_I$、$T_D$ 设置好后，再对 $\delta$ 进行凑试，直到满意为止。

一般来说，这样凑试可较快地找到合适的参数值。但是，如果开始 $T_I$ 和 $T_D$ 设置不当，则可能得不到所要求的记录曲线。这时应将 $T_D$ 和 $T_I$ 做适当调整，重新凑试，直至记录曲线合乎要求为止。

经验凑试法的关键是"看曲线，调参数"。值得注意的是，对于同一个系统，不同的人采用经验凑试法整定，可能得出不同的参数值，这是由于对每一条曲线的看法，有时会因人而异，没有一个很明确的判断标准，不同的参数匹配，只要所得过渡过程满足工艺要求即可。

当然，弄清楚控制器参数值变化对过渡过程曲线的影响，可以快速获得 PID 参数。一般来说，在整定中，观察到曲线振荡很频繁，须把比例度增大以减小振荡；当曲线最大偏差大且趋于非周期过程时，须把比例度减小。当曲线波动较大时，应增大积分时间；曲线偏离给定值后，长时间回不来，则须减小积分时间，以加快消除余差的过程。如果曲线振荡得厉害，须把微分作用减到最小，或者暂时不加微分作用，以免加剧振荡；曲线最大偏差大且衰减慢，须把微分时间加长。

经过反复凑试，一直调到过渡过程振荡两个周期后基本达到稳定，品质指标达到工艺要求为止。

## 五、数据记录表

1. 控制系统各环节的正反作用方向（表 2-16）

表 2-16　控制系统各环节的正反作用方向

| 控制系统 | 执行器/原因 | | 对象/原因 | | 广义对象/原因 | | 控制器/原因 |
|---|---|---|---|---|---|---|---|
| 塔釜液位控制系统 | 气开阀（+） | 液位不能太低，阀门控制出口流量，无控制信号时需要关闭阀门，保证液位不至于太低 | 阀门打开，操纵变量塔釜采出量增加时，被控变量塔釜液位下降 | − | 执行器为"+"对象为"−"，一正一反，则广义对象为"−" | + | 广义对象为"−"控制器要与之相反，所以为"+" |
| 流量控制系统 | 气开阀（+） | 无控制信号时需要关闭阀门，停止进料 | 因为操纵变量就是被控变量进料流量本身，所以阀门打开，操纵变量增加时，被控量也增加 | + | 执行器为"+"对象为"+"，两个都是正，则广义对象为"+" | − | 广义对象为"+"控制器要与之相反，所以为"−" |
| 塔顶压力控制系统 | 气关阀（−） | 塔顶压力不能太高，阀门控制冷却水流量，无控制信号时需要打开阀门，增大冷却水流量降低塔顶压力，保证塔顶压力不至于太高 | 阀门打开，操纵变量冷却水流量增加时，被控变量塔顶压力下降 | + | 执行器为"−"对象为"−"，两个都是反，负负为正，则广义对象为"+" | − | 广义对象为"+"控制器要与之相反，所以为"−" |

2. 临界比例度法整定参数时的质量指标（表 2-17）

表 2-17　临界比例度法整定参数时的质量指标

| 临界比例度（$\delta_K$） | | 临界周期（$T_K$） | | 微分时间（$T_D$） | |
|---|---|---|---|---|---|
| 比例度（$\delta$） | | 积分时间（$T_I$） | | — | — |
| 最大偏差 | | | | | |
| 衰减比 | | | | | |
| 过渡时间 | | | | | |
| 余差 | | | | | |

3. 衰减曲线法整定参数时的质量指标（4:1）（表 2-18）

表 2-18　衰减曲线法整定参数时的质量指标（4:1）

| 衰减比例度（$\delta_S$） | | 衰减周期（$T_S$） | | 微分时间（$T_D$） | |
|---|---|---|---|---|---|
| 比例度（$\delta$） | | 积分时间（$T_I$） | | — | — |
| 最大偏差 | | | | | |
| 衰减比 | | | | | |
| 过渡时间 | | | | | |
| 余差 | | | | | |

4.衰减曲线法整定参数时的质量指标（10:1）（表 2-19）

表 2-19　衰减曲线法整定参数时的质量指标（10:1）

| 衰减比例度（$\delta'_S$） | | 最大偏差时间（$T_升$） | | 微分时间（$T_D$） | |
|---|---|---|---|---|---|
| 比例度（$\delta$） | | 积分时间（$T_I$） | | — | — |
| 最大偏差 | | | | | |
| 衰减比 | | | | | |
| 过渡时间 | | | | | |
| 余差 | | | | | |

## 六、考核评价内容

（1）按照安全规范进行 PPE 的穿戴和个人防护。

（2）根据工艺管道及仪表流程图可正确填写控制系统分析表。

（3）能根据控制要求正确整定控制器的 PID 参数。

（4）能根据衰减曲线计算过渡过程的品质指标。

# 任务二 复杂控制系统的调试运行

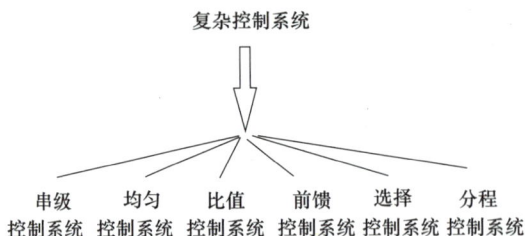

随着科学技术的发展，现代化工工业规模越来越大，复杂程度越来越高，产品的质量要求越来越严格，仅靠简单控制系统可能无法满足一些高质量的工艺要求，因此需要引入更为复杂、更为先进的复杂控制系统，包括串级、均匀、比值、前馈、选择、分程等控制系统。

## 子任务 1　串级控制系统的构建和应用

### 任务描述

在深入学习串级控制系统的组成和工作原理的基础上，首先会识别和分析现有 PID 图纸上的串级控制系统，然后能根据简单的工艺要求设计和构建串级控制系统以实现相应控制功能。

学习目标

知识目标：① 了解串级控制系统的组成和工作原理。

② 掌握串级控制系统的 PID 参数整定及投运。

技能目标：① 会识别和分析现有 PID 图纸上的串级控制系统。

② 能根据工艺要求设计和构建串级控制系统以实现相应控制功能。

素养目标：① 具备逻辑分析能力。

② 具备分析问题和解决问题的能力。

③ 培养树立质量意识和根据实际工况对复杂控制系统的科学选择意识。

### 知识准备

### 一、串级控制系统的组成和工作原理

串级控制系统是指由主、副两个控制器串接起来稳定一个主变量的控制系统。在系统中有两

个被控变量，分别为主变量和副变量，主变量是工业控制指标，副变量则是为了更好控制和稳定主变量而引入的辅助变量。

### 1. 串级控制系统结构组成（图2-22）

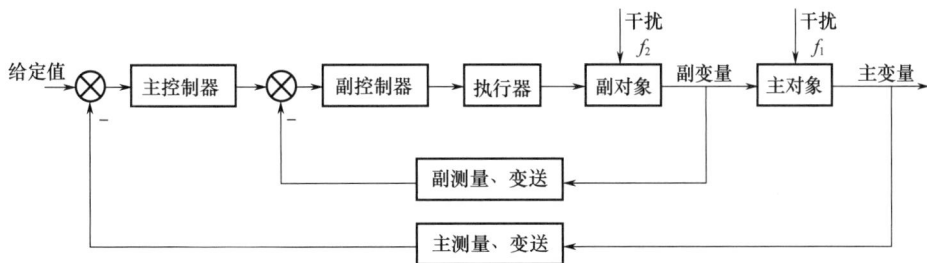

图2-22　串级控制系统组成方框图

（1）主变量　工艺控制指标，在串级控制系统中起主导作用的被控变量。

（2）副变量　串级控制系统中为了稳定主变量或因某种需要而引入的辅助变量。

（3）主对象　为主变量表征其特性的生产设备。

（4）副对象　为副变量表征其特性的工艺生产设备。

（5）主控制器　按主变量的测量值与给定值而工作，其输出作为副变量给定值的控制器。

（6）副控制器　其给定值为主控制器的输出，并按副变量的测量值与给定值的偏差而工作的控制器。

（7）主系统　由主变量的测量变送装置，主、副控制器，执行器和主、副对象构成的外系统。

（8）副系统　由副变量的测量变送装置、副控制器、执行器和副对象所构成的内系统。

### 2. 串级控制系统的工作原理

（1）在系统结构上，串级控制系统有两个闭合系统，即主系统和副系统；有两个控制器，即主控制器和副控制器；有两个测量变送器，分别为测量主变量和副变量。在串级控制系统中，主系统是个定值控制系统，而副系统是个随动控制系统。

（2）在串级控制系统中，有两个变量：主变量和副变量。主变量是反映产品质量或生产过程运行情况的主要工艺变量。

（3）在系统特性上，串级控制系统由于副系统的引入，改善了对象的特性，使控制过程加快，具有超前控制作用，从而有效地克服了滞后，提高了控制质量。

（4）串级控制系统由于增加了副系统，因此具有一定的自适应能力，可用于负荷和操作条件有较大变化的场合。

在串级控制系统中，由于引入一个闭合的副系统，不仅能迅速克服作用于副系统的干扰，而且对作用于主对象上的干扰也能加速克服过程。副系统具有先调、粗调、快调的特点；主系统具有后调、细调、慢调的特点，并且对于副系统没有完全克服掉的干扰影响能彻底加以克服。因此，在串级控制系统中，主、副系统相互配合、相互补充，充分发挥了控制作用，大大提高了控制质量。

串级控制系统的适用范围：当对象的滞后和时间常数很大，干扰作用强而频繁，负荷变化大，简单控制系统满足不了控制质量的要求时，采用串级控制系统是适宜的。

### 3. 串级控制系统的实例分析

如图2-23所示是一个加热炉出口温度简单控制系统，若被控变量的控制指标比较宽（320±10℃），简单控制系统就能满足控制要求。若被控变量的控制指标比较严（320±2℃），简单控制系统就难以满足控制要求。由于燃料量（主要干扰）的变化需要通过热媒油的出口温度变化来反映，因此有较大的容量滞后，约 15min，反应慢，控制不够及时。

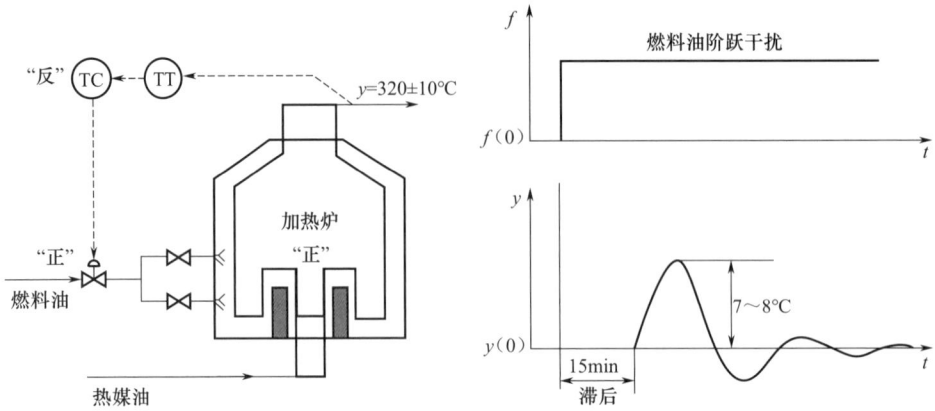

图 2-23　加热炉出口温度简单控制系统组成及控制效果示意图

　　燃料量（主要干扰）变化首先导致炉膛温度变化，它的容量滞后时间较短，约 3min。针对主系统容量滞后大，控制不够及时，在主系统的基础上增加反应较快的副系统构成串级控制系统，可以取得较快的反应速度及较好的控制效果。由于副系统控制通道短，时间常数小，所以当干扰进入系统时，可以获得比单系统控制系统超前的控制作用，有效地克服燃料油压力或热值变化对热媒油出口温度的影响，从而大大提高了控制质量，其串级控制系统控制如图 2-24 所示。

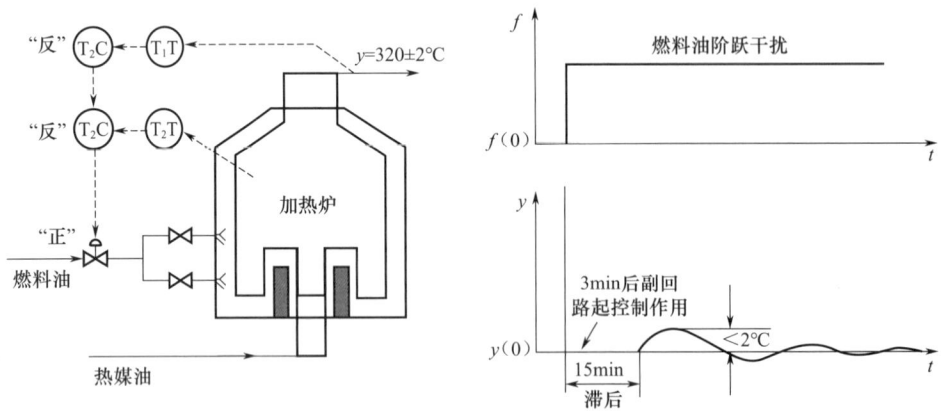

图 2-24　加热炉出口温度串级控制系统组成及控制效果示意图

　　当干扰（$f_2$）来自燃料油的压力和热值的变化，它将首先影响副变量 $T_2$，副调节器 $T_2C$ 及时发出控制信号，改变燃料油流量以维持 $T_2$ 的温度；主变量 $T_1$ 的变化将很小，再由主、副系统共同控制使其尽快地回到设定值。

　　若干扰（$f_1$）来自热媒油流量的变化（影响 $T_1$），则主系统起主要控制作用。

　　若干扰 $f_1$ 和 $f_2$ 同时作用，则主、副系统也同时起控制作用。

## 二、串级控制系统的 PID 参数整定及投运

　　（1）主、副控制器正反作用的选择　　可按如下方法确定主控制器和副控制器的正反作用：

副控制器（？）× 调节阀（±）× 副对象（±）＝（−）

主控制器（？）× 主对象（±）× 副对象（±）＝（−）

一般情况下，副对象都是正作用（＋），故上述二式可简化为：

副控制器（？）× 调节阀（±）＝（−）

主控制器（？）× 主对象（±）＝（−）

上例中，调节阀为正作用（＋），故副控制器选反作用（−）；主对象为正作用（＋），故主控制器也选反作用（−）。

（2）主、副控制器控制规律的选择　由于主系统是定值控制系统，主控制器通常选用 PI 控制规律或 PID 控制规律；副系统是随动控制系统，副控制器一般选 P 控制规律。

（3）串级控制系统 PID 参数整定　串级控制系统的 PID 参数整定较多采用一步整定法，即根据经验，先将副控制器参数一次调好，不再变动，然后按一般单系统控制系统的整定方法整定主控制器参数。

① 在工况稳定，主、副控制器都在纯比例作用运行的条件下，将主控制器的比例度先固定在 100％的刻度上，逐渐减小副控制器的比例度，求取副系统在满足某种衰减比（如 4:1）过渡过程下的副控制器比例度和操作周期，分别用 $\delta_{2S}$ 和 $T_{2S}$ 表示。

② 在副控制器比例度等于 $\delta_{2S}$ 的条件下，逐步减小主控制器的比例度，直至得到同样衰减比下的过渡过程，记下此时主控制器的比例度 $\delta_{1S}$ 和操作周期 $T_{1S}$。

③ 根据上面得到的 $\delta_{1S}$、$T_{1S}$、$\delta_{2S}$、$T_{2S}$，按表 2-20 的规定关系计算主、副控制器的比例度、积分时间和微分时间。

④ 按"先副后主""先比例次积分后微分"的整定规律，将计算出的控制器参数加到控制器上。

⑤ 观察控制过程，适当调整，直到获得满意的过渡过程为止。

表 2-20　采用一步整定法时副控制器参数选择范围

| 副变量类型 | 副控制器比例度$\delta_2$/% | 副控制器比例放大倍数$K_{P2}$ |
| --- | --- | --- |
| 温度 | 20～60 | 5.0～1.7 |
| 压力 | 30～70 | 3.0～1.4 |
| 流量 | 40～80 | 2.5～1.25 |
| 液位 | 20～80 | 5.0～1.25 |

（4）串级控制系统的投运　串级控制系统的投运较多采用先投副系统，后投主系统的方法；为了简化步骤，在有的场合，也可以主、副系统一次投运，应根据具体情况灵活掌握。

## 三、串级控制系统故障实例分析

### 1. 故障现象

如图 2-25 所示的工艺塔为串级控制系统，工艺要求当液位 $L$ 升高时，调节阀要开大，但是目前的状况是液位升高时调节阀关小。

### 2. 故障分析

从故障现象看，这很可能是控制器的动作方向、调节阀的动作方向不符合工艺要求而造成的结果。经查主控制器 LC 的动作方向为 INC（正作用）、副控制器 FC 的动作方向为 DEC（反作用）。现对此液位与流量串级控制系统做进一步的分析：当液位 $L$ ↑ → LC 输出 ↑ → FC 的输出 ↑ → 调节

串级控制系统控制器正反作用的判断方法

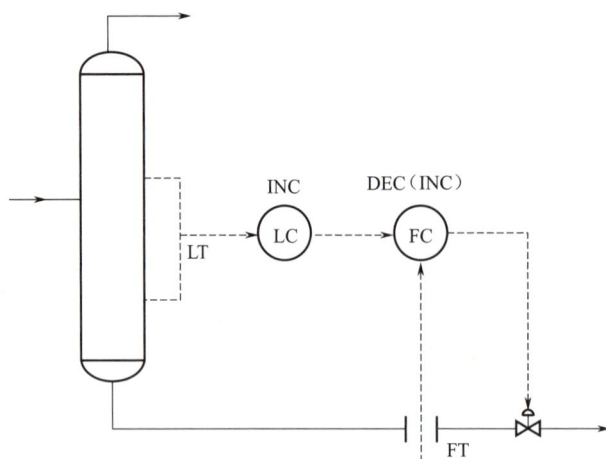

图 2-25  工艺塔串级控制示意图

阀关小→液位 $L\uparrow$。这是正反馈的调节过程，这种过程与自动控制系统的特点相违背，最后无法进行生产。

### 3. 处理方法

将副控制器 FC 的动作方向 DEC 改为 INC，系统恢复正常。

## 任务实施

### 一、安全教育

穿戴好个人防护用品进入实训（生产）场所（见图 2-6）。由于在化工过程控制实训操作中，涉及一些强电设备的连接和使用操作，因此在开始实训之前，必须开展安全教育活动，明确工作环境和工作任务中可能存在的安全隐患和必要的防护措施，并签署该工作任务安全须知确认单。

### 二、所需仪器设备和工具

所需仪器设备和工具见表 2-21。

表 2-21  仪器设备使用清单

| 设备名称 | 型号 | 精度等级 |
| --- | --- | --- |
| 高级过程控制对象系统实验装置 | THJ-3型 | 1.5级 |
| 过程综合自动化系统控制实验平台 | THSA-1型 | 1.5级 |
| 连接导线 | 若干 | — |

### 三、现场装置认知

化工生产过程控制综合实训平台见图 2-26。

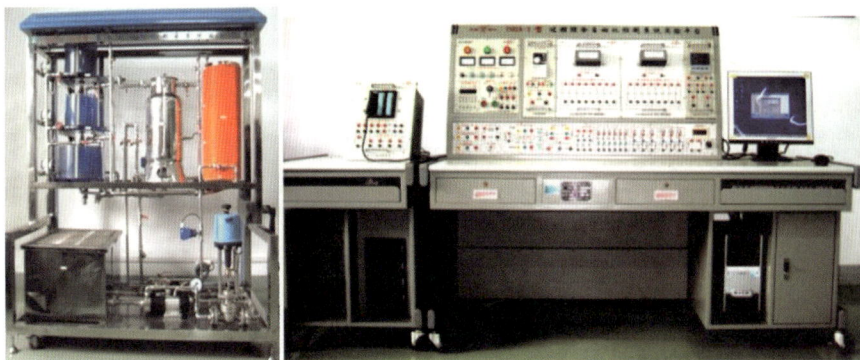

图 2-26　化工生产过程控制综合实训平台

## 四、工作内容与步骤

### 1. 任务要求

采用两个控制器串联在一起并通过借助副变量来控制和稳定主变量的控制系统称为串级控制系统。本次任务就是构建下水箱进水流量与液位串级控制系统（图 2-27）。采用下水箱进水流量作为副变量，下水箱液位作为主变量，完成现场工艺流程的设置、系统接线及电脑 PID 参数整定，最后联调达到工艺控制要求和效果。

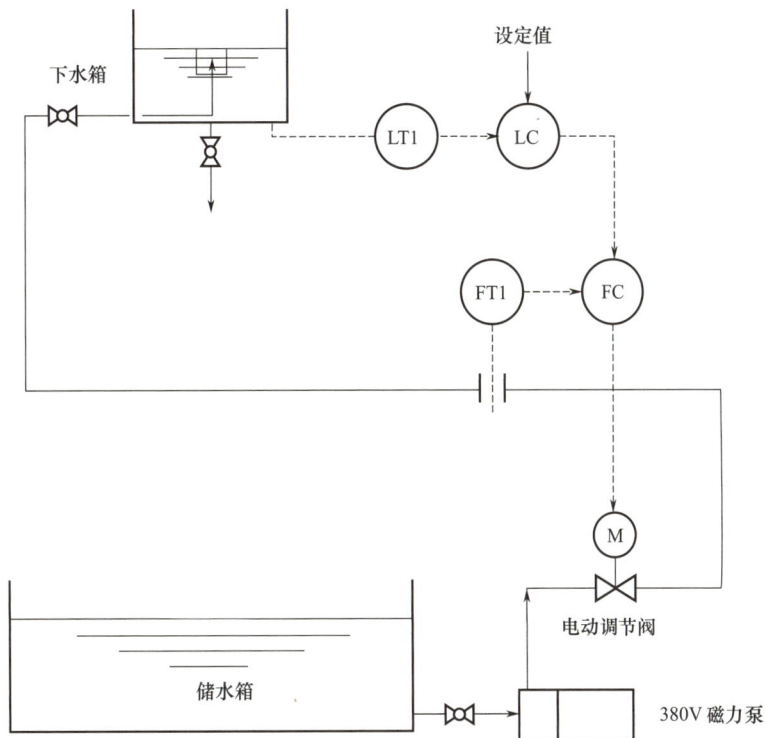

图 2-27　下水箱进水流量与液位串级控制系统示意图

### 2. 操作步骤

（1）设置流程，打开从储水箱经过磁力泵、电动调节阀到达下水箱通路上的所有阀门，其他管路阀门都关闭。

（2）接线下水箱液位与进水流量串级控制系统（图2-28）

① 三相电源输出端 U、V、W 对应连接到380V 三相磁力泵的输入端 U、V、W。

② 电动调节阀的 L、N 端接至单相电源的 L、N 端。

③ 直流电源 24V（+、−）端对应接到输入和输出通道的 24V 输入端（+、−）。

④ 将 LT1 上水箱液位（+、−）端对应接到输入通道的第一通道 A/I0（+、−）。

⑤ 将流量变送器 FT1（+、−）对应接到输入通道的第四通道 A/I3（+、−）。

⑥ 将输出通道的第一输出通道 A/O0 接到电动调节阀 4 ～ 20mA 输入端（+、−）。

⑦ 将 LT1 上水箱液位钮子开关拨到"ON"位置。

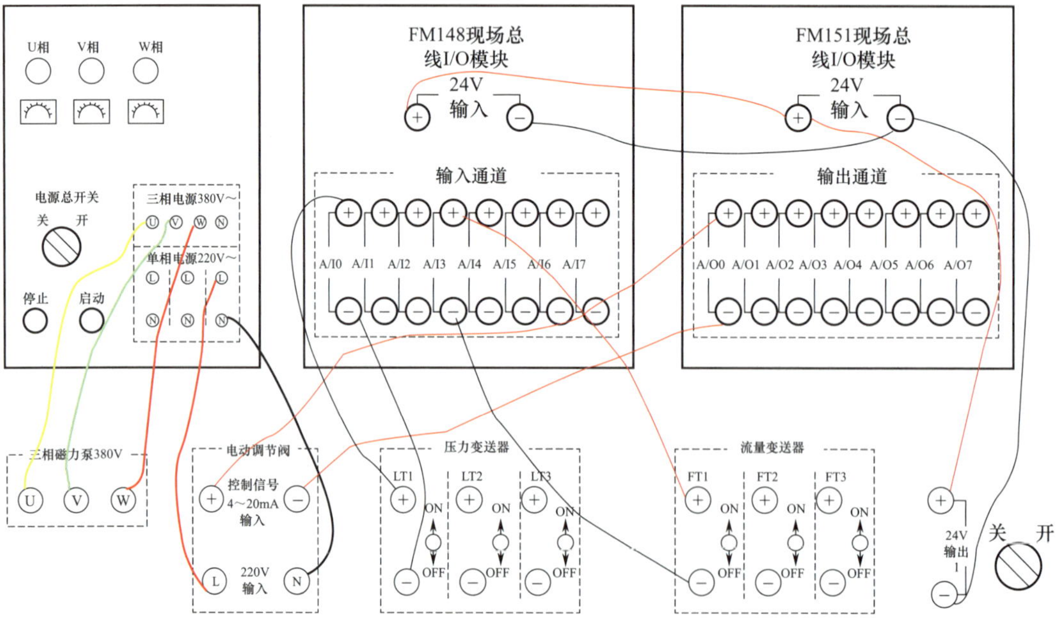

图 2-28　下水箱液位与进水流量串级控制系统接线示意图

（3）开 24V 电源，观察输入和输出通道的指示灯是否全亮。

（4）点击上位机菜单实验十六——下水箱液位与进水流量串级控制。

（5）点击开始实验，点击上水箱液位下侧数字框。

（6）点手动，设置 SV = 80mm，OP = 60%，点整定。

（7）上水箱设定值 SV=100mm，主控制器置于自动运行状态，$\delta$=1.0（100%）、开关 1，$T_{\mathrm{I}}$=100000（ms）、开关 1，$T_{\mathrm{D}}$=0、开关 0；副控制器置于手动（→自动）运行，$\delta$=1.0（100%）、开关 1，$T_{\mathrm{I}}$=0、开关 0、$T_{\mathrm{D}}$=0、开关 0。

（8）等上水箱的液位趋于给定值时，把副控制器切换为自动运行状态。

（9）观察曲线变化，等系统稳定后结束。

（10）操作完毕，点击退出本实验，按操作台停止按钮，关 24V 电源，拆线、理线。

## 五、控制结果分析

下水箱液位控制结果见图2-29。

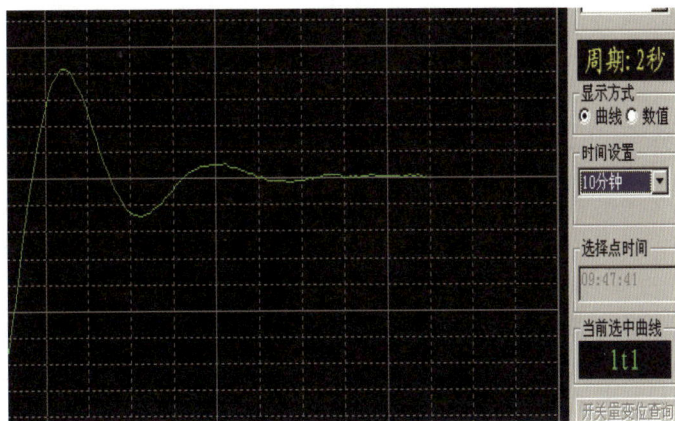

图 2-29　下水箱液位控制结果曲线示意图

## 六、考核评价内容

（1）按照安全规范进行 PPE 的穿戴和个人防护。

（2）根据工艺要求正确进行现场流程设置。

（3）正确接线构建控制系统。

（4）正确进行电脑控制的参数设置。

（5）正确实现现场与控制系统的联调，达到工艺要求和效果。

# 子任务 2　均匀控制系统的构建和应用

## 任务描述

在深入学习均匀控制系统的组成、类型和工作原理的基础上，首先会识别和分析现有 PID 图纸上的均匀控制系统，然后能根据简单的工艺要求设计和构建均匀控制系统以实现相应控制功能。

学习目标

知识目标：① 了解均匀控制系统的工作原理。

② 熟悉均匀控制系统的类型和应用。

技能目标：① 会识别和分析现有 PID 图纸上的均匀控制系统。

② 能根据工艺要求设计和构建均匀控制系统以实现相应控制功能。

素养目标：① 具备逻辑分析能力。

② 具备分析问题和解决问题的能力。

③ 培养节能降耗和可持续发展的意识。

⊕ 知识准备

## 一、均匀控制系统的工作原理

为了解决前后工序供求矛盾，达到前后兼顾协调操作，使液位和流量均匀变化，组成的系统称为均匀控制系统。

石油化工生产过程的连续性，使得每一个生产设备都与前后生产设备紧密地联系着。如图 2-30 所示，前塔的出料是后塔的进料，两设备既互相联系又互相影响。该装置设计的液位控制和流量控制两套系统是不能协调工作的。当甲塔进料量增大，要使液位控制稳定，必须开大调节阀 1 的开度，使出料量增大；而要使流量控制稳定，又要关小调节阀 2 的开度。这样，两套独立控制系统的工作互相矛盾，顾此失彼。此时就需要均匀控制系统的介入才可能取得较稳定的控制效果，它的控制目的是使液位和流量这两个变量尽可能平稳而兼顾。

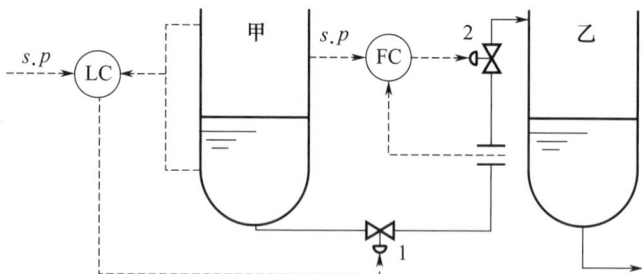

图 2-30  连续两塔进料示意图

通过均匀控制，使两个相互矛盾的变量达到下列要求（图 2-31）：

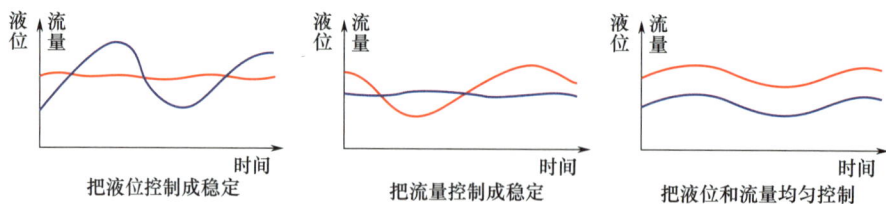

图 2-31  不同控制方案下的控制效果对比

① 前后矛盾的两个变量都应该是变化的，且变化是缓慢的。
② 前后矛盾的两个变量应保持在工艺所允许的范围内波动。
均匀控制系统的特点：
① 用一个控制器使两个被控变量都得到控制。
② 通过合理整定控制器参数实现均匀控制。
③ 两个变量波动平稳、缓慢而兼顾。

## 二、均匀控制系统的类型和应用

### 1. 简单均匀控制系统

如图 2-32 所示，从系统的结构看，简单均匀控制系统像一个单系统液位定值控制系统。两者的区别主要在于控制器的控制规律选择及参数整定上。均匀控制需要兼顾两个变量，要求控制作用弱。

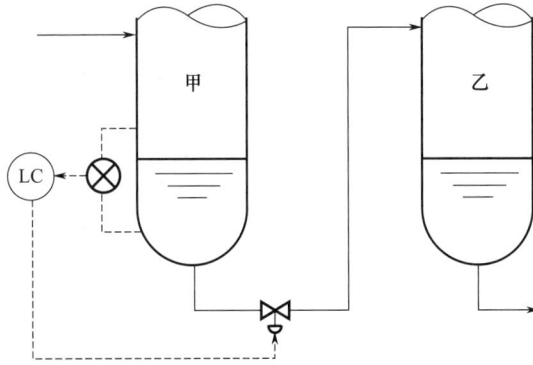

图 2-32 简单均匀控制系统示意图

均匀控制并不强调两个变量绝对均匀控制。比如上例，当 $\delta=200\%$ 时，两个变量相对较均匀地控制。若工艺要求液位变量控制得好一点，可取 $\delta=150\%$ ；若工艺要求流量变量控制得好一点，可取 $\delta=250\%$。具体控制效果对比如表 2-22 所示。

表 2-22 简单控制系统与简单均匀控制系统控制效果对比

| 控制类型 | 控制规律 | 参数整定参考范围 |
|---|---|---|
| 简单控制系统 | 可采用P、PI、PD、PID | $\delta=20\%\sim100\%$、<br>$T_I=0.1\sim10min$、<br>$T_D=0.5\sim3min$ |
| 简单均匀控制系统 | 一般采用纯比例（P），可加一点积分（I），绝对不加微分（D） | $\delta>100\%$、<br>$T_I>5min$ |

### 2. 串级均匀控制系统

如图 2-33 所示，从系统的结构看，串级均匀控制系统完全像一个串级控制系统。它要求实现均匀控制，且要求乙罐进料量尽可能平稳，这样简单均匀控制系统就不能满足要求。它同样是通过合理整定控制器参数达到均匀控制的目的。

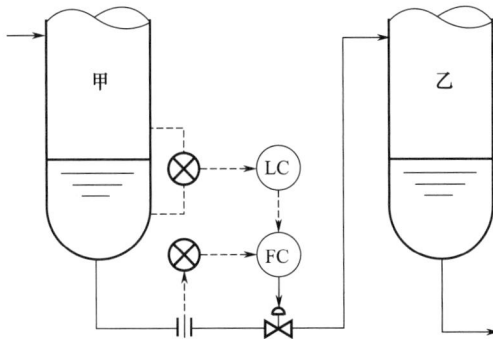

图 2-33 串级均匀控制系统示意图

串级均匀控制系统的主、副控制器一般都采用纯比例作用。只在要求较高时，为了防止偏差过大而超过允许范围，才引入适当的积分作用。

串级均匀控制系统的特点如下：

① 由于增加了副系统，可以及时克服由于塔内或排出端压力改变所引起的流量变化。

② 串级均匀控制系统协调两个变量间的关系是通过控制器参数整定来实现的。

③ 在串级均匀控制系统中，参数整定的目的不是使变量尽快地回到给定值，而是要求变量在允许的范围内作缓慢的变化。

## 三、串级均匀控制系统投运故障实例分析

### 1. 故障现象

如图 2-34 所示的串级控制系统在投运时发现，主变量液位稳定在设定值，副参数波动较大，给后续的工序带来了很大的干扰。

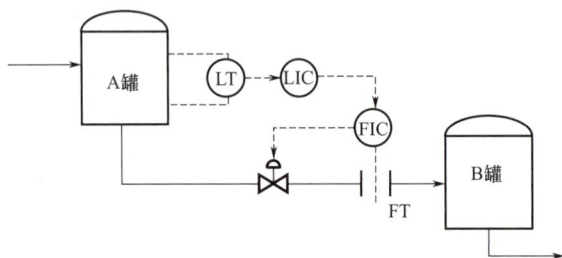

图 2-34 串级均匀控制系统实例图

### 2. 故障分析

此系统应该属于串级均匀控制系统，主变量液位和副变量流量都应该处于缓慢变化中，而不应该都稳定在恒定值上。

### 3. 处置方法

（1）将液位控制器的比例度调至一个适当的经验数值上，然后由小到大地调整流量控制器的比例度，同时观察调节过程，直到出现缓慢的周期衰减过程为止。

（2）将流量控制器的比例度固定在整定好的数值上，由小到大地调整液位控制器的比例度，观察记录曲线，求取更加缓慢的周期衰减过程。

（3）根据对象的具体情况，适当给液位控制器加入积分作用，以消除干扰作用下产生的余差。

（4）观察调节过程，微调控制器参数，直到液位和流量两个参数均出现更缓慢的周期衰减过程为止。

# 子任务 3　比值控制系统的构建和应用

## 任务描述

在深入学习比值控制系统的组成、类型和工作原理的基础上，首先会识别和分析现有 PID 图纸上的比值控制系统，然后能根据简单的工艺要求设计和构建比值控制系统以实现相应控制功能。

知识目标：① 了解比值控制系统的组成和工作原理。

　　　　　② 熟悉比值控制系统的类型和应用。

技能目标：① 会识别和分析现有 PID 图纸上的比值控制系统。

　　　　　② 能根据工艺要求设计和构建比值控制系统以实现相应控制功能。

素养目标：① 具备逻辑分析能力。

　　　　　② 具备分析问题和解决问题的能力。

　　　　　③ 培养关联分析的思维，注重各个参数之间的相互联系，掌控全局

　　　　　系统。

## 知识准备

## 一、比值控制系统的组成和工作原理

在化工生产过程中经常需要两种或两种以上的物料以一定的比例进行混合或参加化学反应，生产上用来实现两种或两种以上物料流量之间保持一定比值关系的自动控制系统，称为比值控制系统。

图 2-35 为配料罐流量控制示意图。

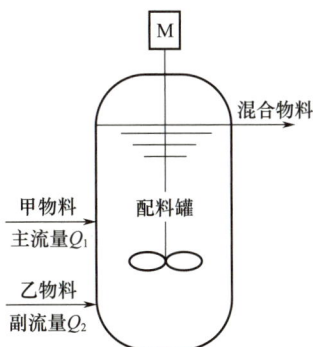

图 2-35　配料罐进料流量控制示意图

关系式：
$$Q_2 = KQ_1$$

式中　$Q_1$——主流量；

　　　$Q_2$——副流量；

　　　$K$——比值系数。

## 二、比值控制系统的类型和应用

（1）开环比值控制系统　开环比值控制系统（见图 2-36）按照主流量的检测值，通过比值控制器直接控制副流量管道上调节阀的阀门开度。这种方案的优点是简单，只需一台纯比例调节器就可实现，其比例度根据比值要求来设定，只能用于副流量管道压力很稳定的场合。

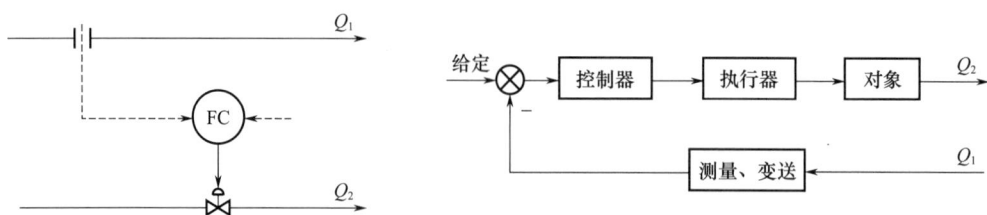

图 2-36  开环比值控制系统组成示意图

开环比值控制系统的特点如下：

① 结构简单，只需一台纯比例控制器，其比例度可以根据比值要求来设定。

② 主、副流量均开环。

③ 这种比值控制方案对副流量（$Q_2$）本身无抗干扰能力，所以这种系统只能用于副流量较平稳且比值要求不高的场合。

（2）单闭环比值控制系统  这类比值控制系统的优点是两种物料流量之比较为精确，但其主流量是可以变化的，无法根据要求控制固定，总流量也是不固定的。主调节器只起比值计算的作用；副调节器构成的系统除起随动控制作用外，还起稳定 $Q_2$ 的作用。单闭环比值控制系统如图 2-37 所示。

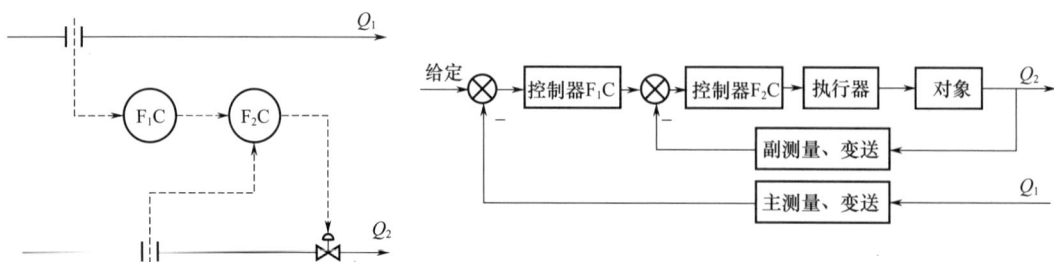

图 2-37  单闭环比值控制系统组成示意图

单闭环比值控制系统的特点如下：

① 它能实现副流量随主流量的变化而变化，还可以克服副流量本身干扰对比值的影响。

② 结构简单，实施方便，尤其适用于主物料在工艺上不允许进行控制的场合。

③ 虽然能保持两物料流量比值一定，但由于主流量是不受控制的，当主流量变化时，总的物料量就会跟着变化。

（3）双闭环比值控制系统  它是在单闭环比值控制的基础上，增加了主流量控制系统而构成的，这类比值控制系统（图 2-38）的优点是两种物料流量之比较为精确，而且主流量和总流量都可以根据要求控制固定。

双闭环比值控制系统的特点如下：

① 实现了比较精确的流量比值，也确保了两物料总量基本不变。

② 提降负荷比较方便，只要缓慢地改变主流量控制器的给定值，就可以提升主流量，同时副流量也就自动跟踪提降，并保持两者比值不变。

③ 结构较复杂，使用的仪表较多，投资较大，系统调整较麻烦。

④ 主要适用于主流量干扰频繁、工艺上不允许负荷有较大波动或工艺上经常需要提降负荷的场合。

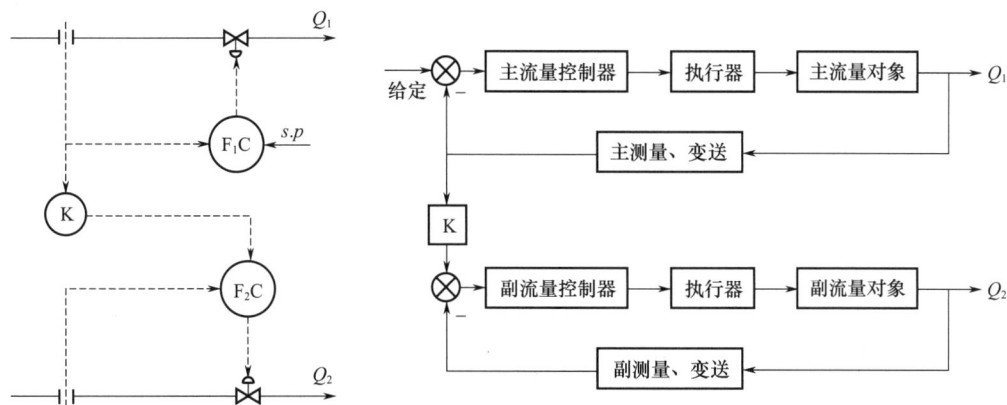

图 2-38　双闭环比值控制系统组成示意图

（4）变比值控制系统　要求两种物料的比值能灵活地随第三变量的需要加以调整，这样就出现一种变比值控制系统，如图 2-39 所示。

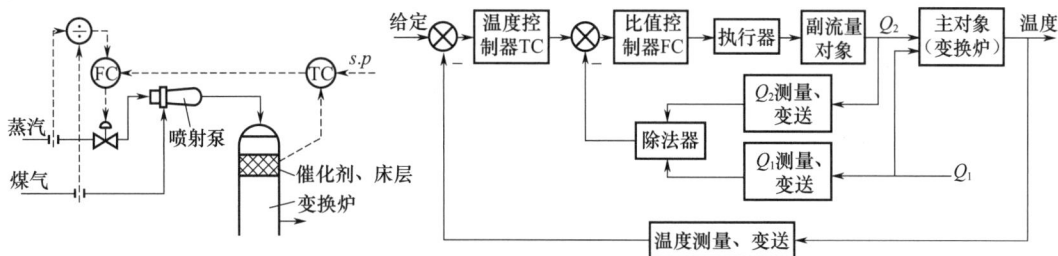

图 2-39　变比值控制系统组成示意图

## 任务实施

### 一、安全教育

穿戴好个人防护用品进入实训（生产）场所（见图 2-6）。由于在化工过程控制实训操作中，涉及一些强电设备的连接和使用操作，因此在开始实训之前，必须开展安全教育活动，明确工作环境和工作任务中可能存在的安全隐患和必要的防护措施，并签署该工作任务安全须知确认单。

### 二、所需仪器设备和工具

所需仪器设备和工具见表 2-23。

表 2-23　仪器设备使用清单

| 设备名称 | 型号 | 精度等级 |
| --- | --- | --- |
| 高级过程控制对象系统实验装置 | THJ-3型 | 1.5级 |
| 过程综合自动化系统控制实验平台 | THSA-1型 | 1.5级 |
| 连接导线 | 若干 | — |

## 三、现场装置认知

化工生产过程控制综合实训平台见图 2-40。

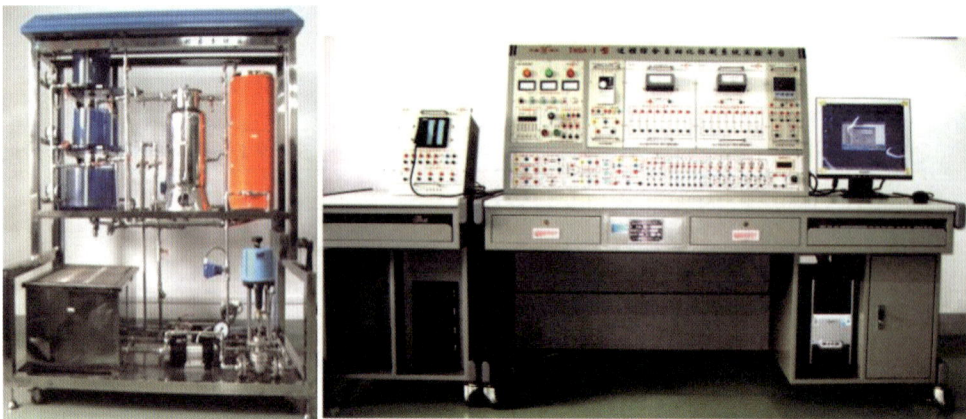

图 2-40　化工生产过程控制综合实训平台

## 四、工作内容与步骤

### 1. 任务要求

用来实现两个或两个以上参数之间保持一定比值关系的过程控制系统，均称为比值控制系统。本实训项目是双闭环流量比值控制系统（图 2-41）。一路来自电动调节阀支路的流量 $Q_1$，它是一个主流量；另一路来自变频器磁力泵支路的流量 $Q_2$，它是系统的副流量。要求副流量（$Q_2$）能跟随主流量（$Q_1$）的变化而变化，而且两者之间保持一个稳定的比值关系，即 $Q_2/Q_1=K$。

### 2. 操作步骤

（1）设置流程，阀门 F1-1、F1-2、F1-8、F2-1、F2-6、下水箱底阀 F1-11 全开，其他阀门均处于关闭状态。

（2）接线构建比值控制系统，如图 2-42 所示。

① 三相电源输出端 U、V、W 对应连接到 380V 三相磁力泵的输入端 U、V、W。

② 电动调节阀、两台智能调节器、变频器和比值器的 L、N 端分别接至单相电源的 L、N 端，可以并联连接。

③ 变频器的输出 A、B、C 端对应连接到三相磁力泵的 A、B、C 端。

④ 将 $FT_1$ 流量信号（+、−）分别接到主调节器的 1 号、2 号输入端和比值器的 1 号输入端；并将 $FT_1$ 钮子开关拨到"ON"位置。

⑤ 主调节器的输出接到电动调节阀 4～20mA 输入端（+、−）。

⑥ 比值器的输出接到副调节器的 1 号、2 号端。

⑦ 将 $FT_2$ 流量信号（+、−）接到副调节器的 3 号、2 号端，并将 $FT_2$ 钮子开关拨到"OFF"位置。

⑧ 副调节器的 7 号、5 号输出端接到变频器的 4～20mA 输入端（+、−）。

⑨ 变频器的 STF 端和 SD 端用一根导线短接。

（3）合上 220V 电源，按"启动"按钮，观察调节器和调节阀是否通电；打开 24V 电源使变送器通电。

学习情境二

双闭环流量比值控制

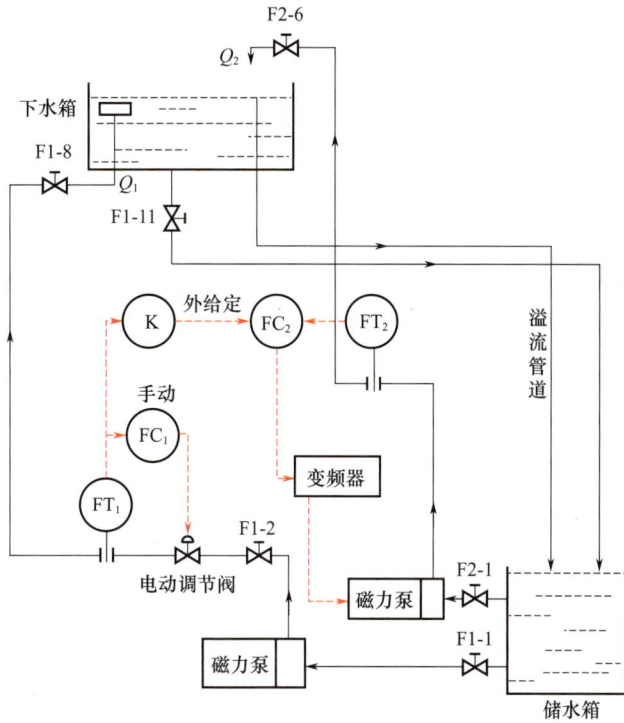

图2-41　双闭环流量比值控制系统示意图

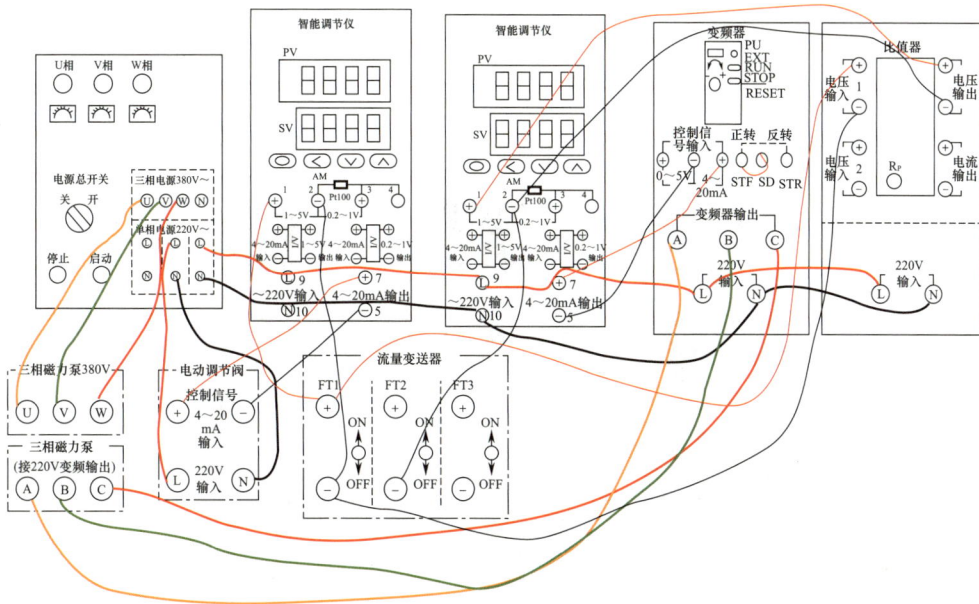

图2-42　单闭环流量比值控制系统接线图

（4）调节器 1 设为"手动"状态，手动输出 70% 左右，内部参数 ADDR＝1。调节器 2 设为"手动"状态，手动输出 0，内部参数 ADDR＝2。

（5）点击上位机实验二十——单（双）闭环流量比值控制。

（6）如图 2-43 所示设置参考参数，调节器 2 的 P=100，I=10，D=0，然后点击通讯状态。

（7）如图 2-44 所示，设置主控输入规格＝33，输入下限 =0，输入上限 =100，正反作用 =0；设置副控输入规格＝32，输入下限 =0，输入上限 =100，正反作用 =8，点关闭。

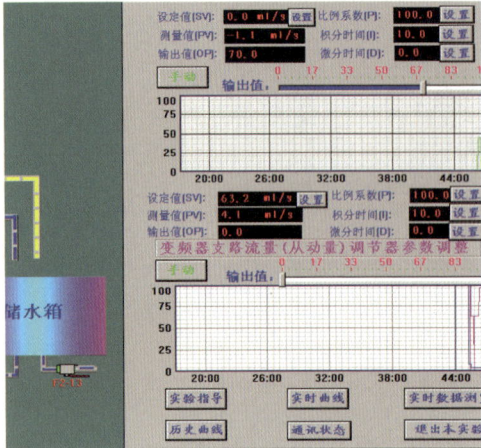

图 2-43　单闭环流量比值控制系统控制面板

图 2-44　单闭环流量比值控制系统通信参数设置

（8）合上 380V 电源（即开泵），观察主流量 $Q_1$ 的值。调节器 2 手动输出信号（约 50%），使变频器输出电压驱动 220V 磁力泵，观察副流量 $Q_2$ 的值，然后调节器 2 切换到自动，等待 $Q_2$ 稳定。

（9）调节比值器上的旋钮 Rp，使主流量与副流量达到 2∶1 的关系，即

$$K = \frac{Q_2}{Q_1} = 0.5$$

（10）"手动"改变调节器 1 的输出到 60%，观察 $Q_2$ 与 $Q_1$ 的变化，并计算此时的比值。

（11）如图 2-45 所示，点击历史曲线。

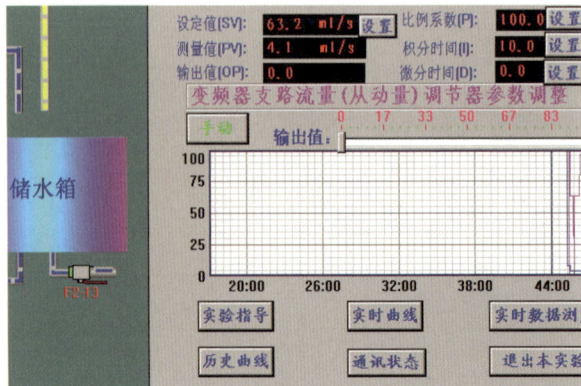

图 2-45　单闭环流量比值控制系统控制曲线面板

（12）如图 2-46 所示，观察过渡过程曲线变化情况，当 $Q_1$、$Q_2$ 均稳定后点退出。

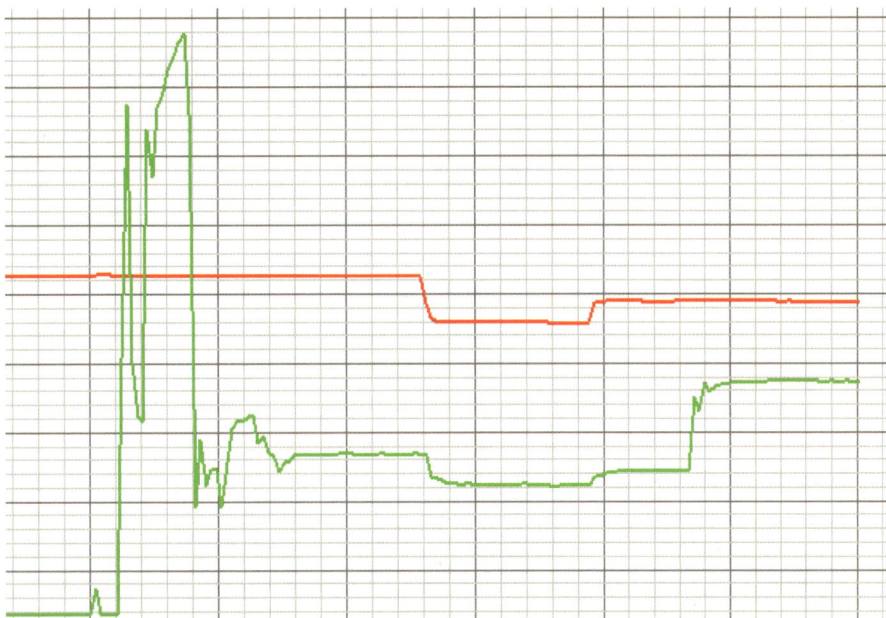

图2-46 单闭环流量比值控制系统流量曲线变化图

（13）操作完毕，点击退出本实验，按操作台停止按钮，关 24V 电源，拆线、理线。

## 五、控制结果分析

单闭环流量比值控制系统流量控制结果示例见图 2-47。

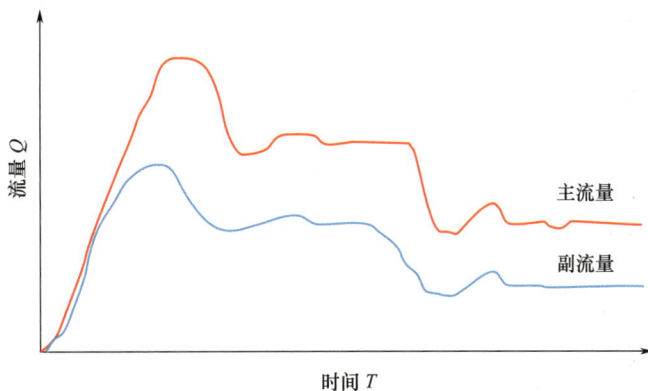

图 2-47 单闭环流量比值控制系统流量控制结果示例图

## 六、考核评价内容

（1）按照安全规范进行 PPE 的穿戴和个人防护。

（2）根据工艺要求正确进行现场流程设置。

（3）正确接线构建控制系统。

（4）正确进行电脑控制的参数设置。

（5）正确实现现场与控制系统的联调，达到工艺要求和效果。

# 子任务 4  前馈控制系统的构建和应用

## 任务描述

在深入学习前馈控制系统的组成、类型和工作原理的基础上，首先会识别和分析现有 PID 图纸上的前馈控制系统，然后能根据简单的工艺要求设计和构建前馈控制系统以实现相应控制功能。

**学习目标**

知识目标：① 了解前馈控制系统的工作原理。
　　　　　② 熟悉前馈控制系统的类型和应用。

技能目标：① 会识别和分析现有 PID 图纸上的前馈控制系统。
　　　　　② 能根据工艺要求设计和构建前馈控制系统实现相应控制功能。

素养目标：① 具备逻辑分析能力。
　　　　　② 具备分析问题和解决问题的能力。
　　　　　③ 培养未雨绸缪的提前干预和防范意识。

## 知识准备

## 一、前馈控制系统的工作原理

前馈控制是根据干扰作用的大小进行控制的，其特点是当干扰产生后，被控变量还未变化之前，就根据干扰作用的大小进行控制，以补偿干扰作用对被控变量的影响，但前馈控制是开环控制，它与开环比值控制系统相似，被控变量是否控制在设定值的数值上是得不到检验的。所以，单独的前馈控制是较少采用的。如图 2-48 所示是换热器前馈控制系统。

反馈控制是根据被控变量的偏差进行控制的，它是闭环控制。尽管普遍采用反馈控制系统，

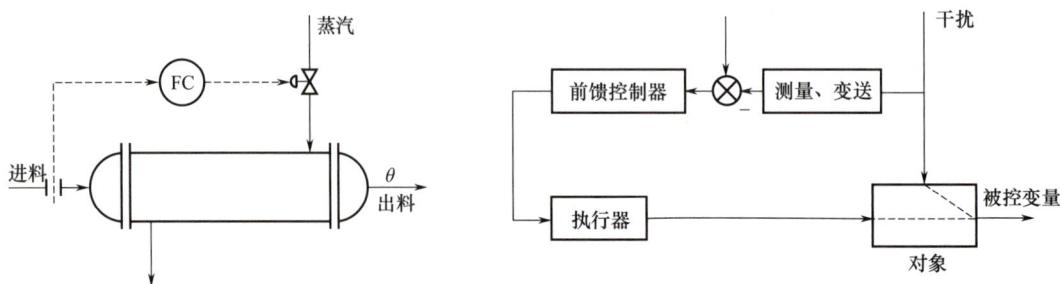

图 2-48　换热器前馈控制系统

但也有其本质上的弱点，只有在偏差形成以后，控制才会起作用，这种控制作用总是落后于干扰作用，如图2-49所示是换热器反馈控制系统。

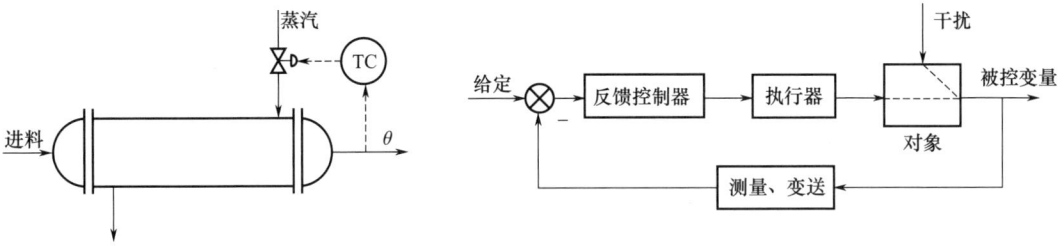

图2-49  换热器反馈控制系统

反馈控制和前馈控制的主要区别：

① 反馈控制的依据是被控变量与给定值的偏差，检测的信号是被控变量，控制作用发生时间是在偏差出现以后。

② 前馈控制的依据是干扰的变化，检测的信号是干扰量的大小，控制作用的发生时间是在干扰作用发生的瞬间而不需等到偏差出现之后。

前馈控制的特点：

① 前馈控制是基于不变性原理工作的，比反馈控制及时、有效。

② 前馈控制属于"开环"控制系统。

③ 前馈控制使用的是视对象特性而定的"专用"控制器。

④ 一种前馈作用只能克服一种干扰。

## 二、前馈控制系统的类型和应用

（1）单纯的前馈控制系统  根据对干扰补偿的特点，前馈控制可分为静态前馈控制和动态前馈控制。

① 静态前馈控制。如图2-50所示，前馈控制器的输出信号是按干扰大小随时间变化的，它是干扰量和时间的函数。而当干扰通道和控制通道动态特性相同时，便可以不考虑时间函数，只按静态关系确定前馈控制作用。热交换器是应用前馈控制较多的场合，换热器有滞后

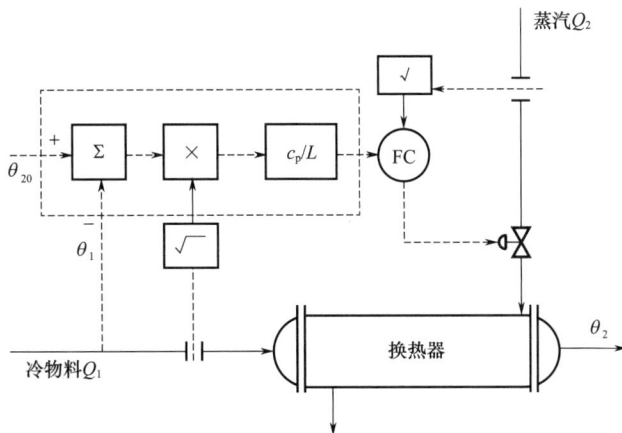

图 2-50  换热器静态前馈控制方案

大、时间常数大、反应慢的特性，前馈控制就是针对这种对象特性设计的，故能很好地发挥作用。

② 动态前馈控制。要考虑对象的动态特性，从而确定前馈控制器的规律，才能获得动态前馈补偿。可在静态前馈控制的基础上，加上延迟环节或微分环节，以达到对干扰作用的近似补偿。按此原理设计的一种前馈控制器，有三个可以调整的参数 $K$、$T_1$、$T_2$。$K$ 为放大倍数，是为了静态补偿用的；$T_1$、$T_2$ 是时间常数，都有可调范围，分别表示延迟作用和微分作用的强弱。图 2-51 所示是换热器动态前馈控制方案。

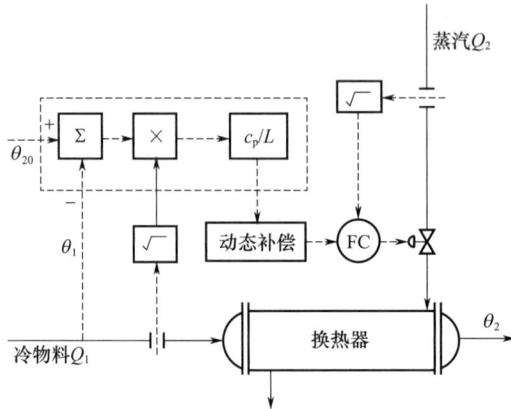

图 2-51　换热器动态前馈控制方案

（2）前馈-反馈控制系统　将它们组合起来，取长补短，组成前馈-反馈控制系统（图 2-52）。其中前馈控制用来克服主要干扰，反馈控制用来克服其他多种干扰，两者协同工作，能提高控制质量。

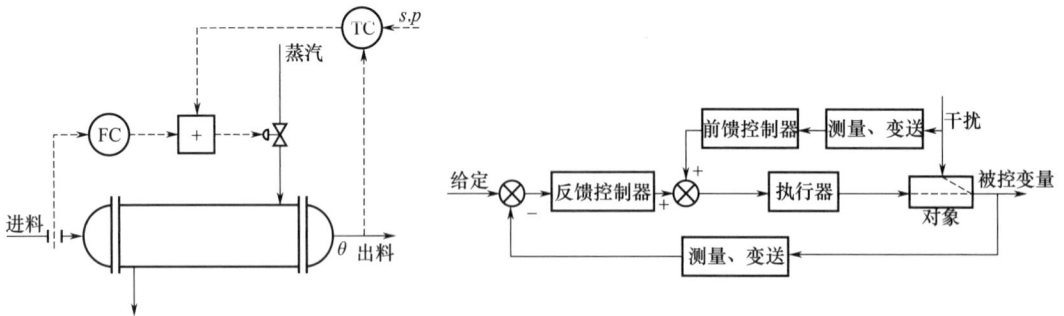

图 2-52　换热器前馈-反馈控制系统

前馈-反馈控制系统与串级控制系统的不同点：

① 串级控制系统是由内、外（或主、副）两个反馈系统所组成。

② 前馈-反馈控制系统是由一个反馈系统和一个开环的补偿系统叠加而成。

（3）前馈控制的应用场合

① 干扰幅度大而频繁，对被控变量影响剧烈，仅采用反馈控制达不到要求的对象。

② 主要干扰是可测而不可控的变量。

③ 当对象的控制通道滞后大，反馈控制不及时，控制质量差，可采用前馈或前馈-反馈控制系统，以提高控制质量。

# 子任务 5　选择控制系统构的建和应用

## 任务描述

在深入学习选择控制系统的组成、类型和工作原理的基础上，首先会识别和分析现有 PID 图纸上的选择控制系统，然后能根据简单的工艺要求设计和构建选择控制系统以实现相应控制功能。

学习目标

知识目标：① 了解选择控制系统的工作原理。
　　　　　② 熟悉选择控制系统的类型和应用。

技能目标：① 会识别和分析现有 PID 图纸上的选择控制系统。
　　　　　② 能根据工艺要求设计和构建选择控制系统以实现相应控制功能。

素养目标：① 具备逻辑分析能力。
　　　　　② 具备分析问题和解决问题的能力。
　　　　　③ 培养实事求是地分析问题，具备辨别和合理选择的意识。

## 知识准备

## 一、选择控制系统的工作原理

一般控制系统都是在正常工况下工作的。当生产不正常时，通常的处理办法有两种，一种是改用手动遥控；另一种是联锁保护紧急停车，防止事故发生，即所谓的硬限控制。由于硬限控制对生产和操作都不利，近年来多采用安全软限控制。

所谓软限控制，是当变量将要达到危险值时，就适当降低生产要求，暂时维持生产，并逐渐调整生产，使之朝正常工况发展。实现软限控制的系统即选择性控制系统。当生产短期内处于不正常情况时，可以通过一个特定设计的自动选择性控制系统，既不使设备停车又起到对生产进行自动保护的目的。

选择控制系统的特点：

① 要构成选择性控制，生产操作必须具有一定选择性的逻辑关系。

② 选择性控制的实现则需要靠具有选择功能的自动选择器（高值选择器或低值选择器）或有关的切换装置（切换器、带电接点的控制器或测量仪表）来完成。

## 二、选择控制系统的类型和应用

### 1. 开关型选择控制系统

一般有 A、B 两个可供选择的变量。其中一个变量 A 假定是工艺操作的主要技术指标，它直接关系到产品的质量或生产效率；另一个变量 B，工艺上对它有一个限值要求。如图 2-53 所示，开关型选择性控制系统一般都用作系统的限值保护。

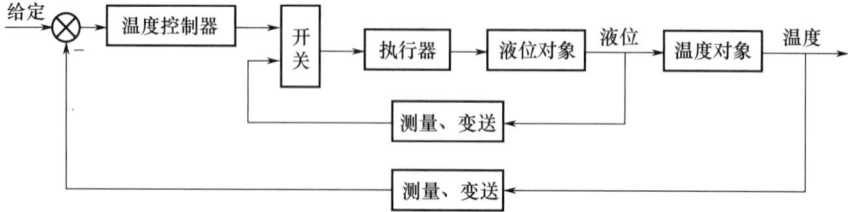

图 2-53　开关型选择控制系统组成方块图

图 2-54 所示是丙烯冷却器的出口温度控制系统，当裂解气温度过高或负荷量过大时，控制阀要大幅度地被打开。当冷却器中的列管全部被液态丙烯所淹没，而裂解气出口温度仍然降不到希望的温度时，就不能再一味地使控制阀开度继续增加了。通过增加一个"开关"构成开关型选择控制系统，它实际上是一只电磁三通阀，可以根据液位的不同情况分别让执行器接通温度控制器或接通大气。

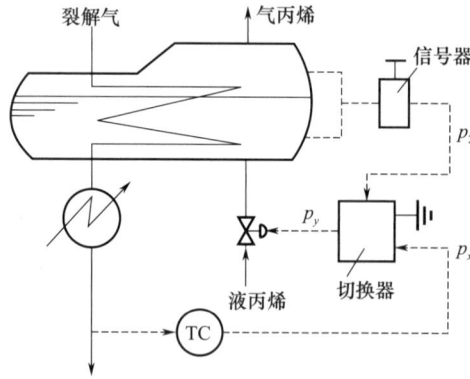

图 2-54　丙烯冷却器的出口温度控制系统

信号器的信号关系是：

当液位低于 75% 时，输出 $p_2 = 0$ ；

当液位达到 75% 时，$p_2 = 0.1$MPa。

切换器的信号关系是：

当 $p_2 = 0$ 时，$p_y = p_x$ ；

当 $p_2 = 0.1$MPa 时，$p_y = 0$ 。

### 2. 连续型选择控制系统

当取代作用发生后，控制阀不是立即全开或全关，而是在阀门原来的开度基础上继续进行连续控制。

连续型选择控制系统的特点：

① 一般具有两台控制器，它们的输出通过一台选择器（高值选择器或低值选择器）后，送往执行器。

② 这两台控制器，一台在正常情况下工作，另一台在非正常情况下工作。

如图 2-55 所示是辅助锅炉压力取代选择性控制系统及其组成方框图，当系统处于燃料气压力控制时，蒸汽压力的控制质量将会明显下降，但这是为了防止事故发生所采取的必要的应急措施，这时的蒸汽压力控制系统实际上停止了工作，被属于非正常控制的燃料气压力控制系统所取代。

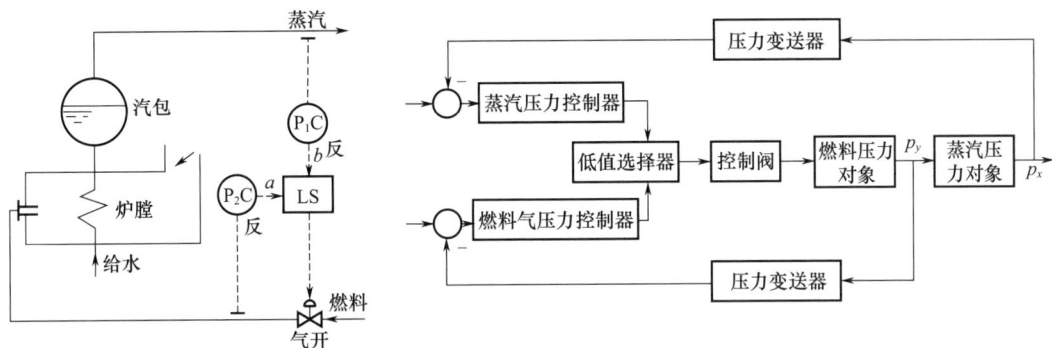

图 2-55　辅助锅炉压力取代选择性控制系统（a）及其组成方框图（b）

### 3. 混合型选择控制系统

在这种混合型选择性控制系统中，既包含开关型选择的内容，又包含连续型选择的内容。 如图 2-56 所示，当燃料气压力不足时，燃料气管线的压力就有可能低于燃烧室压力，这样就会出现危险的回火现象，危及燃料气罐使之发生燃烧和爆炸。

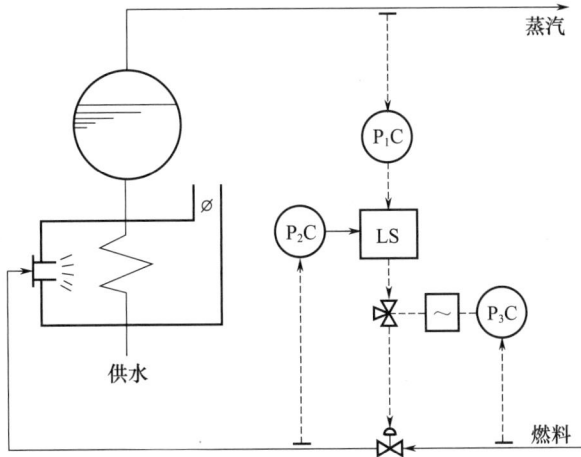

图 2-56　混合型选择控制系统应用举例

在原来的基础上增加了一个带下限节点的压力控制器 $P_3C$ 和一台电磁三通阀。一旦燃料气压力下降到极限值时，下限节点接通，电磁阀通电，切断低值选择器 LS 送往执行器的信号，使控制阀膜头与大气相通，膜头内压力迅速下降到零，于是控制阀将关闭，回火事故将不会发生。当燃料气压力上升达到正常时，下限节点断开，电磁阀失电，低值选择器的输出又被送往执行器。

# 子任务6 分程控制系统的构建和应用

## 任务描述

在深入学习分程控制系统的组成、类型和工作原理的基础上，首先会识别和分析现有 PID 图纸上的分程控制系统，然后能根据简单的工艺要求设计和构建分程控制系统以实现相应控制功能。

**学习目标**

知识目标：① 了解分程控制系统的组成和工作原理。
　　　　　② 熟悉分程控制系统的应用。

技能目标：① 会熟练地识别和分析现有 PID 图纸上的分程控制系统。
　　　　　② 能根据简单的工艺要求设计和构建分程控制系统以实现相应控制功能。

素养目标：① 具备逻辑分析能力。
　　　　　② 具备分析问题和解决问题的能力。
　　　　　③ 培养整体和部分的思维模式，既要关注部分，又要统筹全局。

## 知识准备

### 一、分程控制系统的组成和工作原理

一台控制器的输出可以同时控制两台甚至两台以上的控制阀。控制器的输出信号被分割成若干个信号范围段，每一段信号去控制一台控制阀，这样的系统称为分程控制系统（图 2-57）。

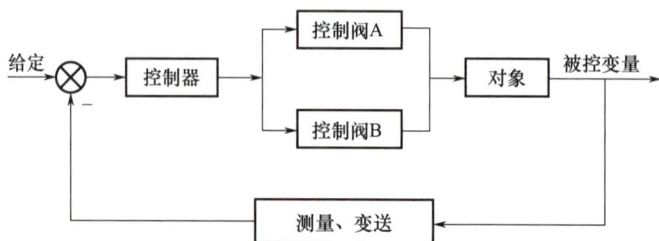

图 2-57　分程控制系统组成方块图

在分程控制方案中，根据工艺生产的安全需要，控制阀的开闭形式可分为两类：

（1）两个控制阀同向动作　随着控制器输入信号的增大，两个控制阀门都开大（气开式）或关小（气关式），动作过程如图 2-58 所示。

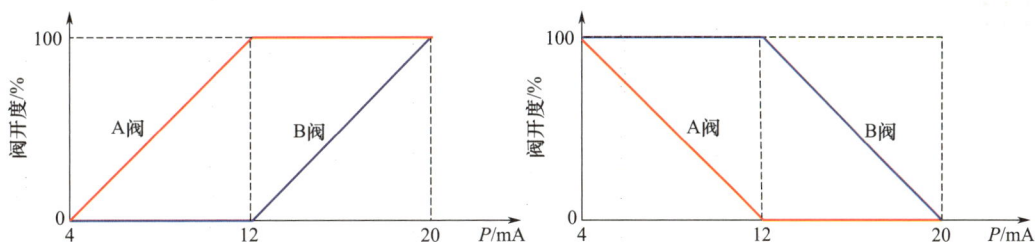

图 2-58　两个控制阀同向动作示意图

（2）两个控制阀门异向动作　随着控制器输入信号的增大，一个阀门开大，另一个阀门关小，或者相反，动作过程如图 2-59 所示。

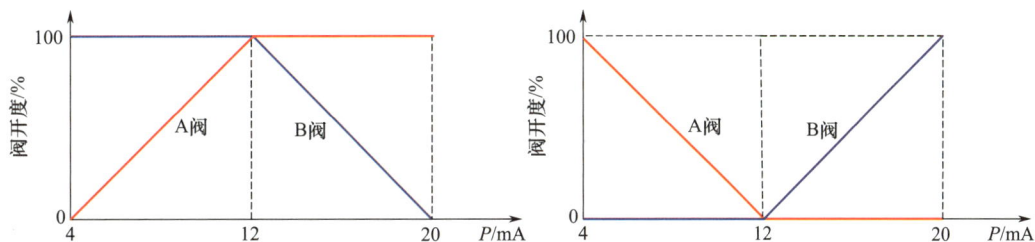

图 2-59　两个控制阀异向动作示意图

## 二、分程控制系统的应用

（1）用于扩大可调范围，改善控制品质　如图 2-60 所示，可根据工艺需求调节和输出不同压力的蒸汽供生产使用。

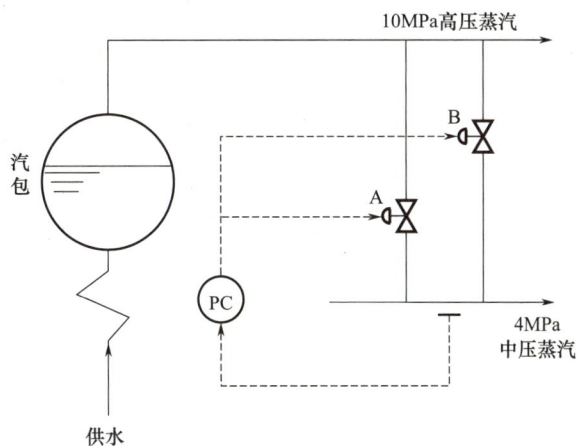

图 2-60　蒸汽压力分程控制示意图

（2）同时控制两种不同介质的流量，满足生产需求　如图 2-61 所示，对间歇式化学反应器，既要考虑反应前的预热问题，又要考虑反应过程中移走热量的问题。

如图 2-62 所示，本方案中选择蒸汽控制阀为气开式，冷水控制阀为气关式是从生产安全角度考虑的。因为，一旦出现供气中断情况，A 阀将处于全开，B 阀将处于全关。这样，就不会因为反应器温度过高而导致生产事故。

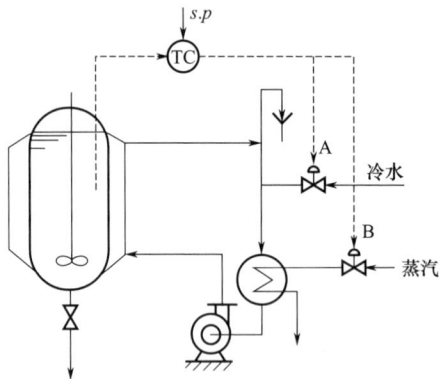

图 2-61　间歇式化学反应器温度分程控制示意图

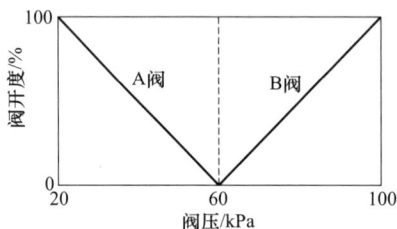

图 2-62　间歇式化学反应器温度分程控制调节阀作用方式

（3）用于生产的安全保护措施　一些存放各种油品的储罐，采用氮封技术，要求罐内始终保持氮气压力呈微正压（1～2kPa）。当储罐内液面上升时，应将压缩的氮气适量排出；反之，当液面下降时，应补充氮气。为满足工艺这种要求，设计了如图 2-63 所示的分程控制系统，以解决储罐中物料量的增减会导致氮封压力的变化的问题。

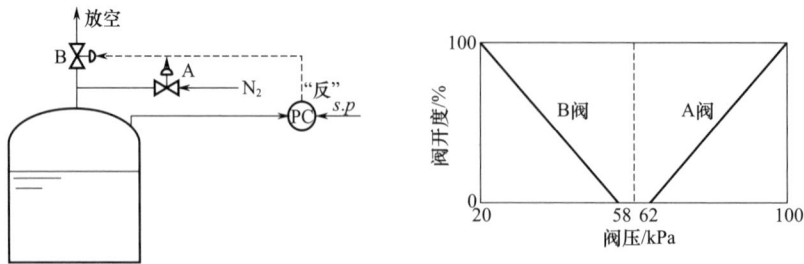

图 2-63　储罐压力分程控制系统及调节阀作用方式

## 三、分程控制系统故障实例分析

### 1. 故障现象

图 2-64 为某反应器的分程控制系统示意图。原分程点在控制器输出信号达 50% 时，R-302 设备的压力控制不稳定。

### 2. 故障分析

当 R-302 设备的压力 $p$ 升高→进 $N_2$ 的控制阀 $V_B$ 关小。当 R-302 设备中的压力 $p$ 继续升高，控制器的输出信号达 50% 时，除 $V_B$ 阀动作极限外，$V_A$ 阀开始打开。$V_A$、$V_B$ 阀的阀门定位器的

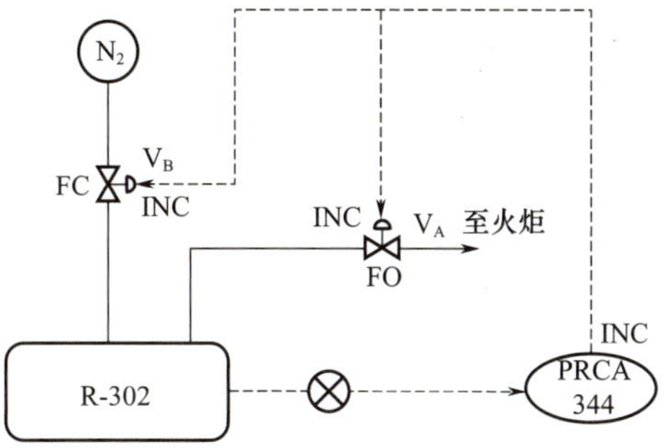

图 2-64　某反应器分程控制系统示意图

动作方向均为 INC（正作用）。控制器的动作方向为 INC。如当控制器的输出信号达 100% 时，$V_A$ 阀全开。当 R-302 中的压力 $p$ 继续升高时，控制器的输出信号达 50% 时 $V_B$ 关得太晚，而 $V_A$ 此时即开始放空太早，从而引起控制不稳定。应改为当 R-302 压力 $p$ 继续升高时，控制器输出信号达 40% 时将进 $N_2$ 的 $V_B$ 阀关死，此时不急于打开放空阀 $V_A$ 至火炬，应待稳定一段时间后，观察设备中的压力变化情况。如设备中的压力继续升高，当控制器的输出信号达 60% 时，$V_A$ 放空阀开始打开，输出信号达 100% 时，$V_A$ 至火炬的放空阀全开，以确保设备安全。

### 3. 处理方法

在原分程点的控制器出力达 50% 时 $V_B$ 关、$V_A$ 开，应改为当控制器输出信号达 40% 时 $V_B$ 关，达 60% 时 $V_A$ 开始打开，这样设备内的压力有一定的稳定阶段，此时控制系统便稳定运行。

## 巩固练习

### 1. 选择题

（1）反馈控制是根据被控变量的（　　）进行控制的。

A. 测量值　　　　　B. 余差　　　　　C. 误差　　　　　D. 偏差

（2）自动控制系统投运前调节器先置于（　　）状态。

A. 自动　　　　　B. 手动　　　　　C. 保持　　　　　D. 以上都可以

（3）某简单控制系统，对象正作用，选用气开阀，控制器应设（　　）。

A. 正作用　　　　B. 反馈作用　　　C. 反作用　　　　D. 没说明变送器正反作用

（4）反馈控制属于（　　）。

A. 闭环控制　　　B. 开环控制　　　C. 前馈控制　　　D. 不确定

（5）自动控制系统投运操作，一般情况下先将调节器置于手动状态，被控变量接近设定值再切换自动，目的是过程曲线（　　）。

A. 不确定　　　　B. 波动时间长　　C. 波动幅度大　　D. 波动幅度小

（6）为了解决前后工序供求矛盾，达到前后兼顾协调操作需采用（　　）。

A. 串级控制系统　B. 比值控制系统　C. 均匀控制系统　D. 分程控制系统

（7）一台控制器的输出分段地去控制两个或两个以上调节阀工作的控制系统称为（　　）控制系统。

A. 均匀　　　　　B. 比值　　　　　C. 分程　　　　　D. 选择

（8）前馈控制系统是根据（　　）的大小进行控制的。

A. 偏差　　　　　B. 干扰　　　　　C. 测量值　　　　D. 被控变量

（9）实现两种或两种以上物料（　　　）之间保持一定比例关系的控制系统称为比值控制系统。

　　A. 温度　　　　　　B. 压力　　　　　　C. 液位　　　　　　D. 流量

（10）串级控制系统中（　　　）是个定值控制系统。

　　A. 反馈系统　　　　B. 副系统　　　　　C. 闭合系统　　　　D. 主系统

（11）分程控制一般是由附设在控制阀上的（　　　）来实现。

　　A. 测量变送器　　　B. 阀门定位器　　　C. 电容变送器　　　D. 变压器

（12）串级控制系统的目的是高精度地稳定主变量，当对象滞后较大时，主调节器应具有（　　　）控制规律。

　　A. 比例　　　　　　B. 比例积分　　　　C. 比例微分　　　　D. 比例积分微分

（13）串级控制系统中调节阀接收来自（　　　）的信号。

　　A. 主变送器　　　　B. 副变送器　　　　C. 副调节器　　　　D. 主调节器

（14）自动控制系统中引入了（　　　）的控制系统称为选择性控制系统。

　　A. 开方器　　　　　B. 加法器　　　　　C. 比值器　　　　　D. 选择器

（15）若比值系数为0.5，测得主流量为10L/h，则副流量应为（　　　）。

　　A. 20L/h　　　　　B. 2L/h　　　　　　C. 0.5L/h　　　　　D. 5L/h

2. 判断题

（1）简单控制系统是由一个测量元件及变送器、一个调节器、一个调节阀、一个被控对象四部分组成。（　　　）

（2）控制器作用方向的选择原则是保证整个控制系统具有正反馈。（　　　）

（3）自动控制的目的就是要使测量值等于或接近设定值，满足工艺要求。（　　　）

（4）自动控制系统投运操作，一般情况下先将调节器置于手动状态，被控变量接近设定值再切换自动，是为了减小过程曲线波动幅度。（　　　）

（5）串级控制系统是利用主、副两个调节器并联起来稳定一个主变量的控制系统。（　　　）

（6）串级控制系统主要用于对象容量滞后大、负荷变化大、控制质量指标要求高的场合。（　　　）

（7）反馈控制系统是根据偏差进行控制，前馈控制系统是根据干扰的大小进行控制。（　　　）

（8）实现两种或两种以上物料压力之间保持一定比例关系的控制系统称为比值控制系统。（　　　）

（9）串级控制系统副调节器一般采用较弱的纯比例作用。（　　　）

（10）分程控制是由两个调节器的输出信号分段控制几个调节阀工作。（　　　）

3. 简答题

（1）画出简单自动控制系统的组成方框图。

（2）在自动控制系统中，测量元件和变送器、控制器、调节阀各起什么作用？

（3）用经验试凑法整定调节器参数的实质内容是什么？

（4）试解释位号 TRCAS-301、AIC-210 的含义。

（5）试述干扰作用与控制作用两者的关系。

（6）请画出串级控制系统的组成方框图。

（7）画出双闭环比值控制系统的组成方框图。

（8）阐述前馈控制与反馈控制的区别。

（9）请说明分程控制系统的应用场合。

（10）试分析下面三种复杂控制系统的类型。

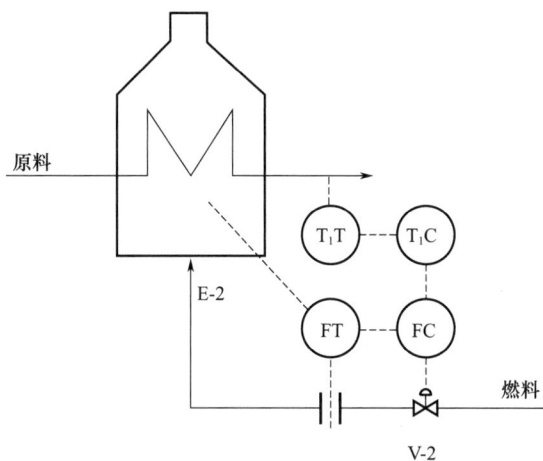

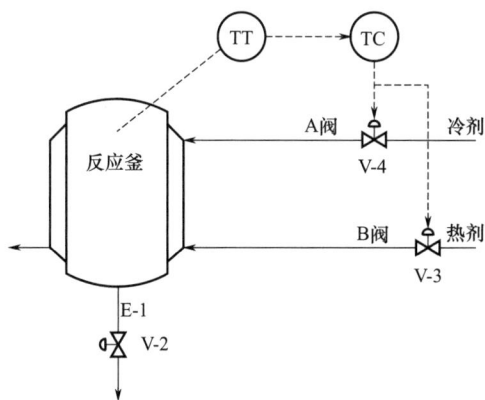

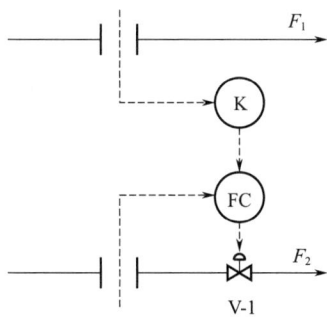

### 4. 分析题

（1）如下图所示是一个简单的加热炉出口温度控制系统。为了在控制阀气源突然中断时，炉温不继续升高，以防烧坏炉子，请画出控制系统组成方块图，确定执行器的气开、气关形式，并判断控制器的正反作用。

（2）某控制系统用 4:1 衰减曲线法整定，控制器在纯比例状态下经反复调试，最终得到 4:1 曲线时的衰减比例度 $\delta_S$ 为 80%，衰减周期 $T_S$ 为 240s。试确定分别采用 PI、PID 作用时的控制器参数。

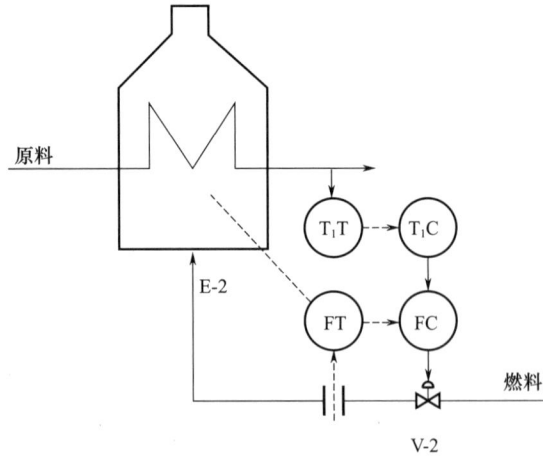

（3）请根据下图设计一个简单控制系统，确定被控对象、被控变量、操纵变量、执行器、控制器，目的是控制塔顶产品质量稳定，画出控制流程简图及方块图。

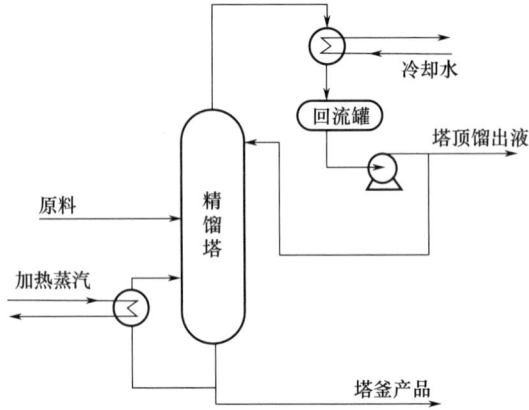

（4）如下图所示是氯乙烯聚合反应温度的串级控制系统，反应器内温度过高会有爆炸危险。要求：

a. 指出主变量、副变量、操纵变量、主控制器和副控制器；

b. 确定主、副控制器的正反作用以及控制规律；

c. 画出此系统的组成方框图。

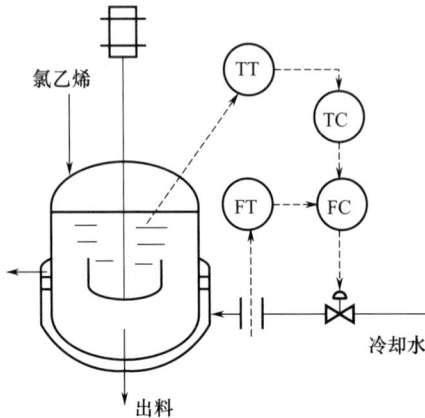

（5）如下图所示是一个换热器操作，现在要求控制热物料的出口温度为 55℃，受到环境温度的影响，当只用热水作为载热体加热时不能满足热物料出口温度的要求，所以同时使用蒸汽作为载热体加热。

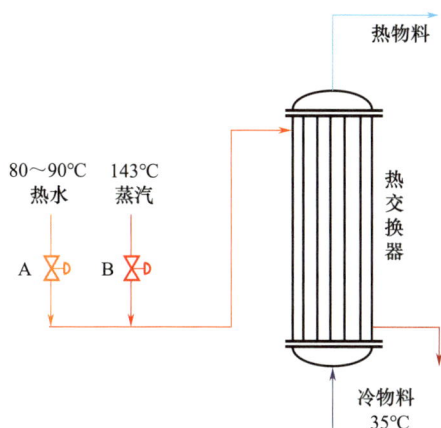

a. 试设计（直接画在图上）一个合适的控制系统来满足工艺的要求；

b. 画出该控制系统的组成方框图；

c. 确定调节阀 A 和调节阀 B 的气开、气关形式，并说明理由。

（6）如下图所示是化工生产过程中的部分截图，其中甲物料和乙物料的量按 3 : 1 的比例进入反应釜，该反应在初始状态下需要预热至 65℃，随着反应的进行不断释放热量（放热反应），因此在反应过程中要控制反应釜的温度不超过 116℃，完成如下任务：

a. 在图中画出甲物料和乙物料的进料流量控制系统，并说明采用的是哪种类型的控制系统；

b. 根据工艺要求，TV-02 所调节的物料应选用什么？

c. 说明图中的符号 TICA/101 H L 、 FI/101 、 PI/101 的含义和安装方式。

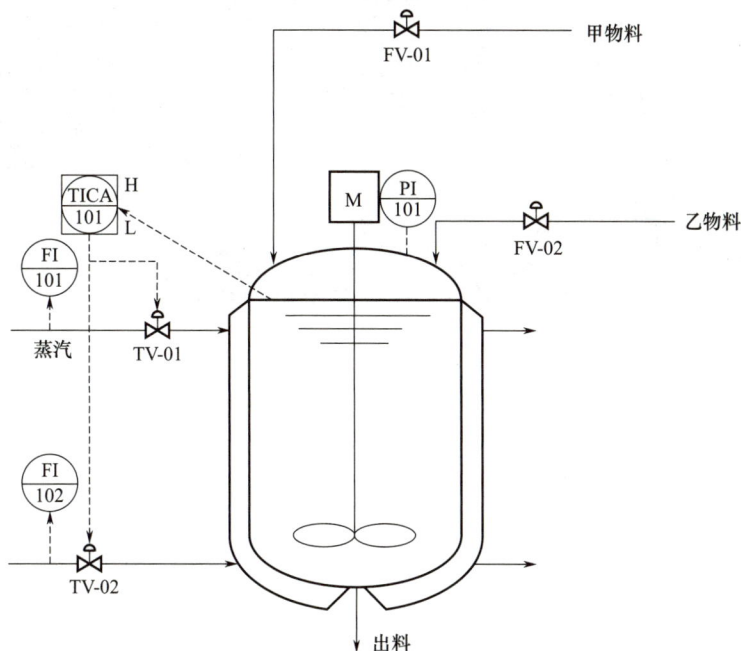

📚 知识卡片

## 我国化工自动化技术的现状和发展趋势

在信息化和智能化的时代背景下，化工企业实现自动化生产的需求逐渐增长。自动化控制技术的发展也使得化工厂自动化越来越普及，尤其是在一些精细化工、高端化工领域，自动化技术得到了广泛应用。目前，化工企业的自动化技术主要分为两类：PLC 控制与 DCS 控制。PLC 控制是一种基于查表法的控制算法，体积小、生命周期长、应用广泛。而 DCS 控制则具有可编程性和可扩展性，适用于大型化工厂及复杂化工过程的控制。这两种控制方式各有优劣，实际应用中可以根据化工厂的特点和需要进行选择。

尽管化工厂自动化的应用范围越来越广泛，但是与其他行业相比，仍存在很大的提升空间。未来化工厂自动化技术有望在以下几个方面得到进一步发展：

① 智能化水平提高。随着人工智能技术的发展，化工企业可以利用大数据、云计算等技术实现更加精准、高效的生产管理。

② 全面数字化。化工厂可以将数据采集和数据处理相结合，实现全面数字化生产。

③ 自主化控制。未来的自动化技术可以更加灵活地应对复杂化工过程，实现自主化控制，从而提高生产效率和降低生产成本。

# 学习情境三
# 信号报警及联锁系统的调试运行

## 情境描述

常减压车间技术改造完成，设备仪表安装完毕并检查合格，施工方需要按照交工验收方案进行系统模拟试验。系统模拟试验分为三个阶段：单体仪表调试、单系统调试和全系统调试。通过信号发生端输入模拟信号，监测控制仪表、执行器、自动控制系统和信号报警联锁系统的运行状况，进而测试系统的允许误差、PID 作用及作用方向、工艺参数设定、安全仪表及联锁报警系统的工作状况、控制系统的工艺全模拟运行状况，检测系统是否符合设计要求。本情境涉及其中的信号报警和联锁保护系统的内容。

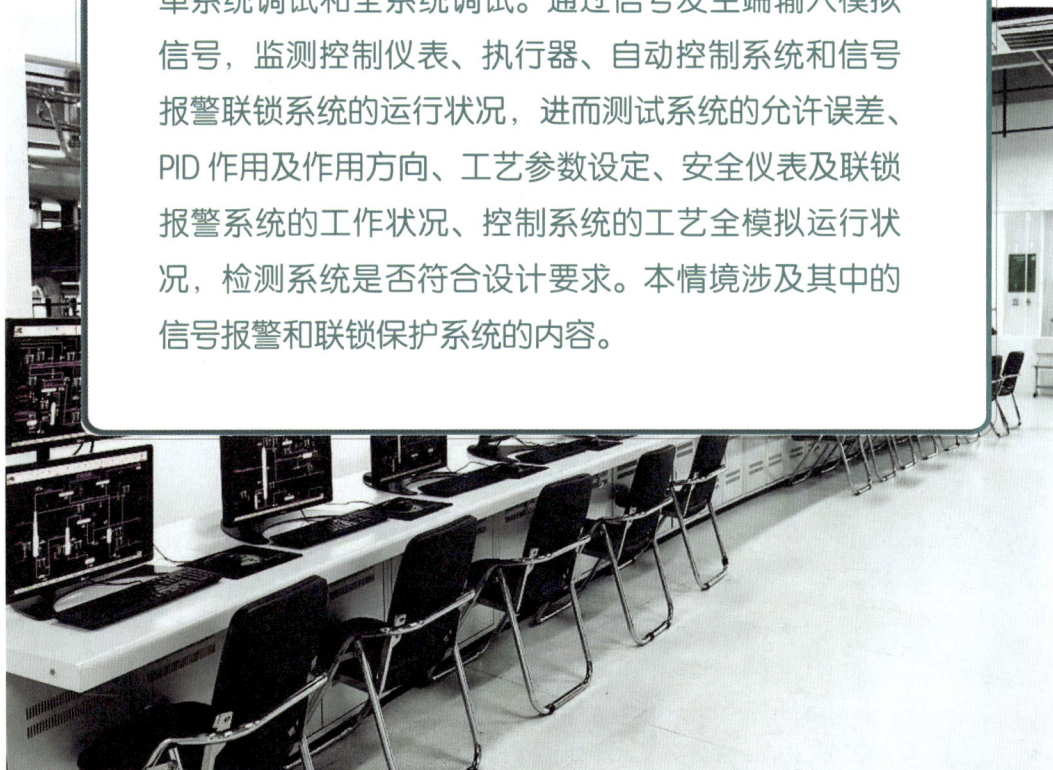

# 任务一　用数字逻辑电路实现联锁保护

## 任务描述

在深入学习数字电子逻辑门电路的基础上，首先会分析工艺联锁逻辑，然后根据简单的工艺要求构建相应的数字逻辑门电路实现其联锁保护控制。

**学习目标**

知识目标：① 掌握数字逻辑与、或、非、与非、或非门的逻辑功能、原理和符号。

② 理解联锁保护的概念、组成和触发原理。

技能目标：① 会熟练地识别和绘制基础的数字逻辑门电路。

② 会根据简单的工艺联锁要求构建数字逻辑门电路。

素养目标：① 具备逻辑分析能力。

② 具备规范严谨地绘制数字逻辑电路图的能力。

③ 培养安全防范意识，提高应对突发状况的能力。

## 知识准备

### 一、数字逻辑运算

（1）与运算　如图 3-1 所示，只有当决定一件事情的条件全部具备之后，这件事情才会发生，

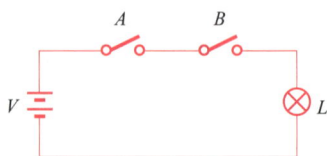

（a）

| 开关$A$ | 开关$B$ | 灯$L$ |
|---|---|---|
| 不闭合 | 不闭合 | 不亮 |
| 不闭合 | 闭合 | 不亮 |
| 闭合 | 不闭合 | 不亮 |
| 闭合 | 闭合 | 亮 |

（b）

| 开关$A$ | 开关$B$ | 灯$L$ |
|---|---|---|
| 0 | 0 | 0 |
| 0 | 1 | 0 |
| 1 | 0 | 0 |
| 1 | 1 | 1 |

（c）

图 3-1　与运算电路原理图及真值表

我们把这种因果关系称为与逻辑。与逻辑举例：设 1 表示开关闭合或灯亮；0 表示开关不闭合或灯不亮，得真值表。

若用逻辑表达式来描述，则可写为：$L = A \cdot B$

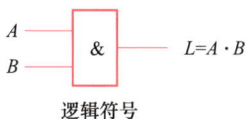

**逻辑符号**

（2）或运算　如图 3-2 所示，当决定一件事情的几个条件中，只要有一个或一个以上条件具备，这件事情就发生，我们把这种因果关系称为或逻辑。

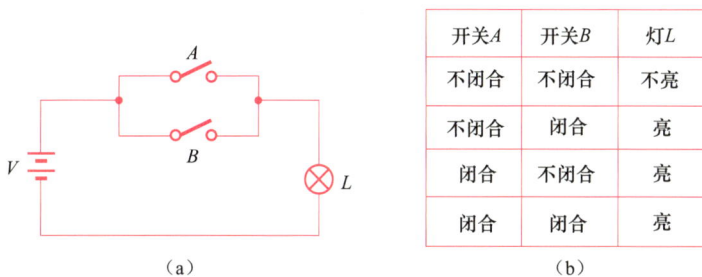

| 开关A | 开关B | 灯L |
|---|---|---|
| 不闭合 | 不闭合 | 不亮 |
| 不闭合 | 闭合 | 亮 |
| 闭合 | 不闭合 | 亮 |
| 闭合 | 闭合 | 亮 |

（a）　　　　　　　（b）

| $A$ | $B$ | $L=A+B$ |
|---|---|---|
| 0 | 0 | 0 |
| 0 | 1 | 1 |
| 1 | 0 | 1 |
| 1 | 1 | 1 |

（c）

**图 3-2　或运算电路原理图及真值表**

若用逻辑表达式来描述，则可写为：$L = A + B$

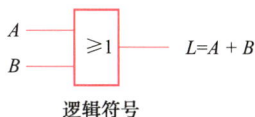

**逻辑符号**

（3）非运算　如图 3-3 所示，某事情发生与否，仅取决于一个条件，而且是对该条件的否定，即条件具备时事情不发生；条件不具备时事情才发生。

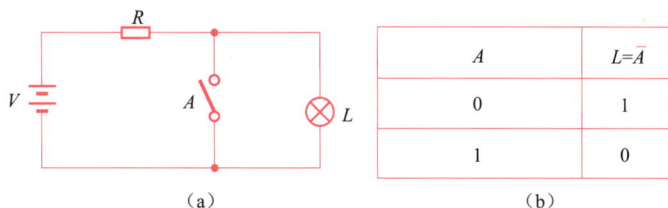

| $A$ | $L=\bar{A}$ |
|---|---|
| 0 | 1 |
| 1 | 0 |

（a）　　　　　　　（b）

**图 3-3　非运算电路原理图及真值表**

若用逻辑表达式来描述，则可写为：$L = \overline{A}$

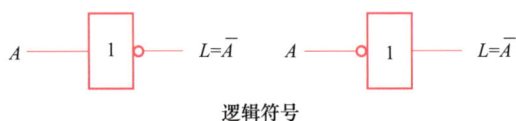

**逻辑符号**

（4）与非运算　如图3-4所示，由与运算和非运算组合而成。

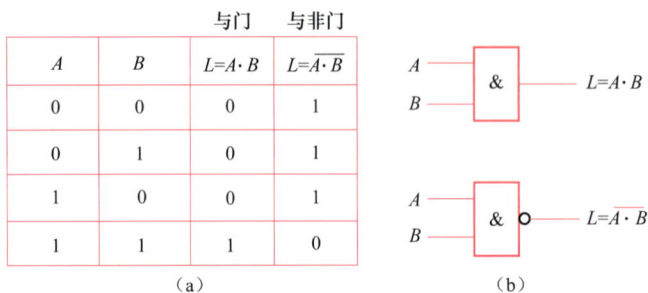

| $A$ | $B$ | 与门 $L=A\cdot B$ | 与非门 $L=\overline{A\cdot B}$ |
|---|---|---|---|
| 0 | 0 | 0 | 1 |
| 0 | 1 | 0 | 1 |
| 1 | 0 | 0 | 1 |
| 1 | 1 | 1 | 0 |

（a）

（b）

**图3-4　与非运算电路原理图及真值表**

（5）或非运算　如图3-5所示，由或运算和非运算组合而成。

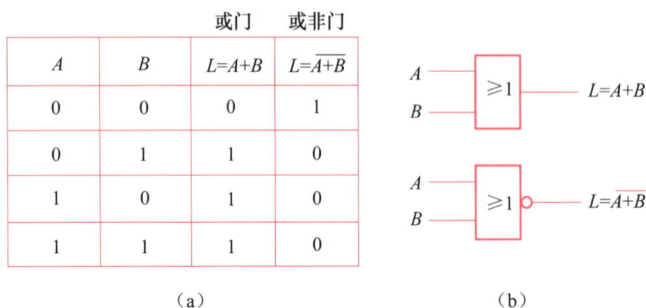

| $A$ | $B$ | 或门 $L=A+B$ | 或非门 $L=\overline{A+B}$ |
|---|---|---|---|
| 0 | 0 | 0 | 1 |
| 0 | 1 | 1 | 0 |
| 1 | 0 | 1 | 0 |
| 1 | 1 | 1 | 0 |

（a）

（b）

**图3-5　或非运算电路原理图及真值表**

（6）数字逻辑电路图　由逻辑符号及它们之间的连线而构成的图形。

［例1］写出如图3-6所示逻辑图的函数表达式。

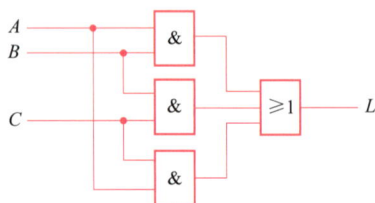

**图3-6　逻辑电路图**

解：可由输入至输出逐步写出逻辑表达式

$$L = AB + BC + AC$$

［例2］画出下列函数表达式的逻辑图。

$$L = A\cdot B + \overline{A}\cdot\overline{B}$$

解：可用两个非门、两个与门和一个或门组成，见图3-7。

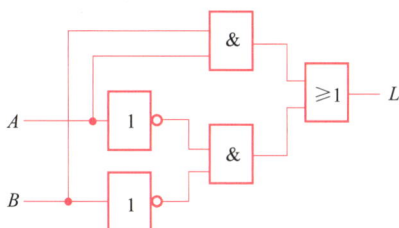

图3-7　逻辑电路图

## 二、信号报警和联锁保护系统

信号报警及联锁保护系统是现代化生产过程中非常重要的组成部分，是保证安全生产的重要措施之一。其作用是对生产过程状况进行自动监视，当某些工艺变量达到或超过某一规定数值时，或者生产运行状态发生异常变化时，采用灯光和声音的方式提醒操作人员注意，如图3-8所示，此时生产过程已处于临界状态或危险状态，必须采取相应措施恢复正常生产。

（1）信号报警和联锁保护系统组成

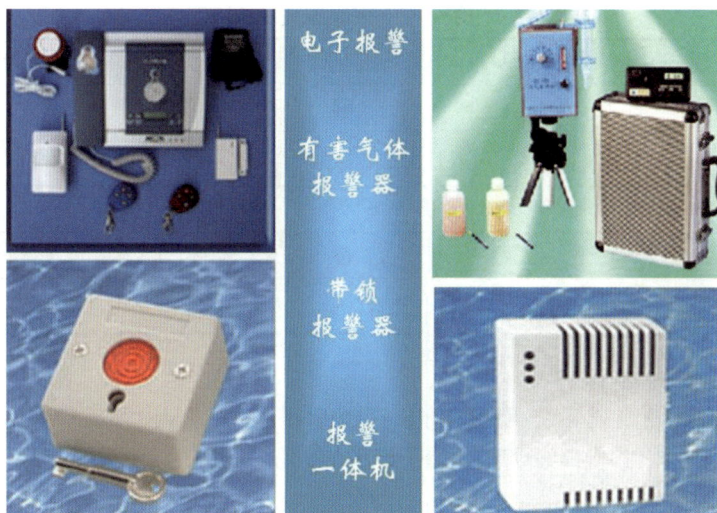

图3-8　化工生产中常见报警设备

① 检测元件。主要包括工艺变量、设备状态检测接点、控制盘开关、按钮、选择开关以及操作指令等。它们主要起到变量检测和发布指令的作用。

② 执行元件。主要包括报警显示元件（灯、笛等）和操纵设备的执行元件（电磁阀、电动机、启动器等）。这些元件由系统的输出信号驱动。

③ 数字逻辑元件。根据输入信号进行逻辑运算，并向执行元件发出控制信号。

（2）信号报警的类型

① 位置信号。一般用以表示被监督对象的工作状态，如阀门的开关，接触器的断开。

② 指令信号。把预先确定的指令从一个车间、控制室传递到其他的车间或控制室。

③ 保护作用信号。用以表示某自动保护或联锁系统的工作状况的信息。当工艺变量不等于规定数值时进行报警，如表3-1和表3-2所示。

表 3-1　DCS 报警信息一览表

| 日期 | 时间 | 仪表号 | 检测点 | 报警状态 | 超限值 |
|---|---|---|---|---|---|
| ■10-21 | 08:00:45 | LI103 | D-101 LEVEL | PVLO | 5.00 |
| ■10-21 | 08:00:45 | LI102 | D-101 LEVEL | PVLO | 30.00 |
| ■10-21 | 08:00:45 | LI101 | T-101 LEVEL | PVLO | 15.00 |
| ■10-21 | 08:00:45 | PI101 | T-101 TOP PRESS | PVLO | 1.10 |
| ■10-21 | 08:00:45 | TI103 | E-102 TO D-101 TEMP | PVHI | 10.00 |
| ■10-21 | 08:00:45 | FI107 | T-102 TO D-101 FLOW | PVLO | 8.00 |
| ■10-21 | 08:00:45 | TIC103 | E-102 TO D-101 TEMP | PVHI | 10.00 |
| ■10-21 | 08:00:45 | LIC104 | T-102 LEVEL | PVLO | 15.00 |
| ■10-21 | 08:00:45 | LIC101 | T-101 LEVEL | PVLO | 15.00 |

表 3-2　一般（不）闪光报警系统的工作表

| 状态 | 报警灯 | 音响器 |
|---|---|---|
| 正常 | 灭　● | 不响 |
| 异常 | 闪光　● | 响　🔈 |
| 确认 | 平光　● | 不响 |
| 恢复正常 | 灭　● | 不响 |
| 试验 | 全亮　● | 响　🔈 |

（3）联锁保护的内容（图 3-9）

① 工艺联锁。由于工艺系统某变量超限而引起联锁动作，称为工艺联锁。如合成氨装置中，锅炉给水流量越过下限时，自动开启备用透平给水，实现工艺联锁。

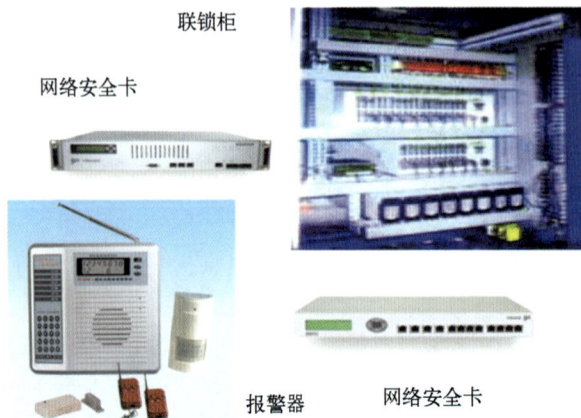

图 3-9　化工生产中常用联锁元器件

② 机组联锁。运转设备本身或机组之间的联锁，称为机组联锁。例如合成氨装置中合成气压缩机停车系统，有冰机停、压缩机轴位移等 22 个因素与压缩机联锁，都会停压缩机。

③ 程序联锁。程序联锁可确保按规定程序或时间次序对工艺设备进行自动操作。例如锅炉引火烧嘴检查与回火脱火时中断燃料气的联锁。

④ 各种泵机的开停。单机受联锁触点的控制。

（4）联锁逻辑图　如图 3-10 所示，用数字逻辑电路来实现工艺要求的联锁逻辑触发。

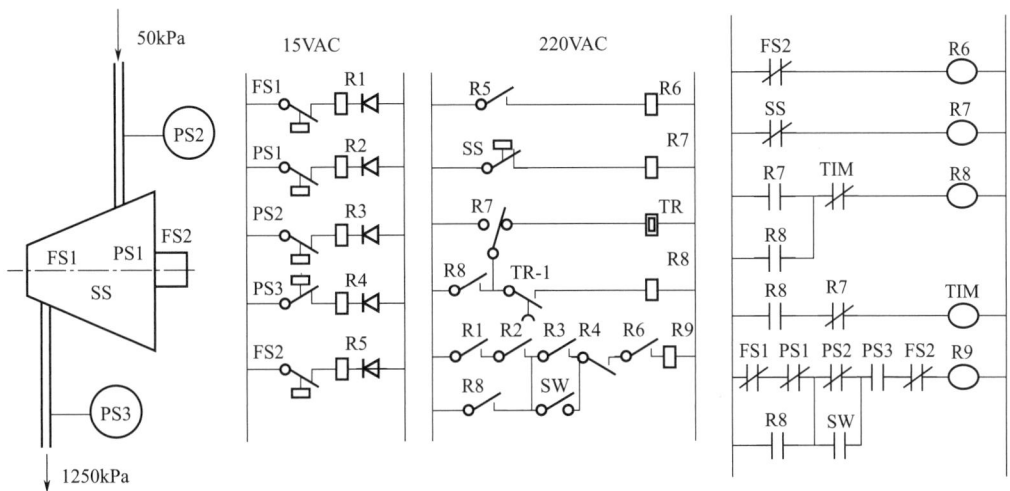

（a）压缩机联锁点示意图　　　（b）压缩机启动和联锁保护继电线路图　　　（c）在PLC上实现联锁线路的梯形图

图 3-10　化工生产中的压缩机联锁保护系统逻辑示意图

（5）联锁系统的作用

① 信号报警。

② 调度指挥生产。

③ 利用信号联锁实现生产的自动化或半自动化。

④ 利用信号联锁实现简单的顺序或程序控制。

⑤ 对生产过程中的不正常运行状态进行监控。

（6）联锁检修注意事项　联锁检修的时候首先要将准备检修的项目投旁路。对于没有旁路的要将前端模块打手动，不能因为检修时的误动作导致联锁动作。在联锁调试阶段一定要先将最终输出模块投手动，不能因调试联锁导致机泵等现场设备开启或者停止。另外还要注意，有的输入不仅是一个联锁单元的输入，也可能是几个或者好几个联锁单元同时输入，在调试之前这些必须都确认清楚。

## 任务实施

## 一、安全教育

穿戴好个人防护用品进入实训（生产）场所（图 3-11）。由于在数字逻辑电路连接过程中有相关电路连接，涉及一些电气设备和元件的使用和操作，因此在开始实训之前，必须开展安全教育活动，明确工作环境和工作任务中可能存在的安全隐患和必要的防护措施，并签署该工作任务安全须知确认单。

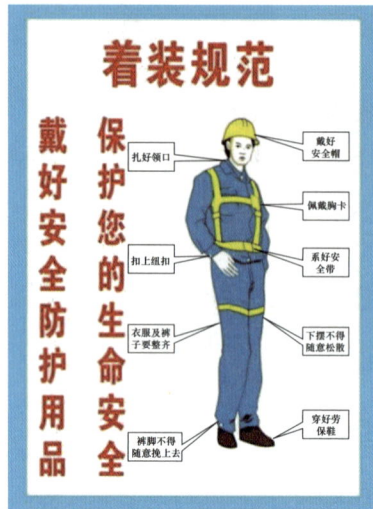

图 3-11 个人防护用品规范穿戴示意图

## 二、所需仪器设备和工具

所需仪器设备和工具见表 3-3。

表 3-3 仪器设备使用清单

| 设备名称 | 型号 |
| --- | --- |
| 数字逻辑电路实验台 | DAJ3-HB |
| 十字螺丝刀 | 1把 |
| 一字螺丝刀 | 1把 |
| 导线 | 若干 |

## 三、熟悉现场工艺

碳二加氢中试装置现场工艺见图 3-12。

## 四、工作内容与步骤

### 1. 任务要求

乙烯加氢脱炔反应工段的工艺流程如图 3-12 所示，在正常生产过程中会遇到反应釜温度过高或者压力过高的不安全状况，因此工艺要求在主反应釜温度过高时，温度报警信号通过逻辑电路去触发联锁保护开关闭合，从而启动联锁保护系统，以保证设备的安全。要求学习者根据工艺要求利用 CD4011（四输入与非门）芯片自己设计电路（图 3-13），实现相应的逻辑功能。

塔 R-101 的底部、中部和顶部有三个温度测量点 TISA1003C、TISA1003B 和 TISA1003A（都属于联锁高值报警的温度控制点），在满足一定条件时会产生逻辑 1 的触发信号，启动带联锁功能的气动薄膜调节阀 PV1001 全开（放空，去火炬系统），用于装置降压，保护设备和操作人员的安

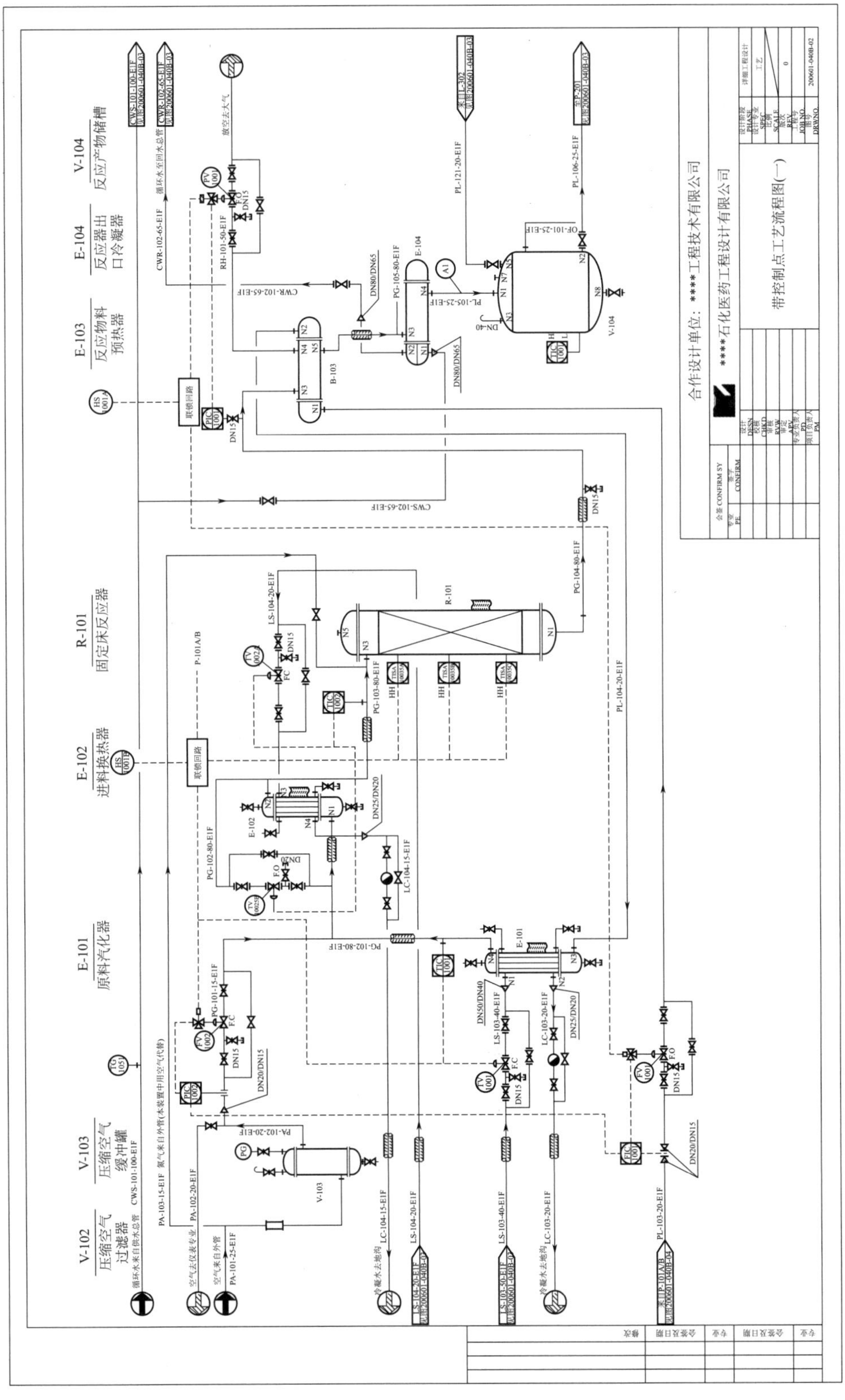

图 3-12　碳二加氢中试装置现场工艺流程图

全。具体要求如下：

① TISA1003A 超过温度上限值（产生逻辑 1），另外两个 TISA1003B 和 TISA1003C 中任何一个超过温度上限值（产生逻辑 1），或者都同时超过温度上限值，那么输出触发信号启动联锁。

② TISA1003A 没有超过温度上限值，另外两个 TISA1003B 和 TISA1003C 中任何一个超过温度上限值（产生逻辑 1），或者都同时超过温度上限值，那么也不会输出触发信号启动联锁。

③ 在 TISA1003A、TISA1003B 和 TISA1003C 都不超过温度上限值时，不会输出触发信号启动联锁。

④ 如果只有 TISA1003A 超过温度上限值（产生逻辑 1），不会输出触发信号启动联锁；

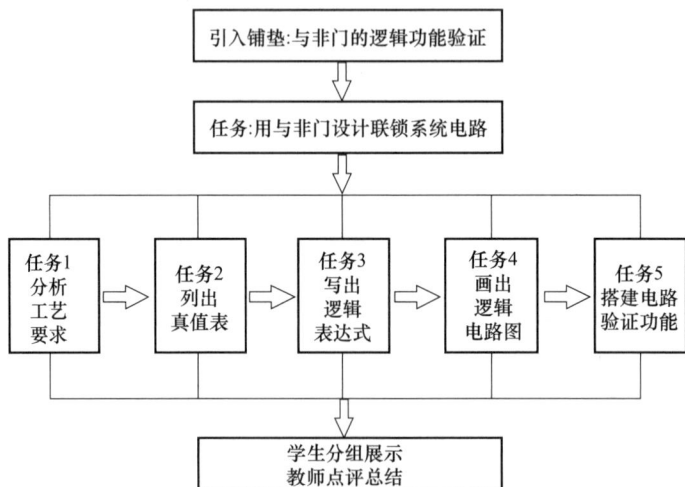

图 3-13　教学设计流程图

2. 操作步骤

（1）分析工艺要求　根据三个温度信号之间的逻辑关系先列出真值表（设 TISA1003A 为变量 $A$、TISA1003B 为变量 $B$、TISA1003C 为变量 $C$，$Y$ 等于逻辑 1 表示温度超上限，$Y$ 等于逻辑 0 表示温度没有超上限）。

（2）列出真值表（表 3-4）。

表 3-4　联锁触发逻辑真值表

| $A$ | $B$ | $C$ | $Y$ |
| --- | --- | --- | --- |
| 0 | 0 | 0 | 0 |
| 0 | 0 | 1 | 0 |
| 0 | 1 | 0 | 0 |
| 0 | 1 | 1 | 0 |
| 1 | 0 | 0 | 0 |
| 1 | 0 | 1 | 1 |
| 1 | 1 | 0 | 1 |
| 1 | 1 | 1 | 1 |

（3）写出逻辑表达式：$Y=\overline{\overline{AB}\cdot\overline{AC}}$。

（4）画出逻辑电路图（图 3-14）。

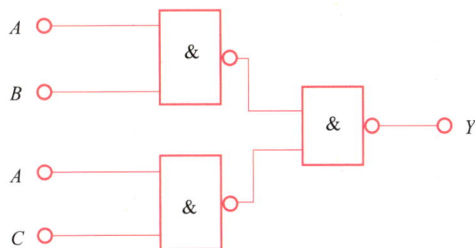

图 3-14  逻辑电路图

（5）搭建电路，验证功能（图 3-15）。

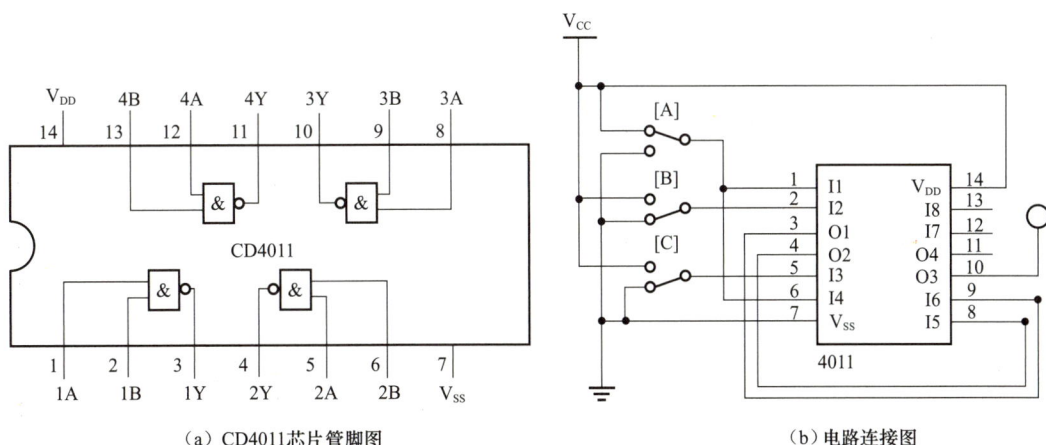

（a）CD4011芯片管脚图　　　　　　（b）电路连接图

图 3-15  电路连接图

## 五、数据记录（表 3-5）

表 3-5  实验结果数据记录表（范例）

| 输入 | | | 输出 | | |
|---|---|---|---|---|---|
| $A$ | $B$ | $C$ | 逻辑值 | 灯 | 电压 |
| 0 | 0 | 0 | 0 | 不亮 | 0V |
| 0 | 0 | 1 | 0 | 不亮 | 0V |
| 0 | 1 | 0 | 0 | 不亮 | 0V |
| 0 | 1 | 1 | 0 | 不亮 | 0V |
| 1 | 0 | 0 | 0 | 不亮 | 0V |
| 1 | 0 | 1 | 1 | 亮 | 5V |
| 1 | 1 | 0 | 1 | 亮 | 5V |
| 1 | 1 | 1 | 1 | 亮 | 5V |

## 六、考核评价内容

（1）按照安全规范进行 PPE 的穿戴和个人防护。

（2）根据工艺联锁功能要求正确列出真值表。

（3）正确绘制数字逻辑门电路。

（4）选择合适的电路元件构建数字逻辑联锁电路。

（5）正确实现工艺要求的联锁逻辑功能。

# 任务二 安全仪表系统（SIS）的调试运行

## 任务描述

在深入学习安全仪表系统 SIS 的基础上，能结合工艺过程和要求分析现有装置 SIS 的架构、工作原理和各种保护功能的实现。

**学习目标**

知识目标：① 了解安全仪表系统（SIS）的概念和组成。

② 熟悉安全仪表系统（SIS）的特点、设计原则、分类和应用。

技能目标：能结合工艺过程和要求分析现有装置 SIS 的架构和工作原理。

素养目标：① 具备逻辑分析能力。

② 具备看懂 SIS 逻辑联锁图的能力。

③ 培养面对装置异常情况时，能沉着冷静规范操作安全仪表系统进行应对的能力。

## 知识准备

## 一、安全仪表系统的基本概念

安全仪表系统（safety instrument system，SIS）是用来实现一个和多个安全仪表功能的控制系统（图 3-16）。安全仪表系统的设计是为了应对生产过程中本身发生的危险情况，在工艺生产过程或生产装置中发现潜在的危险工况或出现各种危险条件时，安全仪表系统必须按照预先设定的程序，及时输出安全保护指令，使工艺过程或生产装置回到安全状态，以防止任何危险的发生或减轻事故后果，最终保证人员、设备和环境的安全。

### 1. SIS 的构成

安全仪表系统主要由测量单元、逻辑控制单元和执行单元，再配合相应的软件组成。通常与基本过程控制系统（如 DCS 系统）有通信要求，共同组成生产装置的过程仪表控制系统。

### 2. SIS 的安全生命周期

安全仪表系统的安全生命周期也是一个非常重要的概念，要保证工艺装置的安全生产运行，不但要选择合适的控制系统，而且对工艺过程的风险评估、安全系统等级划分和控制系统的维护管理也非常重要。

SIS 的整个安全生命周期可分为分析、工程实施及操作维护三大阶段。在分析阶段，要辨识工艺过程的潜在危险，并对其后果和可能性进行分析，以便确定过程风险及必要的风险降低要求。

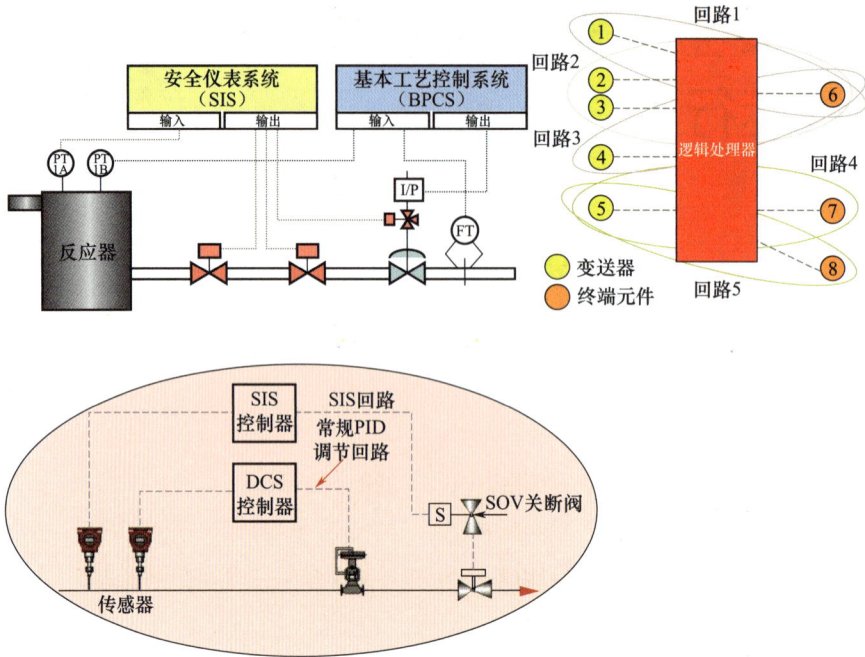

图 3-16　安全仪表系统的结构和工作原理示意图

工程实施阶段主要完成 SIS 的工程设计、仪表选型，安全逻辑控制器的硬件配置、软件组态以及系统集成，完成操作和维护人员的培训，完成 SIS 的安装和调试，以及 SIS 的安全验证。操作维护阶段在整个安全生命周期中时间区间最长，包括操作和维护、修改和 SIS 的停用。

如图 3-17 所示，在 SIS 设计选型后，要根据可靠性数据和操作模式，对安全仪表功能的危险失效概率或危险失效频率进行计算，评定是否满足目标安全仪表的功能安全要求。这是保证必要的风险降低和功能安全仪表功能安全的重要环节。同时，在 SIS 运行后，日常维护、修改管理、周期性检验测试、功能安全审计等也是功能安全的核心工作。

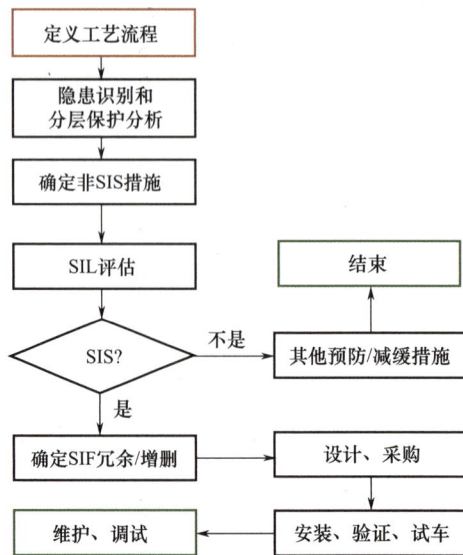

图 3-17　SIS 运行逻辑流程图

### 3. SIS 的相关专业术语

① 安全仪表功能（safety instrument function，SIF）：具有特定安全完整性等级（SIL 等级）的，用于达到功能安全的安全仪表功能。

② 故障（fault）：使功能单元执行要求之功能的能力降低或失去其能力的异常状况。

③ 失效（failure）：功能单元执行一个要求功能之能力的终止。

④ 危险失效（dangerous failure）：使安全相关系统处于潜在的危险或丧失功能状态的失效。

⑤ 安全失效（safe failure）：不可能使安全相关系统处于潜在的危险或丧失功能状态的失效。

⑥ 容错（fault tolerance）：在出现故障或误差的情况下，功能单元继续执行安全功能的能力。

⑦ 冗余（redundancy）：使用多个元素和系统执行同一个功能。

⑧ 表决（voting）：指冗余系统中用多数原则将每个支路的数据进行比较和修正，从而最后确定结论的一种机理。

⑨ 可用性（availability）：系统可以使用工作时间的概率。

⑩ 可靠性（reliability）：系统在规定时间间隔内发生故障的概率。

⑪ 风险（risk）：发生伤害的可能性与这一伤害的严重性的组合。

⑫ MTTF：平均无故障时间。

⑬ MTTR：平均修复时间。

⑭ MTBF：平均故障间隔时间。

## 二、安全仪表系统的特点和设计原则

### 1. 特点

① SIS 能够检测潜在的危险故障，具有高安全性。

② SIS 需符合国际安全标准规定的仪表安全标准，从系统开发阶段开始，要接受第三方认证机构的审查，取得认证资格，系统方可投入实际运行。

③ SIS 自诊断覆盖率大，诊断覆盖率是指可在线诊断出的故障占系统全部故障的百分数。

④ SIS 由采取冗余逻辑表决方式的输入单元、逻辑结构单元和输出单元 3 部分组成系统，逻辑表决的应用程序修改容易，特别是可编程型 SIS，根据工程实际修改软件即可。

⑤ SIS 设计特别重视从传感器到最终执行机构所组成的系统整体的安全性保证，具有 I/O 断线、短路等的监测功能。

### 2. 设计原则

① 原则上应独立设置（含检测和执行单元）。

② 中间环节最少。

③ 应为故障安全型。

④ 采用冗余容错结构。

### 3. SIS 的故障安全原则

组成 SIS 的各环节自身出现故障的概率不可能为零，且供电、供气中断亦可能发生。

当由于内部或外部原因使 SIS 失效时，被保护的对象（装置）应按预定的顺序安全停车，自动转入安全状态，这就是故障安全（fault to safety）原则。具体体现如下：

① 现场开关仪表选用常闭接点，工艺正常时，触点闭合，达到安全极限时触点断开，触发联锁动作，必要时采用"二选一""二选二"或"三选二"配置。

② 电磁阀采用正常励磁，联锁未动作时，电磁阀线圈带电，联锁动作时断电。

③ 送往电气配室用以开/停电机的接点用中间继电器隔离，其励磁电路应为故障安全型。

④ 作为控制装置（如 PLC）"故障安全"意味着当其自身出现故障而不是工艺或设备超过极限工作范围时，至少应该联锁动作，以便按预定的顺序安全停车（这对工艺和设备而言是安全的）；进而应通过硬件和软件的冗余和容错技术，在过程安全时间（process safety time，PST）内检测到故障，自动执行纠错程序，排除故障。

### 4. SIS 与 DCS 的区别

① 系统的组成：DCS 一般是由人机界面操作站、通信总线及现场控制站组成；而 SIS 系统是由传感器、逻辑解算器和最终元件三部分组成。

② 实现功能：DCS 用于过程连续测量、常规控制（连续、顺序、间歇等）、操作控制管理使生产过程在正常情况下运行至最佳工况；而 SIS 是超越极限安全即将工艺、设备转至安全状态。

③ 工作状态：DCS 是主动的、动态的，它始终对过程变量连续进行检测、运算和控制，对生产过程进行动态控制确保产品质量和产量；而 SIS 是被动的、休眠的。

④ 安全级别：DCS 安全级别低，不需要安全认证；而 SIS 系统级别高，需要安全认证。

⑤ 应对失效方式：DCS 大部分失效都是显而易见的，其失效会在生产的动态过程中自行显现，很少存在隐性失效；SIS 失效就没那么明显了，因此确定这种休眠系统是否还能正常工作的唯一方法，就是对该系统进行周期性的诊断或测试。因此安全仪表系统需要人为地进行周期性的离线或在线检验测试，而有些安全系统则带有内部自诊断。

### 5. SIS 的作用与地位

如图 3-18 所示，在流程工业生产运行过程中，DCS、SIS、FGS 共同构成一整套完整的自动控制与安全保护系统，它们的作用既相辅相成，又相对独立。

DCS 作为基本过程控制系统，主要对生产指标进行实时连续监控和调节，同时，DCS 也对工艺风险起到了第一道防护和报警提示的作用；SIS 系统对工艺风险起到了第二道防护作用，其结果是安全联锁停车，使工艺装置回到安全状态，避免事故的发生；FGS 的作用是降低事故发生后的危害程度。

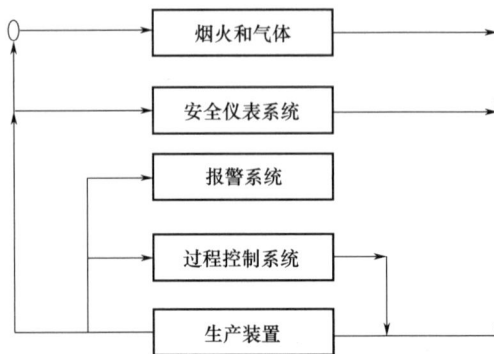

图 3-18 SIS 控制生产过程示意图

## 三、安全仪表系统的分类和应用

### 1. SIS 的分类

目前的流程工业领域对安全仪表系统非常重视，大部分装置都使用了安全 PLC 系统，只有极个别的应用因点数非常少或老装置未改造，仍然使用继电器联锁逻辑保护或固态电路系统，但就其功能和作用而言都属于安全仪表系统。

（1）继电器控制系统　继电器控制系统的逻辑功能由传统的继电器来完成的，比如控制时间，就有相应的时间继电器。

继电器的控制是采用硬件接线实现的，利用继电器机械触点的串联或并联及延时继电器的滞后动作等组合形成控制逻辑，只能完成既定的逻辑控制，通过重新接线来重新编程。

继电器控制系统在投运较早的老装置中使用较为普遍。一般设置辅助操作面板，其中有重要的工艺参数指示和报警、手动停车及复位、投运按钮等部分，而对于大型机组等设备的运行状况和保护，也引入主控制室显示和报警，停车保护则一般采用设备自带的特殊仪表系统来完成。

（2）固态电路系统　采用模块结构，采用独立固态器件，通过硬接线来构成系统，实现逻辑功能，其特点是结构紧凑，可进行在线测试，易于识别故障，易于更换和维护，可进行串行通信，可配置成冗余系统，但灵活性不够，逻辑修改或扩展必须改变系统硬接线，大系统操作费用较高，可靠性不如继电器系统。

（3）可编程逻辑控制器（PLC）　可编程逻辑控制器采用一类可编程的存储器，用于存储内部程序，执行逻辑运算、顺序控制、定时、计数与算术操作等面向用户的指令，并通过数字或模拟式输入/输出控制各种类型的机械或生产过程。

如图3-19所示，PLC的硬件结构基本上与微型计算机相同，包括电源、中央处理单元（CPU）、存储器、输入输出接口电路、功能模块、通信模块。其控制逻辑是以程序方式存储在内存中，要改变控制逻辑，只需改变程序即可。

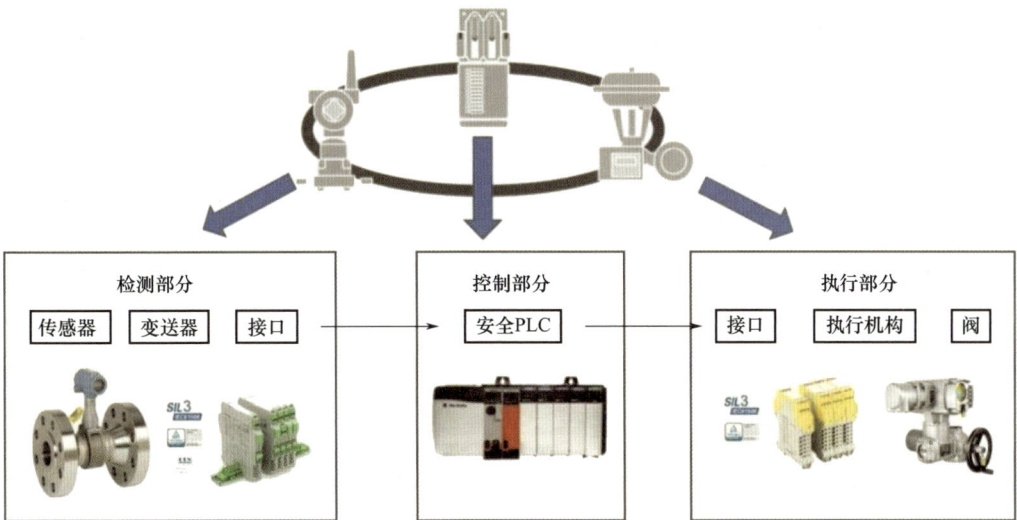

图 3-19　PLC 控制系统组成

## 2. SIS 的应用

安全仪表系统用于保护各类生产过程中人身、设备、财产和环境的安全，主要应用领域包括：
① 石油化工装置。
② 化工装置。
③ 石油液化气开采（平台）、油气输送和存储。
④ 电力、锅炉、核电。

⑤ 交通、冶金、环保、汽车制造。

⑥ 大型机械、旋转设备。SIS 应用示意见图 3-20。

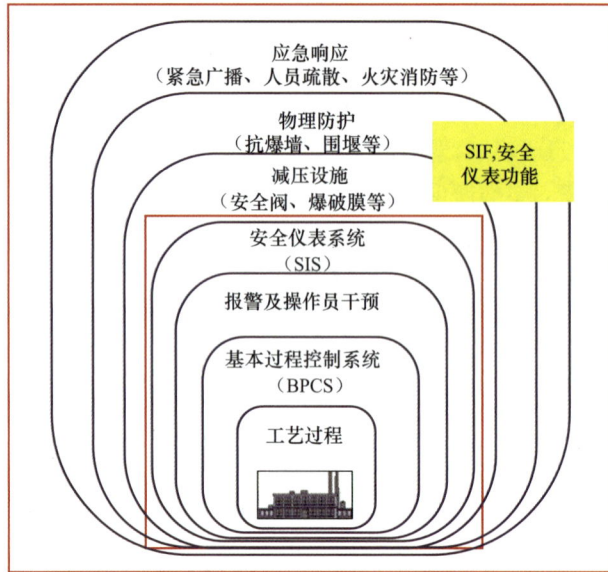

图 3-20　SIS 应用示意图

◆ 应用举例 1

该项目储罐压力安全系统（图 3-21）包括（其中安全继电器也是重要的组成部分）：

检测部分：传感器、变送器、接口。

控制部分：安全 PLC。

执行部分：执行机构、阀门、接口。

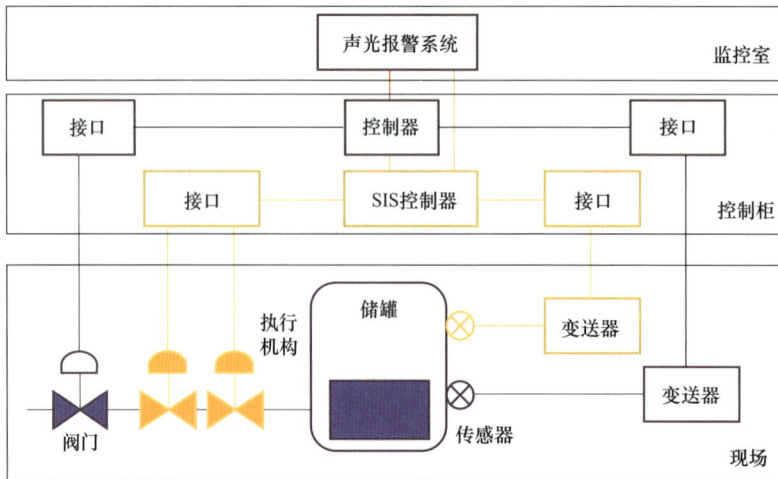

图 3-21　储罐压力 SIS 安全保护系统组成

◆ 应用举例 2

如图 3-22 所示，这是一个塔压联锁保护电路。当塔压正常时，X 闭合，YFJ 得电，YFJ-1 常开闭合。当按下 QA 后 ZJ 得电，一方面 ZJ-1 常开触头闭合形成自锁，另一方面 ZJ-2 常开触头闭合，使电磁阀DCF的线圈得电，以致A、C通；B、C断，实现正常操作。

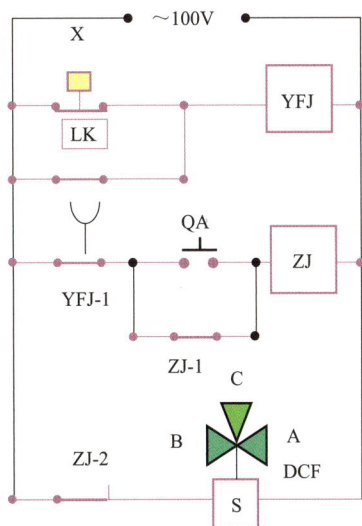

图3-22　塔压联锁保护电路（塔压正常）

当塔压越限时：则出现相反的情况，即B、C通，A、C断。如图3-23所示，气信号放空，气开阀关闭，停止加热，塔压下降，以保证安全。

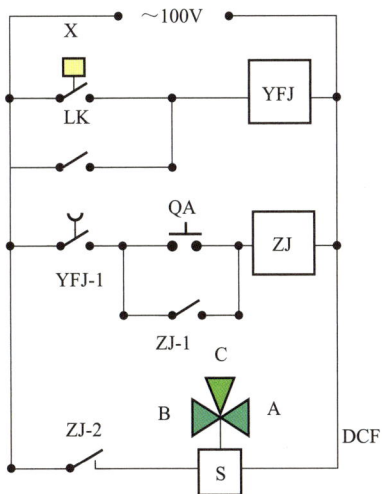

图3-23　塔压联锁保护电器（塔压越限）

◆ 应用举例3

如图3-24所示的安全仪表系统，该系统由一个压力变送器、一个阀门和一个安全PLC组成SIS。压力变送器检测容器内压力并将其变换成合适的信号传送给安全PLC，安全PLC进行判断若压力超过了额定值，则打开阀门以降低容器内压力，这被称为安全系统的一个安全功能。很明显例子中仪表安全系统只有一个安全功能。如果三个设备有一个或多个失效，安全功能将失效，即它将不能对压力容器内压力进行限制。因此安全仪表系统的安全性能由传感器、逻辑解算器和执行器三部分功能决定。SIS安全功能实际上讲的是让SIS执行什么样的安全任务，如何保护受控设备。

当反应器温度及压力超高达到危险状
态时都要停车,关断进料阀。

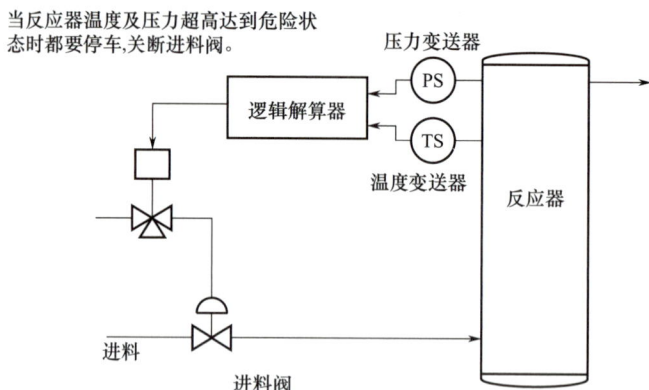

图 3-24　SIS 中的压力联锁保护

### 3. SIS 的发展现状及趋势

安全仪表系统的发展就控制系统本身的类型来看,经历了继电器到固态逻辑到单一 PLC 到冗余 PLC 的安全认证系统等类型的升级换代。目前大部分新建的有安全 SIL 等级要求的工艺生产装置都使用了经过安全认证的 PLC 系统。对 SIL3 等级的系统,如需要中间继电器,该继电器一般也要求有安全认证。

安全仪表系统的应用领域也越来越广,从国际和国内来看,人们对安全和环保的认识不断提高,所以对安全保护相关设备的要求也不断提高。目前,安全仪表系统在油气开采、油气运输、各种石油化工装置、电力、锅炉、核电、交通、冶金、环保、汽车制造、大型机械等工业领域都是必须配置的系统。

安全仪表系统就其功能设置的要求也越来越严格,比如,早期的安全联锁系统可能会用 DCS 系统来实现部分联锁系统功能,随着国际电工委员会（International Electrotechnical Commission,IEC）等国际标准在国内的应用推广,人们从理论层面对安全标准的认识和理解提高一大步,另外,人们从以往装置事故的惨痛教训中总结出经验,不但要配置安全仪表系统,而且应把安全仪表系统和 DCS 系统根据软硬件功能独立设置。

根据以上 SIS 的发展历程,不难看出,SIS 的发展一定向智能化、一体化的趋势发展,随着工厂安全一体化网络应用的增多,SIS 网络安全管理的需求也会越来越受重视。同时,与 SIS 系统相关的整个安全生命周期各阶段的工作内容也会越来越受重视,要求更加规范严格。

大多石油和化工生产过程具有高温、高压、易燃、易爆、有毒等危险。当某些工艺参数超出安全极限,未及时处理或处理不当时,便有可能造成人员伤亡、设备损坏、周边环境污染等恶性事故。这也就是说,从安全的角度出发,石油和化工生产过程自身存在着固有的风险。

总之,SIS 是一种经专门机构认证,具有一定安全完整性水平,用于降低生产过程风险的仪表安全保护系统。它不仅能响应生产过程因超过安全极限而带来的风险,而且能检测和处理自身的故障,从而按预定条件或程序使生产过程处于安全状态,以确保人员、设备及工厂周边环境的安全。

**巩固练习**

### 1. 选择题

（1）逻辑元件的真值表为（　　　）。

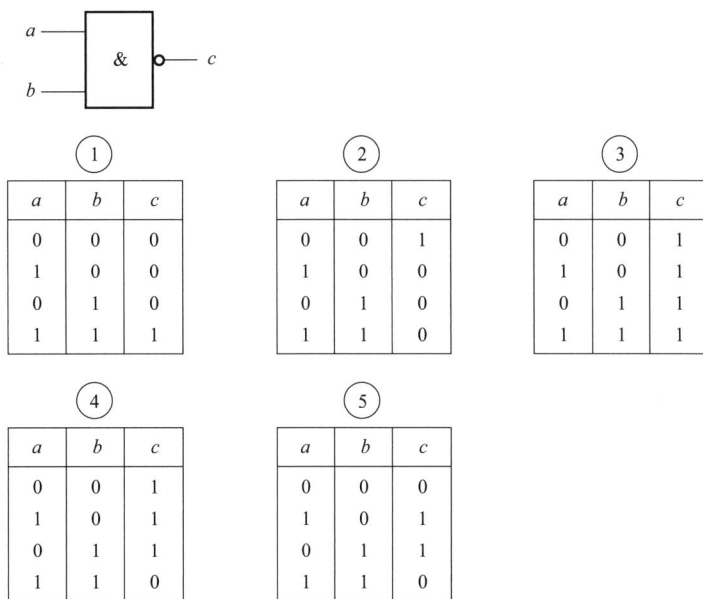

| ① | | |
|---|---|---|
| $a$ | $b$ | $c$ |
| 0 | 0 | 0 |
| 1 | 0 | 0 |
| 0 | 1 | 0 |
| 1 | 1 | 1 |

| ② | | |
|---|---|---|
| $a$ | $b$ | $c$ |
| 0 | 0 | 1 |
| 1 | 0 | 0 |
| 0 | 1 | 0 |
| 1 | 1 | 0 |

| ③ | | |
|---|---|---|
| $a$ | $b$ | $c$ |
| 0 | 0 | 1 |
| 1 | 0 | 1 |
| 0 | 1 | 1 |
| 1 | 1 | 1 |

| ④ | | |
|---|---|---|
| $a$ | $b$ | $c$ |
| 0 | 0 | 1 |
| 1 | 0 | 1 |
| 0 | 1 | 1 |
| 1 | 1 | 0 |

| ⑤ | | |
|---|---|---|
| $a$ | $b$ | $c$ |
| 0 | 0 | 1 |
| 1 | 0 | 1 |
| 0 | 1 | 1 |
| 1 | 1 | 0 |

（2）下面逻辑元件中（　　　）具有与草图所示电路相同的功能。

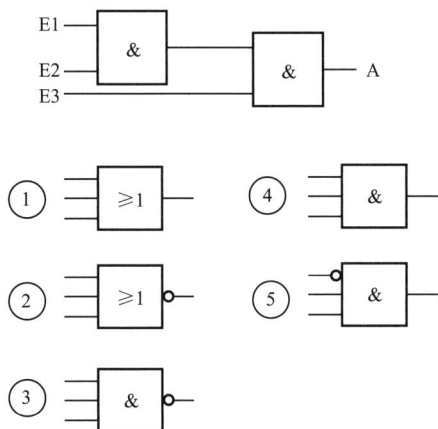

（3）下面给出的真值表属于（　　　）逻辑元件。

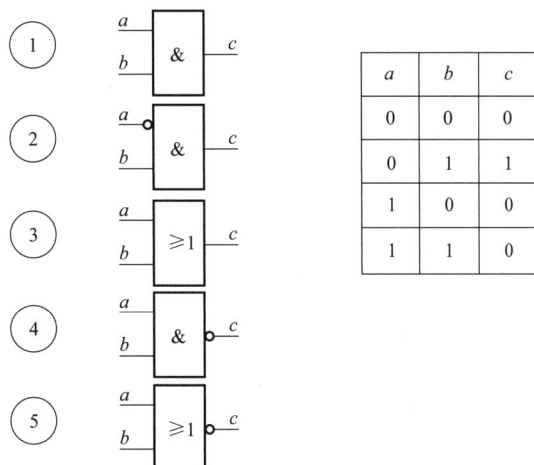

| $a$ | $b$ | $c$ |
|---|---|---|
| 0 | 0 | 0 |
| 0 | 1 | 1 |
| 1 | 0 | 0 |
| 1 | 1 | 0 |

（4）以下逻辑图所代表的逻辑函数表达式为（　　　）。

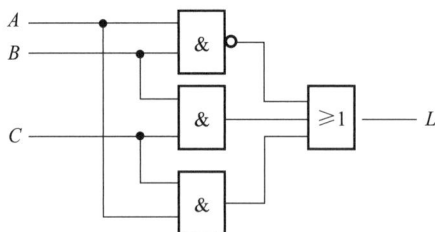

A. $AB+\overline{BC}+AC$ 　　　　B. $A+B+\overline{AC}$ 　　　　C. $\overline{AB}+BC+AC$ 　　　　D. $\overline{AC}+BC+AB$

（5）LICA-02 表示（　　）。

　　A. 位号为 02 的液位显示控制报警　　　　B. 位号为 02 的流量显示控制报警

　　C. 位号为 02 的温度显示控制报警　　　　D. 位号为 02 的压力显示控制报警

（6）联锁保护系统中的报警信息 NR 表示（　　　）。

　　A. 正常　　　　　　　B. 高限　　　　　　　C. 低限　　　　　　　D. 高高限

（7）联锁保护系统中的报警信息 HH 表示（　　　）。

　　A. 正常　　　　　　　B. 高限　　　　　　　C. 低限　　　　　　　D. 高高限

2. 判断题

（1）信号报警起到自动监视的作用，当工艺参数超限或运行状态异常时，以声光的形式发出警报。　　　　　　　　　　　　　　　　　　　　　　　　　　　　　　（　　　）

（2）自动信号报警系统和联锁保护系统是保证生产安全的重要措施之一。　（　　　）

（3）联锁是二进制的逻辑控制，即通过逻辑运算产生二进制输出信号来进行控制。（　　　）

（4）联锁系统中的电磁阀通常在通电状态下工作。　　　　　　　　　　　（　　　）

（5）联锁保护系统中的报警信息 LL 表示低限报警。　　　　　　　　　　（　　　）

3. 简答题

（1）简述联锁保护系统的基本组成。

（2）解释工艺生产过程中联锁的概念和作用。

（3）概述安全仪表系统（SIS）的组成、作用和应用举例。

4. 分析题

（1）在某个化工生产过程中由热电阻 Cu100 采集到的某温度监测点的实时温度在一天 24h 中的变化曲线（每隔一个小时采集一次温度数据）如下图所示：

a. 图中给出了第一个小时（20℃）和第二个小时（19℃）两个点的 A/D 转换后的数字信号的数值，试在图中完成剩余 22 个数据点的 A/D 转换后的数字信号值；

b. 简述热电阻的工作原理；

c. 热电阻的分度号 Cu100 表示什么意思？其测温范围一般为多少？

d. 铜热电阻能用来测量 200℃ 以上的温度吗？为什么？

（2）泵 PL2 的运行由一个控制系统自动进行。

在以下情况下，泵运行（$A=1$）

——泵通过开关S1接通（$E1=1$）；

——不低于反应器BR1中料位极限值LISL 501（$E2=0$）；

——不超过搅拌容器BR2中的料位极限值LISH 502（$E3=0$）；

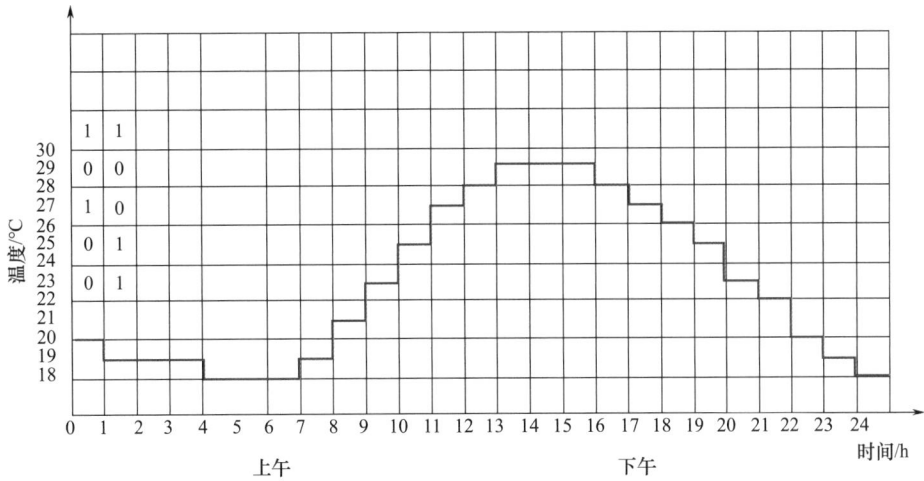

温度和时间的关系图（采样量化曲线）

——不超过泵PL2的温度极限值TISH 210（$E4 = 0$）；

——泵用开关S2接通，与启动条件无关（$E5 = 1$）。

请根据上述要求画出其逻辑电路图，注意此控制系统规定的信号分配。

（3）根据下面的数字逻辑电路图，填写其真值表。

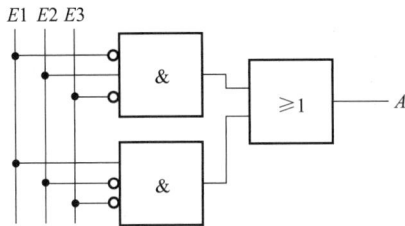

| $E1$ | $E2$ | $E3$ | $A$ |
|---|---|---|---|
| 0 | 0 | 0 | |
| 1 | 0 | 0 | |
| 0 | 1 | 0 | |
| 1 | 1 | 0 | |
| 0 | 0 | 1 | |
| 1 | 0 | 1 | |
| 0 | 1 | 1 | |
| 1 | 1 | 1 | |

📚 知识卡片

## 工业4.0——智慧工厂

智慧工厂是现代工厂信息化发展的新阶段，是在数字化工厂的基础上，利用物联网的技术和设备监控技术加强信息管理和服务；清楚掌握产销流程，提高生产过程的可控性，减少生产线上人工的干预，及时正确地采集生产线数据，以及合理地编排生产计划与生产进度，并加上绿色智能的手段和智能系统等新兴技术于一体，构建一个高效节能的、绿色环保的、环境舒适的人性化工厂。其特点体现在：

① 系统具有自主能力。可采集与理解外界及自身的资讯，并以之分析、判断及规划自身行为。

② 整体可视技术的实践。结合信号处理、推理预测、仿真及多媒体技术，实境扩增展示现实生活中的设计与制造过程。

③ 协调、重组及扩充特性。系统中各组可依据工作任务，自行组成最佳系统结构。

④ 自我学习及维护能力。透过系统自我学习功能，在制造过程中落实资料库补充、更新，及自动执行故障诊断，并具备对故障排除与维护，或通知对的系统执行的能力。

⑤ 人机共存的系统。人机之间具备互相协调的合作关系，各自在不同层次之间相辅相成。

# 学习情境四

# 计算机控制系统的调试运行

### 情境描述

常减压车间技术改造完成，设备仪表安装完毕并检查合格，施工方需要按照交工验收方案进行系统模拟试验。系统模拟试验分为三个阶段：单体仪表调试、单系统调试和全系统调试。在熟悉技术方案的情况下，合理安排系统安装与调试程序，是确保高效优质地完成安装与调试任务的关键。

# 任务一 可编程逻辑控制器（PLC）的调试运行

## 任务描述

在全面了解工艺对各生产设备的控制要求，熟悉 PLC 随机技术资料，研读设计提供的程序等前期技术准备基础上，结合 PLC 的现场安装与检查以及现场设备接线、I/O 接点及信号检查调整，根据技术文件开展系统模拟联动试验。在联机总调试过程中，将系统暴露出的传感器、执行器以及接线等硬件方面的问题，以及 PLC 的外部接线图和梯形图设计中的问题，尽可能在现场加以解决，直到完全符合要求。

学习目标

知识目标：① 了解可编程逻辑控制器的类型与组成。
② 掌握可编程逻辑控制器的工作原理和应用。

技能目标：① 会熟练完成水箱液位 PLC 控制系统的构建和投运。
② 会熟练完成管道流量 PLC 控制系统的构建和投运。

素养目标：① 具备逻辑分析能力。
② 具备规范严谨地绘制数字逻辑电路图的能力。
③ 了解先进控制技术，做到与工程实践有机融合，知行合一，培养严谨认真的作风与工程思维。

## 知识准备

随着电气控制设备，尤其是电子计算机的迅猛发展，工业生产自动化控制技术也发生了深刻的变化，可编程控制器已经成为自动化控制系统的核心器件。可编程控制器在取代传统电气控制方面有着不可比拟的优点，在自动化领域已形成了一种工业控制趋势。在化工生产中引入 PLC 技术进行自动化控制，有利于化工装置自动化控制水平得到稳步提升，使得整个化工生产具有更高的安全性，让生产效率得到充分保障。

### 一、PLC 的类型、特点与应用

PLC 是一种专门为在工业环境下应用而设计的数字运算操作的电子装置。它采用可以编制程序的存储器，用来在其内部存储执行逻辑运算、顺序运算、计时、计数和算术运算等操作的指令，并能通过数字式或模拟式的输入和输出，控制各种类型的机械或生产过程。PLC 及其有关的外围设备都应该按易于与工业控制系统形成一个整体，易于扩展其功能的原则而设计。

早期的可编程控制器只能进行逻辑控制，因此被称为可编程逻辑控制器（PLC）。随着计算机技术的发展，开始采用微处理器作为可编程控制器的中央处理单元，从而扩大了其功能，现在的可编程控制器不仅可以进行逻辑控制，还可以实现顺序控制、定时、计数和算术运算等操作及通信联网的功能。后来美国电气制造协会将它命名为可编程控制器（programmable controller，简称PC）。但 PC 这个名称已成为个人计算机（personal computer）的专称，所以现在仍然把可编程控制器简称为 PLC。

### 1. PLC 的分类

① 按产地分，可分为日系、欧美系列、韩系、中国系列等。其中日系具有代表性的为三菱、欧姆龙、松下、光洋等；欧美系列具有代表性的为西门子、AB、通用电气、德州仪表等；韩系具有代表性的为 LG；中国具有代表性的为台达合利时、浙江中控等。

② 按点数分，可分为大型机、中型机及小型机等。大型机一般 I/O 点数 > 2048 点，具有多CPU，16 位 /32 位处理器，用户存储器容量 8 ～ 16k 字，具有代表性的为西门子 S7-400 系列、通用公司的 GE- IV 系列等；中型机一般 I/O 点数为 256 ～ 2048 点，单 / 双 CPU，用户存储器容量2 ～ 8k 字，具有代表性的为西门子 S7-300 系列、三菱 Q 系列等；小型机一般 I/O 点数 <256 点，单 CPU，8 位或 16 位处理器，用户存储器容量在 4k 字以下，具有代表性的为西门子 S7-200 系列、三菱 FX 系列等。

③ 按结构分，可分为整体式和模块式。整体式 PLC 是将电源、CPU、I/O 接口等部件都集中装在一个机箱内，具有结构紧凑、体积小、价格低的特点。小型 PLC 一般采用这种整体式结构。模块式 PLC 由不同 I/O 点数的基本单元（又称主机）和扩展单元组成。基本单元内有 CPU、I/O接口、与 I/O 扩展单元相连的扩展口，以及与编程器或 EPROM 写入器相连的接口等；扩展单元内只有 I/O 和电源等，没有 CPU；基本单元和扩展单元之间一般用扁平电缆连接；整体式 PLC一般还可配备特殊功能单元，如模拟量单元、位置控制单元等，使其功能得以扩展。这种模块式PLC 的特点是配置灵活，可根据需要选配不同规模的系统，而且装配方便，便于扩展和维修。大、中型 PLC 一般采用模块式结构。还有一些 PLC 将整体式和模块式的特点结合起来，构成所谓叠装式 PLC。

④ 按功能分，可分为低档、中档、高档三类。低档 PLC 具有逻辑运算、定时、计数、移位以及自诊断、监控等基本功能；还可有少量模拟量输入 / 输出、算术运算、数据传送和比较、通信等功能；主要用于逻辑控制、顺序控制或少量模拟量控制的单机控制系统。中档 PLC 除具有低档PLC 的功能外，还具有较强的模拟量输入 / 输出、算术运算、数据传送和比较、数制转换、远程I/O、子程序、通信联网等功能；有些还可增设中断控制、PID 控制等功能，适用于复杂控制系统。高档 PLC 除具有中档机的功能外，还增加了带符号算术运算、矩阵运算、位逻辑运算、平方根运算及其它特殊功能函数的运算、制表及表格传送功能等；高档 PLC 机具有更强的通信联网功能，可用于大规模过程控制或构成分布式网络控制系统，实现工厂自动化。

### 2. PLC 的特点

① 可靠性高，抗干扰能力强。高可靠性是电气控制设备的关键性能。PLC 由于采用现代大规模集成电路技术，采用严格的生产工艺制造，内部电路采取了先进的抗干扰技术，具有很高的可靠性。一些使用冗余 CPU 的 PLC 的平均无故障工作时间则更长。从 PLC 的机外电路来说，使用PLC 构成控制系统，和同等规模的继电接触器系统相比，电气接线及开关接点已减少到数百甚至数千分之一，故障也就大大降低。此外，PLC 带有硬件故障自我检测功能，出现故障时可及时发出警报信息。在应用软件中，应用者还可以编入外围器件的故障自诊断程序，使系统中除 PLC 以外的电路及设备也获得故障自诊断保护。

② 配套齐全，功能完善，适用性强。PLC 具有大、中、小各种规模的系列化产品，可以用于各种规模的工业控制场合。除了逻辑处理功能以外，现代 PLC 大多具有完善的数据运算能力，可用于各种数字控制领域。近年来 PLC 的功能单元大量涌现，使 PLC 渗透到了位置控制、温度控制、CNC 等各种工业控制中。随着 PLC 通信能力的增强及人机界面技术的发展，使用 PLC 组成各种控制系统变得非常容易。

③ 易学易用，深受工程技术人员欢迎。PLC 作为通用工业控制计算机，是面向工矿企业的工控设备。它接口容易，编程语言易于为工程技术人员接受。梯形图语言的图形符号与表达方式和继电器电路图相当接近，只用 PLC 的少量开关量逻辑控制指令就可以方便地实现继电器电路的功能，为不熟悉电子电路、不懂计算机原理和汇编语言的人使用计算机从事工业控制打开了方便之门。

④ 系统的设计、建造工作量小，维护方便，容易改造。PLC 用存储逻辑代替接线逻辑，大大减少了控制设备外部的接线，使控制系统设计及建造的周期大为缩短，同时维护也变得容易起来。更重要的是使同一设备通过改变程序改变生产过程成为可能。这很适合多品种、小批量的生产场合。

⑤ 体积小，重量轻，能耗低。以超小型 PLC 为例，近期生产的品种底部尺寸小于 100mm，质量小于 150g，功耗仅数瓦，体积小、易装入机械内部，是实现机电一体化的理想控制设备。

### 3. PLC 的应用

目前，PLC 在国内外已广泛应用于钢铁、石油、化工、电力、建材、机械制造、汽车、轻纺、交通运输、环保及文化娱乐等各个行业。

① 开关量的逻辑控制。这是 PLC 最基本、最广泛的应用领域，它取代传统的继电器电路，实现逻辑控制、顺序控制，既可用于单台设备的控制，也可用于多机群控及自动化流水线，如注塑机、印刷机、订书机械、组合机床、磨床、包装生产线、电镀流水线等。

② 模拟量控制。在工业生产过程当中，有许多连续变化的量，如温度、压力、流量、液位和速度等都是模拟量。为了使可编程控制器处理模拟量，必须实现模拟量（analog）和数字量（digital）之间的 A/D 转换及 D/A 转换。PLC 厂家都生产配套的 A/D 和 D/A 转换模块，使可编程控制器用于模拟量控制。

③ 运动控制。PLC 可以用于圆周运动或直线运动的控制。从控制机构配置来说，早期直接用于开关量 I/O 模块连接位置传感器和执行机构，现在一般使用专用的运动控制模块，如可驱动步进电机或伺服电机的单轴或多轴位置控制模块。世界上各主要 PLC 厂家的产品几乎都有运动控制功能，广泛用于各种机械、机床、机器人、电梯等场合。

④ 过程控制。过程控制是指对温度、压力、流量等模拟量的闭环控制。作为工业控制计算机，PLC 能编制各种各样的控制算法程序，完成闭环控制。PID 调节是一般闭环控制系统中用得较多的调节方法。大中型 PLC 都有 PID 模块，目前许多小型 PLC 也具有此功能模块。PID 处理一般是运行专用的 PID 子程序。过程控制在冶金、化工、热处理、锅炉控制等场合有非常广泛的应用。

⑤ 数据处理。现代 PLC 具有数学运算（含矩阵运算、函数运算、逻辑运算）、数据传送、数据转换、排序、查表、位操作等功能，可以完成数据的采集、分析及处理。这些数据可以与存储在存储器中的参考值比较，完成一定的控制操作，也可以利用通信功能传送到别的智能装置，或将它们打印制表。数据处理一般用于大型控制系统，如无人控制的柔性制造系统；也可用于过程控制系统，如造纸、冶金、食品工业中的一些大型控制系统。

⑥ 通信及联网。PLC 通信含 PLC 间的通信及 PLC 与其它智能设备间的通信。随着计算机控

制的发展，工厂自动化网络发展得很快，各 PLC 厂商都十分重视 PLC 的通信功能，纷纷推出各自的网络系统。近期生产的 PLC 都具有通信接口，通信非常方便。

### 4. PLC 的主要性能指标

① 编程语言。PLC 常用的编程语言有梯形图、指令表、流程图及某些高级语言等。目前使用最多的是梯形图和指令表。

② I/O 总点数。PLC 的输入和输出量有开关量和模拟量两种。开关量 I/O 用最大 I/O 点数表示，模拟量 I/O 点数则用最大 I/O 通道数表示。

③ 内部继电器的种类和数目。包括普通继电器、保持继电器、特殊继电器等。

④ 用户程序存储量。用户程序存储器用于存储通过编程器输入的用户程序，其存储量通常是以字 / 字节为单位来计算。16 位二进制数为一个字，8 位为一个字节，每 1024 个字为 1k 字。中小型 PLC 的存储容量一般在 8k 字以下，大型 PLC 的存储容量有的已达 96k 字以上。通常一般的逻辑操作指令每条占一个字，数字操作指令占 2 个字。

⑤ 速度。以 ms/k 字为单位表示。例如：20ms/k 字，表示扫描 1k 字的用户程序需要的时间为 20ms。

⑥ 工作环境。一般能在下列条件下工作：温度 0 ～ 55℃，湿度小于 80％。

⑦ 特种功能。有的 PLC 还具有某些特种功能，例如自诊断功能、通信联网功能、监控功能、特殊功能模块、远程 I/O 能力等。

## 二、PLC 的基本组成

如图 4-1 所示是 PLC 控制柜，它承载着整个系统的关键硬件。

图4-1　PLC控制柜

PLC 是微机技术和继电器常规控制概念相结合的产物，它是一种工业控制用的专用计算机，由硬件系统和软件系统两大部分组成（图 4-2）。

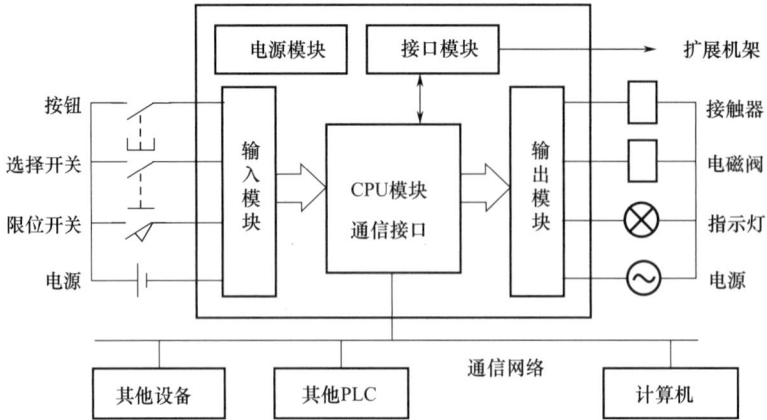

图 4-2　PLC 控制系统示意图

### （一）PLC 硬件系统

PLC 的硬件主要由中央处理器（CPU）、存储器、输入单元、输出单元、通信接口、扩展接口、电源等部分组成。CPU 是 PLC 的核心，输入单元与输出单元是连接现场输入/输出设备与 CPU 的接口电路，通信接口用于与编程器、上位计算机等外设连接。对于整体式 PLC，所有部件都装在同一机壳内；对于模块式 PLC，各部件独立封装成模块，各模块通过总线连接，安装在机架或导轨上。无论是哪种结构类型的 PLC，都可根据用户需要进行配置与组合。

### 1. 中央处理器（CPU）

同一般的微机一样，CPU 是 PLC 的核心。PLC 中所配置的 CPU 随机型不同而不同，常用的有三类：通用微处理器（如 Z80、8086、80286 等）、单片微处理器（如 8031、8096 等）和位片式微处理器（如 AMD29W 等）。小型 PLC 大多采用 8 位通用微处理器和单片微处理器；中型 PLC 大多采用 16 位通用微处理器或单片微处理器；大型 PLC 大多采用高速位片式微处理器。

目前，小型 PLC 为单 CPU 系统，而中、大型 PLC 则大多为双 CPU 系统，甚至有些 PLC 中多达 8 个 CPU。对于双 CPU 系统，一般一个为字处理器，一般采用 8 位或 16 位处理器；另一个为位处理器，采用由各厂家设计制造的专用芯片。字处理器为主处理器，用于执行编程器接口功能，监视内部定时器，监视扫描时间，处理字节指令以及对系统总线和位处理器进行控制等。位处理器为从处理器，主要用于处理位操作指令和实现 PLC 编程语言向机器语言的转换。位处理器的采用，提高了 PLC 的速度，使 PLC 更好地满足实时控制要求。

在 PLC 中 CPU 按系统程序赋予的功能，指挥 PLC 有条不紊地进行工作，归纳起来主要有以下几个方面：

① 接收与存储用户由编程器键入的用户程序和数据。

② 检查编程过程中的语法错误、诊断电源及 PLC 内部的工作故障。

③ 用扫描方式工作，接收来自现场的输入信号，并输入到输入映像寄存器和数据存储器中。

④ 在进入运行方式后，从存储器中逐条读取并执行用户程序，完成用户程序所规定的逻辑运算、算术运算及数据处理。

⑤ 根据运算结果，更新有关标志位的状态，刷新输出映像寄存器的内容，再经输出部件实现输出控制、打印制表或数据通信。

## 2. 存储器

PLC 存储器主要有两种：一种是可读 / 写操作的随机存储器 RAM，另一种是只读存储器 ROM、PROM、EPROM 和 EEPROM。在 PLC 中，存储器主要用于存放系统程序、用户程序及工作数据。

系统程序是由 PLC 的制造厂家编写的，和 PLC 的硬件组成有关，完成系统诊断、命令解释、功能子程序调用管理、逻辑运算、通信及各种参数设定等功能，提供 PLC 运行的平台。系统程序关系到 PLC 的性能，而且在 PLC 使用过程中不会变动，所以是由制造厂家直接固化在只读存储器 ROM、PROM 或 EPROM 中，用户不能访问和修改。

用户程序是随 PLC 的控制对象而定的，是由用户根据对象生产工艺的控制要求而编制的应用程序。为了便于读出、检查和修改，用户程序一般存于 CMOS 静态 RAM 中，用锂电池作为后备电源，以保证掉电时不会丢失信息。为了防止干扰对 RAM 中程序的破坏，若用户程序运行正常，不需要改变，可将其固化在只读存储器 EPROM 中。有许多 PLC 直接采用 EEPROM 作为用户存储器。

工作数据是 PLC 运行过程中经常变化、经常存取的一些数据，存放在 RAM 中，以适应随机存取的要求。在 PLC 的工作数据存储器中，设有存放输入输出继电器、辅助继电器、定时器、计数器等逻辑器件的存储区，这些器件的状态都是由用户程序的初始设置和运行情况而确定的。根据需要，部分数据在掉电时用后备电池维持其现有的状态，这部分在掉电时可保存数据的存储区域称为保持数据区。

## 3. 输入 / 输出单元

输入 / 输出单元通常也称 I/O 单元或 I/O 模块，是 PLC 与工业生产现场的连接部件。PLC 通过输入接口可以检测被控对象的各种数据，以这些数据作为 PLC 对被控对象进行控制的依据；同时 PLC 又通过输出接口将处理结果送给被控制对象，以实现控制目的。

由于外部输入设备和输出设备所需的信号电平是多种多样的，而 PLC 内部 CPU 处理的信息只能是标准电平，所以 I/O 接口要实现这种转换。I/O 接口一般都具有光电隔离和滤波功能，以提高 PLC 的抗干扰能力。另外，I/O 接口上通常还有状态指示，工作状况直观，便于维护。

PLC 提供了多种操作电平和驱动能力的 I/O 接口，有各种各样功能的 I/O 接口供用户选用。I/O 接口的主要类型有：数字量（开关量）输入、数字量（开关量）输出、模拟量输入、模拟量输出等。

常用的开关量输入接口按其使用的电源不同有三种类型：直流输入接口、交流输入接口和交 / 直流输入接口。其基本原理电路如图 4-3 所示。

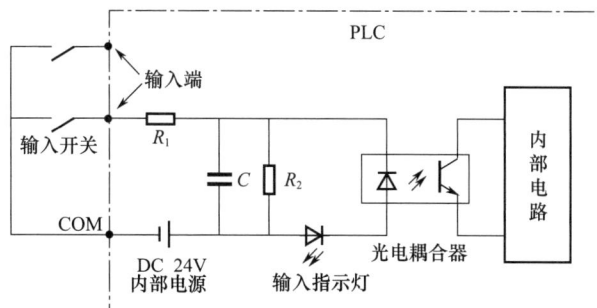

（a）直流输入

图 4-3

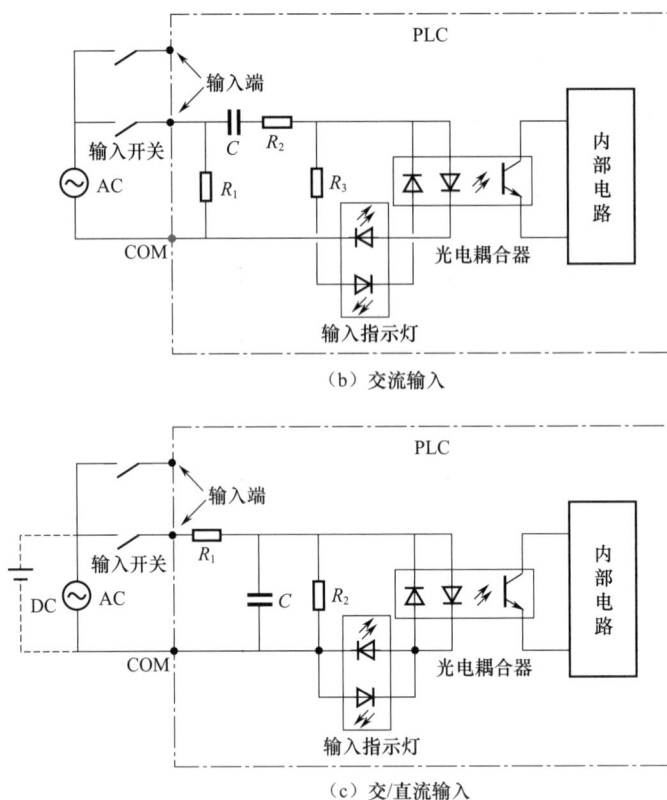

图 4-3　开关量输入接口

常用的开关量输出接口按输出开关器件不同有三种类型：继电器输出、晶体管输出和双向晶闸管输出。继电器输出接口可驱动交流或直流负载，但其响应时间长，动作频率低；而晶体管输出和双向晶闸管输出接口的响应速度快，动作频率高，但前者只能用于驱动直流负载，后者只能用于驱动交流负载。

PLC 的 I/O 接口所能接收的输入信号个数和输出信号个数称为 PLC 输入 / 输出（I/O）点数。I/O 点数是选择 PLC 的重要依据之一。当系统的 I/O 点数不够时，可通过 PLC 的 I/O 扩展接口对系统进行扩展。

### 4. 通信接口

PLC 配有各种通信接口，这些通信接口一般都带有通信处理器。PLC 通过这些通信接口可与监视器、打印机、其他 PLC、计算机等设备实现通信。PLC 与打印机连接，可将过程信息、系统参数等输出打印；与监视器连接，可将控制过程图像显示出来；与其他 PLC 连接，可组成多机系统或连成网络，实现更大规模控制；与计算机连接，可组成多级分布式控制系统，实现控制与管理相结合。远程 I/O 系统也必须配备相应的通信接口模块。

### 5. 智能接口模块

智能接口模块是一个独立的计算机系统，它有自己的 CPU、系统程序、存储器以及与 PLC 系统总线相连的接口。它作为 PLC 系统的一个模块，通过总线与 PLC 相连，进行数据交换，并在 PLC 的协调管理下独立地进行工作。

PLC 的智能接口模块种类很多，如高速计数模块、闭环控制模块、运动控制模块、中断控制模块等。

### 6. 编程装置

编程装置的作用是编辑、调试、输入用户程序，也可在线监控 PLC 内部状态和参数，与 PLC 进行人机对话。它是开发、应用、维护 PLC 不可缺少的工具。编程装置可以是专用编程器，也可以是配有专用编程软件包的通用计算机系统。专用编程器是由 PLC 厂家生产，专供该厂家生产的某些 PLC 产品使用，它主要由键盘、显示器和外存储器接插口等部件组成。专用编程器有简易编程器和智能编程器两类。

简易型编程器只能联机编程，而且不能直接输入和编辑梯形图程序，需将梯形图程序转化为指令表程序才能输入。简易编程器体积小、价格便宜，它可以直接插在 PLC 的编程插座上，或者用专用电缆与 PLC 相连，以方便编程和调试。有些简易编程器带有存储盒，可用来储存用户程序，如三菱的 FX-20P-E 简易编程器。

智能编程器又称图形编程器，本质上它是一台专用便携式计算机，如三菱的 GP-80FX-E 智能型编程器。它既可联机编程，又可脱机编程，可直接输入和编辑梯形图程序，使用更加直观、方便，但价格较高，操作也比较复杂。大多数智能编程器带有磁盘驱动器，提供录音机接口和打印机接口。

### 7. 电源

PLC 的电源是指能将外部输入的交流电转换成满足 PLC 的 CPU、存储器、输入输出接口等内部电路工作需要的直流电源电路或电源模块。许多 PLC 的直流电源采用直流开关稳压电源，不仅可提供多路独立的电压供内部电路使用，而且还可为输入设备（传感器）提供标准电源。

与普通电源相比，PLC 电源的稳定性好、抗干扰能力强，对电网提供的电源稳定度要求不高，一般允许电源电压在其额定值 ±15% 的范围内波动。许多 PLC 还向外提供直流 24V 稳压电源，用于对外部传感器供电。

### 8. 其他外部设备

除了以上所述的部件和设备外，PLC 还有许多外部设备，如 EEPROM 写入器、外存储器、人/机接口装置等。

PLC 内部的半导体存储器称为内存储器。有时可用外部的磁带、磁盘和用半导体存储器做成的存储盒等来存储 PLC 的用户程序，这些存储器件称为外存储器。外存储器一般是通过编程器或其他智能模块提供的接口，实现与内存储器相互传送用户程序。

人/机接口装置是用来实现操作人员与 PLC 控制系统的对话。最简单、最普遍的人/机接口装置由安装在控制台上的按钮、转换开关、拨码开关、指示灯、LED 显示器、声光报警器等器件构成。对于 PLC 系统，还可采用半智能型 CRT 人/机接口装置和智能型终端人/机接口装置。半智能型 CRT 人/机接口装置可长期安装在控制台上，通过通信接口接收来自 PLC 的信息并在 CRT 上显示出来；而智能型终端人/机接口装置有自己的微处理器和存储器，能够与操作人员快速交换信息，并通过通信接口与 PLC 相连，也可作为独立的节点接入 PLC 网络。

### （二）PLC 软件系统

PLC 除了硬件系统外，还需要软件系统的支持。PLC 的软件系统由系统程序和用户程序两大部分组成。

### 1. 系统程序

系统程序由 PLC 的制造企业编制，固化在 PROM 或 EEPROM 中，安装在 PLC 上，随产品提供给用户。系统程序包括系统管理程序、用户指令解释程序和供系统调用的标准程序模块等。

① 系统管理程序。系统管理程序是系统软件中最重要的部分。其作用包括三个方面：一是运行管理，即对控制 PLC 何时输入、何时输出、何时计算、何时自检、何时通信等作时间上的分配管理。二是存储空间管理，即生成用户环境。由它规定各种参数、程序的存放地址，将用户使用的数据参数、存储地址转化为实际的数据格式及物理地址，将有限的资源变为用户可以很方便地直接使用的元件。三是系统自检程序，它包括各种系统出错检测、用户程序语法检验、句法检验、警戒时钟运行等。PLC 正是在系统管理程序的控制下，按部就班地工作的。

② 用户指令解释程序。PLC 可用梯形图语言编程，把使用者直观易懂的梯形图变成机器懂得的机器语言，这就是解释程序的任务。解释程序将梯形图逐条解释，翻译成相应的机器语言指令，由 CPU 执行这些指令。

③ 标准程序模块和系统调用。这部分软件由许多独立的程序模块组成。各程序块完成不同的功能，有些完成输入、输出处理，有些完成特殊运算等。PLC 的各种具体工作都是由这部分程序来完成的。这部分程序的多少决定了 PLC 性能的强弱。整个系统软件是一个整体，其质量的好坏很大程度上会影响 PLC 的性能。很多情况下，通过改进系统软件就可在不增加任何设备的条件下，大大改善 PLC 的性能。因此 PLC 的生产厂商对 PLC 的系统软件都非常重视，其功能也越来越强。

2. 用户程序

用户程序是 PLC 的使用者针对具体控制对象编制的程序。根据不同控制要求编制不同的程序，相当于改变 PLC 的用途，程序既可由编程器方便地送入 PLC 内部的存储器中，也能通过编程器方便地读出、检查与修改。

PLC 为用户提供了完整的编程语言，以适应编制用户程序的需要。PLC 的设计和生产至今尚无国际统一标准，不同厂家所用语言和符号也不尽相同。但它们的梯形图语言的基本结构和功能是大同小异的。PLC 提供的编程语言通常有以下几种：梯形图、指令表、顺序功能图、功能块图和结构文本。

① 梯形图（ladder diagram）。如图 4-4 所示，梯形图是在原继电器——接触器控制系统的继电器梯形图基础上演变而来的一种图形语言。它是目前用得最多的 PLC 编程语言。

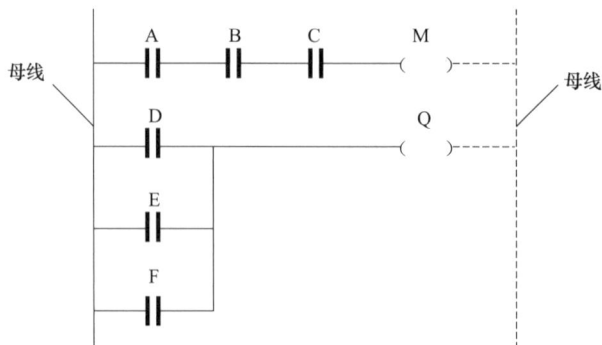

图 4-4　梯形图

左右两条竖线称为母线，母线之间是触点和输出。

理解梯形图的一个关键概念是"能流"，这仅是概念上的"能流"。把左边的母线想象成电源的"火线"，而把右边的母线想象成电源的"零线"。如果有"能流"从左向右流过线圈，则线圈被激励，否则线圈未被激励。

　　"能流"可以通过被激励（ON）的常开触点或未被激励（OFF）的常闭触点从左向右流。"能流"在任何时候都不会从右向左流。

　　"软继电器"仅对应 PLC 存储单元中的一位。该位状态为"1"时，对应的继电器线圈接通，其常开触点闭合（动合）、常闭触点断开（动断）；状态为"0"时，对应的继电器线圈不通，其常开、常闭触点保持原态。

　　梯形图表示的并不是一个实际电路而只是一个控制程序，其间的连线表示的是它们之间的逻辑关系，即所谓"软接线"。

　　② 指令表（instruction list）。如图 4-5 所示，指令表编程语言类似于计算机中的汇编语言，它是可编程控制器最基础的编程语言。所谓指令表编程，是用一个或几个容易记忆的字符来代表可编程控制器的某种操作功能。语句是指令语句表编程语言的基本单元，每个控制功能由一个或多个语句组成的程序来执行。每条语句规定可编程控制器中 CPU 如何动作的指令，它是由操作码和操作数组成的，如表 4-1 所示。

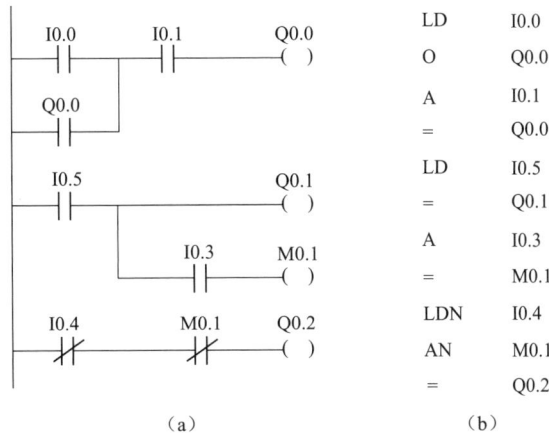

图 4-5　指令表

表 4-1　几种不同的可编程控制器指令语句表

| 机型 | 步序 | 操作码（助记符） | 操作数参数 | 说明 |
|---|---|---|---|---|
| 欧姆龙 | 1 | LD | 0000 | 逻辑行开始，动合触点0000从母线开始 |
|  | 2 | OR | 0500 | 并联输出继电器的动合触点0500 |
|  | 3 | ANDNOT | 0001 | 串联输入动断触点0001 |
|  | 4 | OUT | 0500 | 输出继电器0500输出，逻辑行结束 |
|  | 5 | END | — | 程序结束 |
| 西门子 | 1 | LD | I0.0 | 逻辑行开始，动合触点I0.0从母线开始 |
|  | 2 | O | Q0.0 | 并联输出继电器的动合触点Q0.0 |
|  | 3 | AN | I0.1 | 串联输入动断触点I0.1 |
|  | 4 | = | Q0.0 | 输出继电器Q0.0输出，逻辑行结束 |
|  | 5 | END | — | 程序结束 |
| 三菱 | 1 | LD | X0 | 逻辑行开始，动合触点X0从母线开始 |
|  | 2 | OR | Y0 | 并联输出继电器的动合触点Y0 |
|  | 3 | ANI | X1 | 串联输入动断触点X1 |
|  | 4 | OUT | Y0 | 输出继电器Y0输出，逻辑行结束 |
|  | 5 | END | — | 程序结束 |

# 三、PLC 的工作原理

## （一）PLC 的工作过程

可编程控制器整个工作过程可分为三部分：

### 1. 上电处理

可编程控制器上电后对 PLC 系统进行一次初始化工作，包括硬件初始化，I/O 模块配置运行方式检查，停电保持范围设定及其他初始化处理等。

### 2. 扫描过程

可编程控制器上电处理完成以后，进入扫描工作过程。先完成输入处理，然后完成与其他外设的通信处理，最后进行时钟、特殊寄存器更新。

当 CPU 处于 STOP 方式时，转入执行自诊断检查。

当 CPU 处于 RUN 方式时，还要完成用户程序的执行和输出处理，再转入执行自诊断检查。

### 3. 出错处理

PLC 每扫描一次，执行一次自诊断检查，确定 PLC 自身的动作是否正常，如 CPU、电池电压、程序存储器、I/O、通信等是否异常或出错，如检查出异常，CPU 面板上的 LED 及异常继电器会接通，在特殊寄存器中会存入出错代码。当出现致命错误时，CPU 被强制为 STOP 方式，所有的扫描停止。

## （二）PLC 的工作方式

可编程控制器和计算机都是基于分时处理的原则进行工作的，即串行工作模式。可编程控制器和计算机的工作方式又有很大的不同。

计算机采用中断处理或等待命令的工作方式。PLC 采用"顺序扫描、不断循环"的工作方式，如图 4-6 所示，这个过程可分为输入采样、程序执行、输出刷新三个阶段，整个过程扫描并执行一次所需的时间称为扫描周期。扫描周期的长短主要取决于程序的长短。

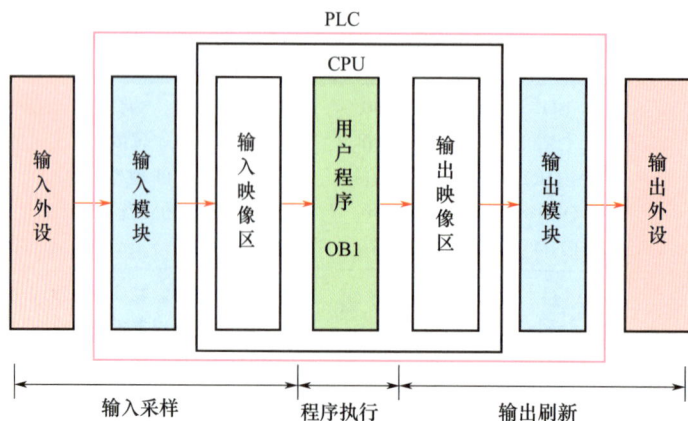

图 4-6　PLC 的工作方式

### 1. 输入采样

PLC 以扫描方式工作，输入电路时刻监视着输入状况，并将其暂存于输入暂存器中。在整个工作周期内，这个采样结果的内容不会改变，而且这个采样结果将在 PLC 执行程序时被使用。

### 2. 程序执行

PLC 按顺序对程序进行扫描，并分别从输入映像区和输出映像区中获得所需的数据进行运算、处理，再将程序执行的结果写入寄存执行结果的输出映像区中保存。这个结果在程序执行期间可能发生变化，但在整个程序未执行完毕之前不会送到输出端口。

### 3. 输出刷新

在执行完用户所有程序后，PLC 将输出映像区中的内容送到寄存输出状态的输出锁存器中，这一过程称为输出刷新。输出电路要把输出锁存器中的信息传送给输出点，然后再去驱动用户设备。

如图 4-6 所示，PLC 循环扫描执行输入输出采样、程序执行、输出刷新"串行"工作方式，既可避免继电器、接触器控制系统因"并行"工作方式存在的触点竞争，又可提高 PLC 的运算速度，这是 PLC 系统可靠性高、响应快的原因。但是，这也导致了输出对输入在时间上的滞后。

为此，PLC 的工作速度要快。速度快、执行指令时间短，是 PLC 实现控制的基础。事实上，PLC 的速度是很快的，执行一条指令，多的几微秒、几十微秒，少的才零点几或零点零几微秒，而且这个速度还在不断提高中。

## 四、系统调试

对现场各工艺设备的控制系统、主系统接线的正确性进行检查并确认，在手动方式下进行单体试车；对进入 PLC 系统的全部输入点（包括转换开关、按钮、继电器与接触器触点、限位开关、仪表的位式调试开关等）及其与 PLC 输入模块的连线进行检查并反复操作，确认其正确性。

对接收 PLC 输出的全部继电器、接触器线圈及其他执行元件及它们与输出模块的连线进行检查，确认其正确性；测量并记录其系统电阻、对地绝缘电阻，必要时应按输出节点的电源电压等级，向输出系统供电，以确保输出系统未短路，否则，当输出点向输出系统送电时，会因短路而烧坏模块。

一般来说，大中型 PLC 如果装上模拟输入输出模块，还可以接收和输出模拟量。在这种情况下，要对向 PLC 输送模拟输入信号的一次检测或变送元件，以及接收 PLC 模拟输出的调节或执行装置进行检查，确认其正确性。必要时，还应向检测与变送装置送入模拟输入量，以检验其安装是否正确、输出的模拟量是否正确以及是否符合 PLC 所要求的标准；向接收 PLC 模拟输出信号的调节或执行元件，送入与 PLC 模拟量相同的模拟信号，检查调节和执行装置能否正常工作。装上模拟输入与输出模块的 PLC，可以对生产过程中的工艺参数（模拟量）进行监测，按设计方案预定的模型进行运算与调节，实行生产工艺流程的过程控制。

该步骤至关重要，检查与调整过程复杂且麻烦，必须认真对待。因为只要所有外部工艺设备完好，所有送入 PLC 的外部节点正确、可靠、稳定，所有线路连接无误，加上程序逻辑验证无误，则进入联动调试时，就能一举成功，达到事半功倍的效果。

## 五、西门子 S7-300PLC 的基本结构和功能

PLC 的主要生产厂家有：德国的西门子（Siemens）公司，美国 Rockwell 公司所属的 AB 公司，GE-Fanuc 公司，法国的施耐德（Schneider）公司，日本的三菱和欧姆龙（OMRON）公司。下面以德国的西门子 S7-300PLC 为例进行介绍。

S7-300 是德国西门子公司生产的可编程序控制器（PLC）系列产品之一。如图 4-7 所示，其

模块化结构易于实现分布式的配置，并且性价比高、电磁兼容性强、抗振动冲击性能好，这使其在广泛的工业控制领域中，成为一种既经济又切合实际的解决方案。

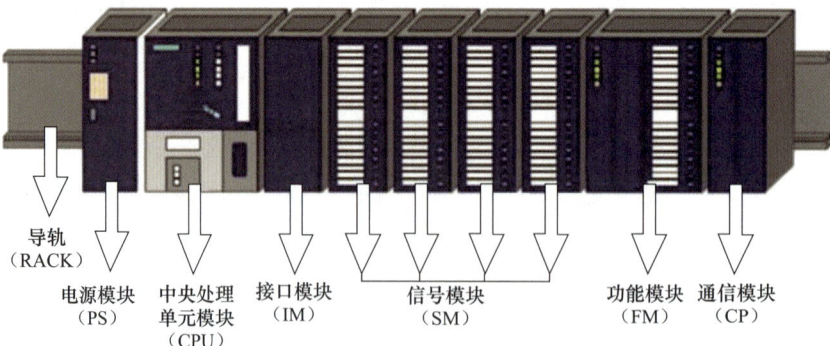

图 4-7　S7-300PLC 硬件组成示意图

S7-300 是适用于中低端性能要求的模块化中小型 PLC 系统，各种性能的模块可以非常好地满足和适应自动化控制任务，简单实用的分布式结构和多接口网络能力，应用十分灵活。方便用户操作和无风扇的简易设计，当控制任务增加时，可自由扩展大量的集成功能，功能非常强大。

S7-300PLC 是中小型 PLC，属于模块式 PLC，S7-300PLC 最多可以扩展 32 个模块。S7-300PLC 可以组成 MPI、PROFIBUS 和工业以太网等。西门子 S7-300PLC 主要由多种机架、不同的 CPU 模块、各种信号的模块、各种不同功能的模块、输入和输出接口模块、通信处理器、供电电源模块和友好的编程器设备组成。

### 1. S7-300PLC 的主要功能

① S7-300PLC 具有高速的指令处理功能。指令的处理时间在 $0.1 \sim 0.6\mu s$ 之间，相对于小型 PLC 处理指令时间大大缩短了，提高了处理速度。

② 拥有人机界面（HMI）。S7-300PLC 里面有集成人机界面，非常方便用户使用，这样就可以减少人机对话的编程量。

③ 具有很强的诊断功能。S7-300PLC 的中央处理器（CPU）能够自我诊断，可以智能连续地检测系统是否有故障，也能记录系统运行中的错误。

④ 具有很高级别的安全加密和口令保护功能。可以有效保护用户的信息，防止信息被窃取和利用。

### 2. S7-300PLC 的基本结构

可编程控制器主要包括导轨（RACK）、电源模块（PS）、CPU 模块、接口模块（IM）、输入 / 输出模块（SM）、功能模块（FM）和通信模块（CP）。

① 导轨是安装可编程控制器各类模块的机架，可根据实际需要选择。

② 电源模块用于对 PLC 内部电路供电。S7-300 电源模块具有四种型号：PS305（2A）、PS307（2A）、PS307（5A）、PS307（10A）。

③ CPU 模块有多种型号，它是可编程控制器的神经中枢，是系统的运算控制核心。SIMATIC S7-300 提供了多种不同性能的 CPU 模块，以满足用户不同的要求。其种类有 CPU 312、CPU 313、CPU 314、CPU 315、CPU 317、CPU 319；按照功能主要分为 4 种类型：标准型、紧凑型、技术功能型、故障安全型。

CPU 模块一般包括后备电池、DC 连接器、模式选择开关、状态及故障指示器、RS485 编程接口、MPI。CPU313 以上产品配有存储卡（MMC），部分 CPU 还有 PROFIBUS DP、PROFINET、PtP 串行通信接口或数字量和模拟量 I/O 通道。

④ 接口模块（IM）用于多机架配置时连接主机架（或称中央机架，CR）和扩展机架（ER）。S7-300 的接口模块种类有 IM360、IM361、IM365 等。接口模块安装在 CPU 的最右面，一个机架最多插 8 个模块（信号模块、功能模块、通信处理器），最多可以扩展 32 个模块。

⑤ 信号模块（SM）是数字量输入 / 输出模块的总称，它提供不同的过程信号电压或电流与外部设备连接，并通过信号调理，使其实现与 CPU 的信号连接。

CPU 模块内部的工作电压是直流 5V，而 I/O 模块的信号与之独立且不同，一般为一些标准电压或电流，例如直流 24V、4 ～ 20mA 等。由于 I/O 信号引入的电压和干扰可能损坏 CPU 模块中的元器件，或使 PLC 不能正常工作，因此信号模块除了传递信号外，还有电平转换与隔离的作用。在信号模块中，用光耦合器、光敏晶闸管、小型继电器等器件来隔离 PLC 的内部电路和外部的输入、输出电路。

⑥ 功能模块（FM）主要可以实现某些特殊应用，这些功能应用单靠 CPU 无法实现或者不容易实现。功能模块集成处理器，可以独立处理与应用相关的功能。对于没有集成 I/O 点的 S7-300CPU 而言，使用时除了扩展 I/O 模块外，还需要扩展相应的功能模块。

⑦ 通信模块（CP）称为通信处理器（communication processor，CP）。它提供与网络之间的物理连接，负责建立网络连接并通过网络进行数据通信，提供 CPU 和用户程序所需的必要通信服务，还可以减轻 CPU 的通信任务负荷。

### 3. S7-300PLC 的特点

西门子可编程控制器 S7-300PLC 是属于模块化结构设计的中型 PLC。S7-300PLC 有标准环境型和环境条件扩展型两大类，主要用于开关量逻辑控制、运动控制、闭环过程控制、数据处理、通信联网等领域。

标准环境型的温度范围在 0 ～ 60℃之间，环境条件扩展型温度范围是 −25 ～ 70℃之间，具有耐振动和抗污染的特性。

其特点为：

① 编程方法简单易学。
② 拥有简单而且实用的分布式结构及通用的网络能力。
③ 功能全且性价比高。
④ 深得用户喜爱，这源于配套齐全，用起来顺手方便。
⑤ 出现故障维修起来相当方便。
⑥ 在复杂工业环境情况下抗干扰能力强、可靠。
⑦ 配套有各种不同的功能模块方便使用。
⑧ 系统的设计、安装、调试工作量少。
⑨ 维修工作量小，维修方便。
⑩ 体积小，耗能低。

## 任务实施

## 一、安全教育

穿戴好个人防护用品进入实训（生产）场所。由于在数字逻辑电路连接过程中有相关电路连接，涉及一些电气设备和元件的使用和操作，因此在开始实训之前，必须开展安全教育活动，明确工作环境和工作任务中可能存在的安全隐患和必要的防护措施，并签署该工作任务安全须知确认单。

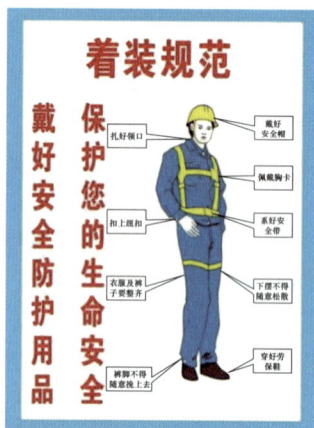

图4-8　个人防护用品规范穿戴示意图

## 二、所需仪器设备和工具

实验室使用的是西门子S7-300系列PLC，如图4-9所示。它主要由电源、CPU、数字量输入输出模块、模拟量输入输出模块组成，本次试验用到的工具如表4-2所示。

图4-9　西门子S7-300系列PLC实训装置

表4-2　仪器设备使用清单

| 设备名称 | 型号 |
| --- | --- |
| 西门子S7-300系列PLC实训装置 | SMC-H3 |
| 十字螺丝刀 | 1把 |
| 一字螺丝刀 | 1把 |
| 导线 | 若干 |

## 三、熟悉现场工艺

西门子 S7-300 系列 PLC 实训装置现场流程见图 4-10。

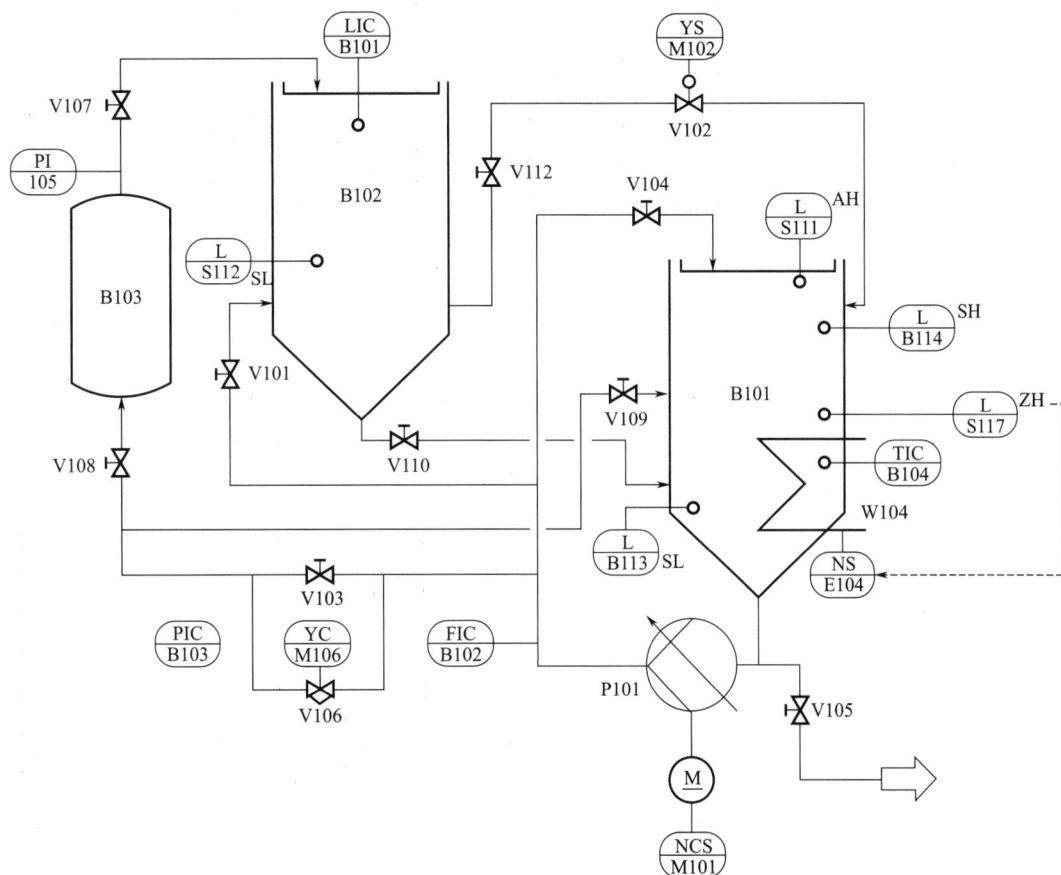

图4-10　西门子S7-300系列PLC实训装置现场流程图

## 四、工作内容与步骤

### 1. 任务要求

常减压精馏塔产品罐液位需要控制在合理范围，借助 PLC 过程控制系统对其进行调节控制。目前已经完成液位控制系统硬件安装和 PLC 程序设计。需要借助 SIMATIC Manager 编程软件对 PLC 程序进行模拟调试。

具体要求如下：

① 借助 SIMATIC Manager 编程软件进行硬件组态。

② 硬件组态完成后进行编程。

③ 进行监控画面设计。

④ 实施程序调试。

### 2. 操作步骤

（1）点击图标，进入 step7 编程界面，新建一个项目，如图 4-11 所示。

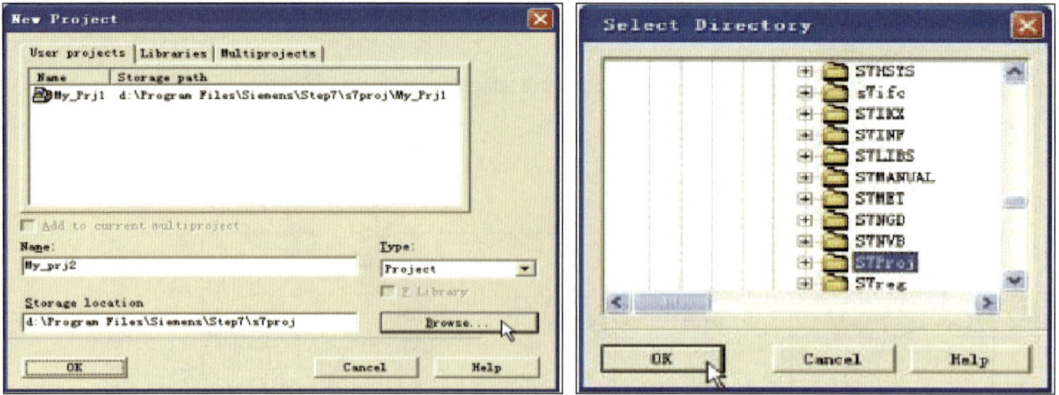

图 4-11 新建项目指示图

（2）在 My_Prj2 项目内插入 S7-300 工作站——SIMATIC 300（1），如图 4-12 所示。

图 4-12 建立工作站指示图

（3）单击 SIMATIC 300（1），选择 hardware，进入硬件组态窗口，如图 4-13 所示。

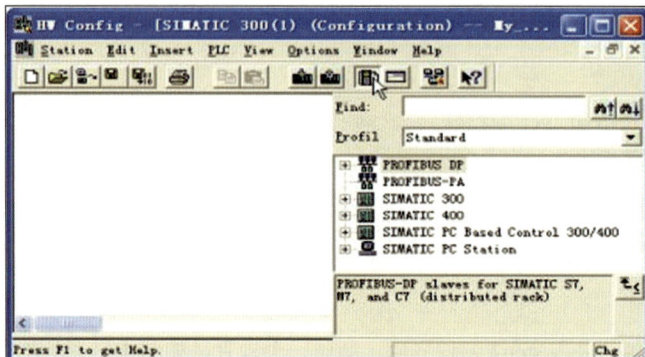

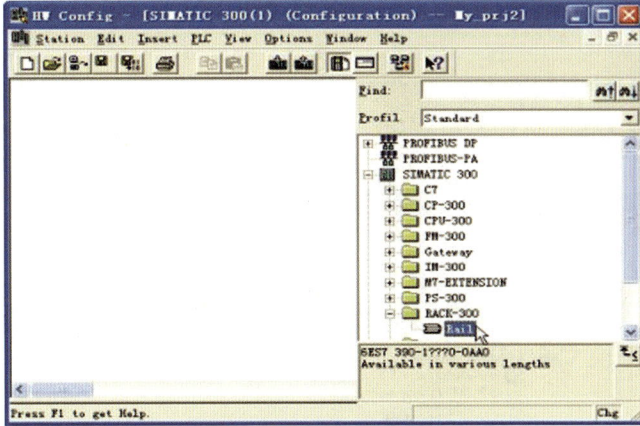

图 4-13　硬件组态窗口指示图

（4）插入 0 号导轨——(0)UR；插入各种 S7-300 模块，如图 4-14 所示。

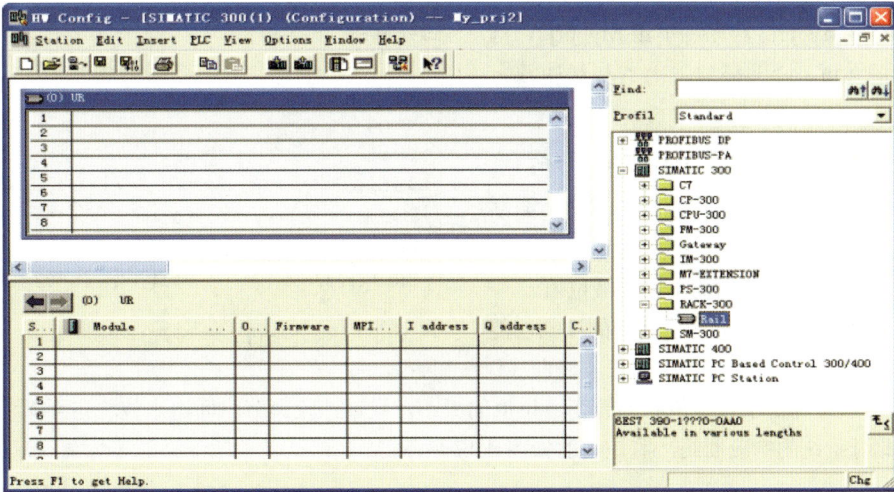

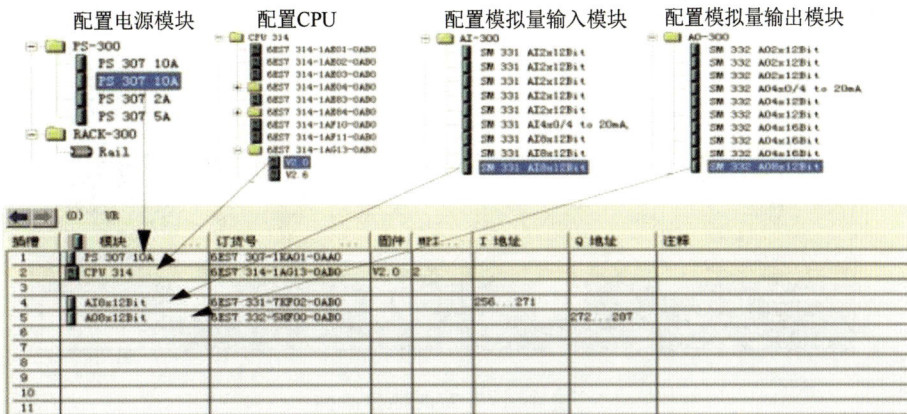

图 4-14　各种 S7-300 模块指示图

（5）硬件组态，如图 4-15 所示。

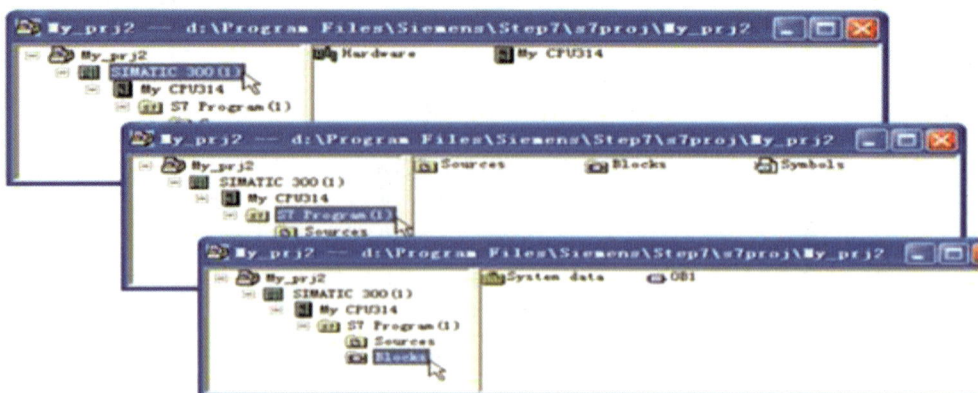

图 4-15　硬件组态指示图

（6）编写并完成程序。

（7）选择 My_prj2 程序，单击 My_prj2，选择 SIMATIC 300（1），最后点击下载按钮，这样就完成了程序的下载。

（8）点击图标，进入 WinCC 程序，选择 levelcontrol 项目，单击激活按钮，激活 WinCC 监控程序。

（9）在 WinCC 监控画面中设定液位值。

（10）调整 PID 参数值，使系统的控制性能达到最优，液位的实时曲线可点击"实时曲线"按钮查看。

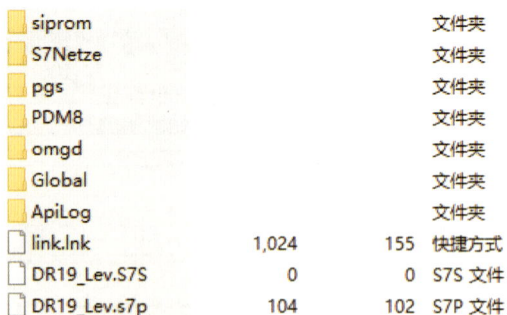

| | | | |
| --- | --- | --- | --- |
| siprom | | | 文件夹 |
| S7Netze | | | 文件夹 |
| pgs | | | 文件夹 |
| PDM8 | | | 文件夹 |
| omgd | | | 文件夹 |
| Global | | | 文件夹 |
| ApiLog | | | 文件夹 |
| link.lnk | 1,024 | 155 | 快捷方式 |
| DR19_Lev.S7S | 0 | 0 | S7S 文件 |
| DR19_Lev.s7p | 104 | 102 | S7P 文件 |

图 4-16　完成程序指示图

（11）待液位稳定于设定值时，改变液位值的大小，经过一段调节时间，水位稳定至新的设定值，观察此时系统的响应曲线，监控画面如图 4-17 所示。

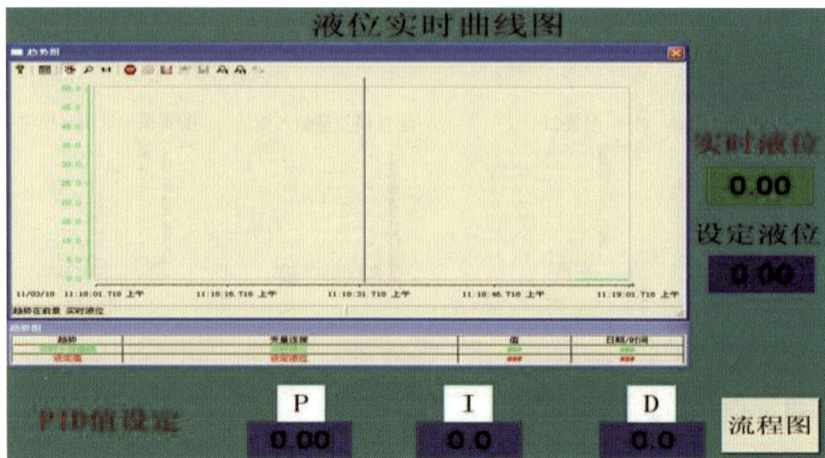

图 4-17　实时监控画面

（12）在过程控制实验台上实现系统调试，如图 4-18 所示。

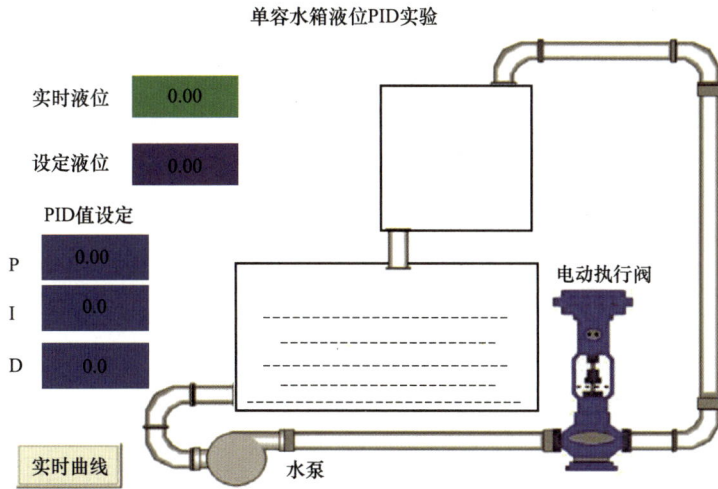

图 4-18　工艺流程画面

## 五、考核评价内容

（1）按照安全规范进行 PPE 的穿戴和个人防护。

（2）根据工艺要求正确完成系统模拟。

（3）正确编写程序。

（4）正确实现工艺要求的控制功能。

# 任务二 集散控制系统（DCS）的调试运行

## 任务描述

在深入学习集散控制系统的基础上，首先会分析工艺流程，然后根据简单的工艺要求通过横河 CENTUM-CS3000 软件对反应器温度进行控制。

**学习目标**

知识目标：① 了解集散控制系统的基本原理与特点。

② 熟悉日本横河 CENTUM-CS3000 典型操作监视窗口。

③ 理解现场总线控制系统的基本原理与特点。

技能目标：① 会熟练地使用 CENTUM-CS3000 组态软件建立工作站。

② 会根据简单的工艺要求，添加所需要的卡件。

素养目标：① 具备逻辑分析能力。

② 培养关注计算机技术在自动控制领域发挥的重要作用，强化智能控制应用的意识。

## 知识准备

### 一、集散控制系统

集散控制系统，又名分布式计算机控制系统。它是由计算机技术、信号处理技术、测量控制技术、通信网络技术和人机接口技术发展渗透产生，实质是利用计算机技术对生产过程进行集中监视、操作、管理和分散控制的一种新型控制技术。管理的集中性和控制的分散性构成了集散系统的主体。它的结构是一个分布式系统，从逻辑结构上讲，是一个分支树结构，与工业生产过程的行政管理结构相一致。集散控制系统按系统结构分为控制级、控制管理级和生产管理级，各级既相互独立又相互联系。从功能上看，纵向分散意味着不同级的设备有不同的功能，如实时控制、实时监视和生产过程管理；横向分散则意味着同级上的设备有类似的功能。集散型控制系统由集中管理部分、分散控制监测部分和通信部分组成。集中管理部分分为工程师站、操作站和管理计算机。工程师站主要用于组态和维护，操作站则用于监视和操作，管理计算机用于全系统的信息管理和优化控制。分散控制监测部分按功能分为操作站、监测站或现场控制站，用于控制和监测。通信部分连接集散型控制系统的各个分布系统，完成数据指令及其它信息的传递。集散型控制系统采用模块化、标准化和系统化设计，由过程控制级、控制管理级和生产管理级组成，以通信网络为纽带，对数据进行集中显示。操作管理系统，控制相对分散，具有配置灵活、组态方便的多级计算机网络系统结构，它具有以下特点：

### 1. 自主性

系统上各工作站是通过网络接口连接起来，各工作站独立自主地完成合理分配给自己的规定任务，如数据采集、处理、计算、监视操作和控制等。系统各工作站都采用最新技术的微计算机，存储容量容易扩充，配套软件功能齐全，是一个能够独立运行的高可靠性子系统，而且可以随着微处理器的发展而更新换代。它的控制功能齐全，控制算法丰富，连续控制、顺序控制和批量控制集于一体，还可实现串线、前馈、自适应控制，提高了系统的可控性。

### 2. 协调性

各工作站间通过通信网络传送各种信息协调工作，以完成控制系统的总体功能和优化处理，采用实时的、安全可靠的工业控制局部网络，使整个系统信息共享，提高了畅通性。

### 3. 可靠性

高可靠性、高效率和高可用性是集散控制系统的生命力所在。它的可靠性同时也决定了它应用的广泛性。制造厂商在确定系统结构的同时，进行高可靠设计，采用可靠性保证技术，来提高系统的可靠性。

（1）系统结构具有容错设计，使得在任一单元失效的情况下，仍然保持系统的完整性，即使全局性通信或管理站失效，局部站仍能维持工作。

（2）系统的所有硬件包括操作站、控制站、通信链路都可采用双重化和冗余技术，为提高软件的可靠性，采用程序分段、模块化设计和积木式结构。

（3）"电磁兼容性"设计：所谓"电磁兼容性"是指系统的抗干扰能力与系统内外的干扰相适应，并留有充分的余地，来保证系统的可靠性，所以，系统内外要采取各种抗干扰措施，系统放置环境应远离磁场、超声波等辐射源，做好接地系统。过程控制信号、测量和信号电缆一定要做好接地和屏蔽，采用不间断供电设备，采用带屏蔽的专用电缆供电；控制站、监测站的输入输出信号都要经过隔离，接到安全栅再与装置的现场对象连接起来，来保证系统的安全运行。

（4）在线快速排除故障的设计，采用硬件自诊断和故障部件的自动隔离、自动恢复与热机插拔技术，若系统内发生异常，通过自诊断功能和测试功能检出后，汇总到操作站，然后通过CRT显示，或者声响报警或打印机打出，将故障信息通知操作员。监测站、控制站各插件上都有状态信号灯指示故障插件。因为具有事故报警双重化措施，在线故障处理等手段，所以提高了系统的可靠性和安全性。

### 4. 友好性

集散型控制系统软件是面向工业控制技术人员、工艺技术人员和生产操作人员设计的，所以采用实用简捷的人机对话系统，CRT高分辨率交互图形显示，复合窗口技术，画面丰富（控制、调整、趋势、流程图、系统一览、报警一览、计量报表、操作指导等画面），菜单功能更具实时性。

### 5. 灵活性和可扩充性

硬件和软件采用开放式、标准化和模块化设计，系统所具有的积木式结构，具有灵活的配置，可适应不同的用户需要，根据生产要求改变系统的大小配置，在工厂改变生产工艺、生产流程时，只需要改变某些配置和控制方案即可。

### 6. 在线性

通过人机接口和I/O接口，对过程对象数据进行实时采集、分析、记录、监视、操作控制，并包括对系统结构和组态系统的在线修改、局部故障的在线维护，提高了系统的可用性。综上所述，集散控制系统的特点，决定了集散控制系统的发展速度，作为现今最先进的控制系统，它的应用很广泛，应用在工业的各个领域，如冶金、矿山、机械、制造等。控制水平的提高，对于提高工厂的技术水平，节约能源，降低消耗，提高劳动生产率起了很大的作用，发展了社会生产力。

## 二、日本横河 CENTUM-CS3000

CENTUM-CS3000 系统是日本横河公司推出的基于 WINDOWS-2000 的大型 DCS 系统。该机型继承了以往横河系统的优点，并增强了网络及信息处理功能。操作站采用通用 PC 机，控制站采用全冗余热备份结构，使其性能价格比最优，CENTUM-CS3000 系统是目前世界上最先进的大型 DCS 系统之一。其有以下优点：

（1）DCS 与 PC 一体化。
（2）增强的操作监视功能。
（3）成熟的控制和通信功能。
（4）高效率的工程功能。
（5）可脱离 FCS 进行模拟测试。
（6）使用电子手册。

### 1. 典型的操作监视窗口

① 系统信息窗口。这个窗口显示在屏幕的最顶部，不可删除、移动，不会被覆盖，如图 4-19 所示。

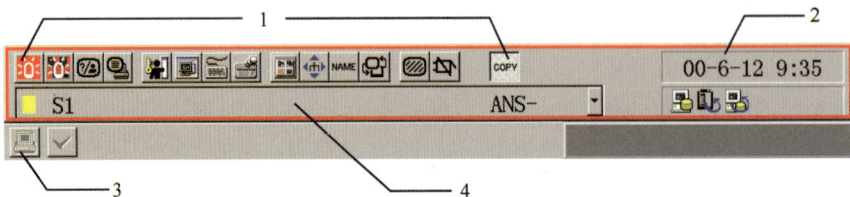

图 4-19　系统信息窗口

1（从左至右）

　　过程报警窗口
　　统报警窗口
　　操作员指导信息窗口
　　信息设置窗口
　　用户登录窗口
　　操作窗口下拉菜单
　　操作菜单
　　预设窗口菜单
　　工具盒
　　导航器
　　窗口名键入
　　操作站与 NT 的切换
　　清屏

2（从左至右）

　　年月日、时间

3（从左至右）

　　窗口打印输出
　　报警确认

4 最新报警显示区

消声

画面硬拷贝

② 过程报警窗口（）。如图 4-20 所示，过程报警窗口中最新的过程报警显示在第一行，并且显示报警发生的时间、类别、报警的工位、工位注释、报警状态等信息，双击某一条信息，可调出相应的仪表面板，让操作人员紧急处理，在二级窗口中，可以选择报警的控制站，甚至其中一个工位，操作人员可以确认报警，并且消声。报警窗口中的信息，18 条 / 页，200 条 / 窗口。

报警类型如下所述。

- IOP：输入开路
- OOP：输出开路
- HH（HI）：高高限（高限）报警
- LL（LO）：低低限（低限）报警

- DV+：正偏差报警
- DV−：负偏差报警
- VEL+：正变化率报警
- VEL−：负变化率报警

图 4-20　过程报警窗口

③ 系统报警信息窗口（）。如图 4-21 所示，整个系统受到实时监控，如果系统报警，报警信息将显示在这个窗口中，包括报警类型、时间等。

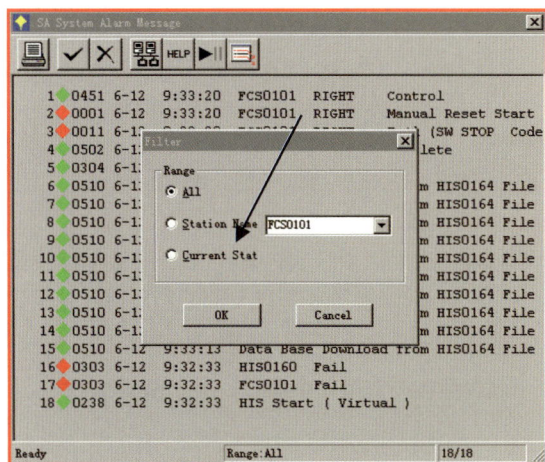

图 4-21　系统报警信息窗口

④ 流程图窗口（）。流程图窗口由用户定义，用来显示工艺流程及逻辑联锁过程，流程图中可显示动态数据、活动液面、报警色变等情况，可使用户直接监视、操作工艺流程和工程数据。流程图窗口的色标由工艺情况及物料的颜色而定。

⑤ 调整窗口（）。如图 4-22 所示，调整窗口是每一个仪表工位标准配备的，根据仪表类型的不同，显示的参数内容不同，标准参数有当前的数据值（测量值、设定值、输出值）、当前的系统状态（手动、自动、串级）、报警的限定值、进入窗口时开始记录的实时趋势（关闭窗口后停止），如果是调节器，还有 PID 参数等。"："状态表示在当前安全级别下，数据不能修改，"="状态表示在当前安全级别下，数据能修改。

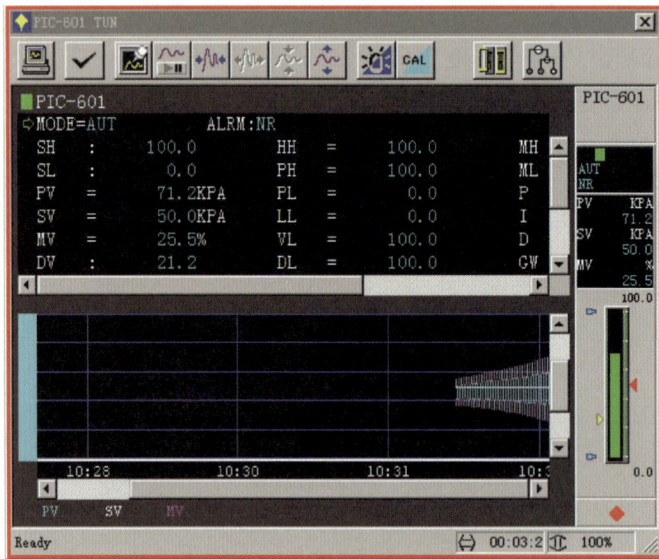

图 4-22　调整窗口画面

⑥ 趋势窗口（）。如图 4-23 所示，趋势窗口可根据工艺装置及控制关系来分配，最多可同时显示 8 块仪表的记录曲线，有关趋势数据的说明如下。

- 应用数据：PV、SV、MV
- 数据采样周期：1秒或10秒；1分钟、2分钟、5分钟或10分钟
- 记录时间：48分钟、8小时；2天、4天、10天或20天
- 最大数据点数：1024点；当采用1秒或10秒采样时为256点
- 采样数据数：2880采样点
- 显示时间轴放大倍数：1/4倍、1/2倍、1倍、2倍、4倍和8倍
- 显示数据轴放大倍数：1倍、2倍、5倍和10倍

8 条曲线分别以 8 种不同颜色表示 8 块仪表，每个仪表的量程标注在趋势显示区的上方，拖曳"1"在时间轴上移动，将显示在那一时刻 8 个仪表的趋势数值。使用"2"可以存储趋势数据。

⑦ 总貌窗口（）。总貌窗口是窗口的目录，是窗口的管理器，每一页总貌可以显示32个块，这些块可以定义为显示某一仪表面板、调用一个窗口、显示报警信息等。

报警颜色如下。

- 绿色：正常
- 红色：过程报警（IOP、HH、HI、LO、LL、OOP等）

量程上限　　　　　　　　　1　　2

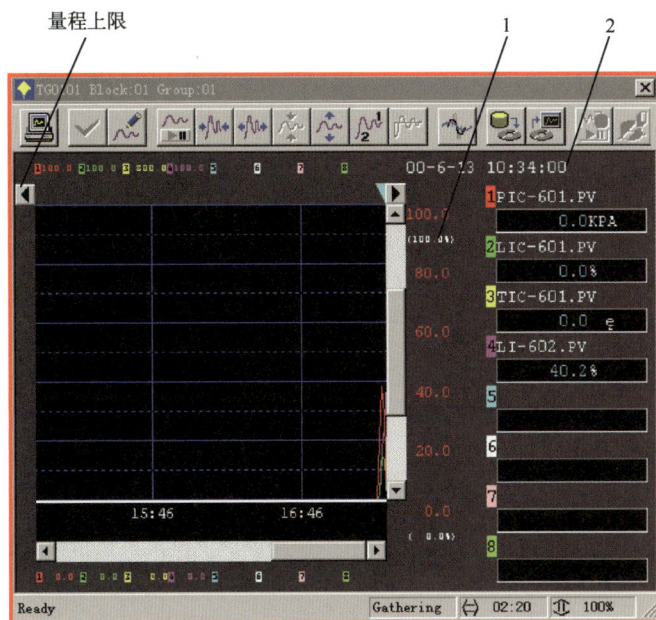

图 4-23　趋势窗口画面

- 黄色：报警发生（DV+、DV−、VEL+、VEL−、输出限幅）
- 白色：没有报警

⑧ 仪表面板（图 4-24，以 PID 仪表为例）

工位标记　　　　　　　　　　　工位号
　　　　　　　　PIC-603　　　　工位注释
报警状态
系统方式
　　　　　　　PV　MPA　　　　测量值
操作标记　　　SV　MPA　　　　设定值
　　　　　　　MV　%　　　　　 输出值
高高限　　　　　　80.0　　　　量程上限
　　　　　　　　　　　　　　　高限
　　　　　　　　　60.0
　　　　　　　　　　　　　　　设定点
输出点　　　　　　40.0
　　　　　　　　　20.0
低低限　　　　　　0.0　　　　　低限
　　　　　　　　　　　　　　　量程下限

图 4-24　仪表面板指示

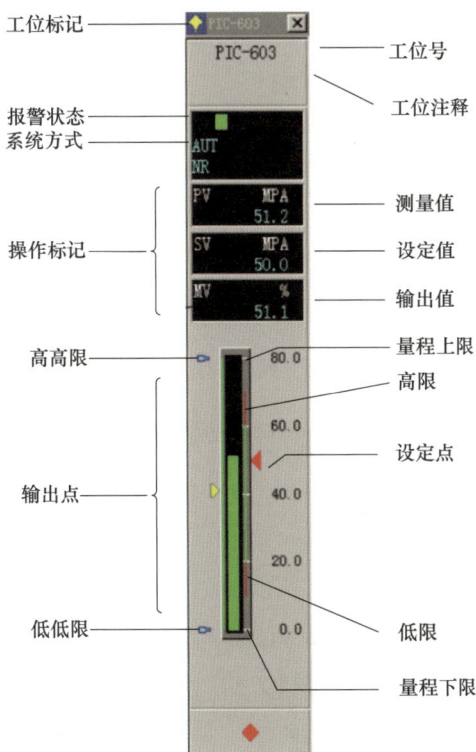

169

化工生产过程控制

## 2. 辅助操作工具

① 用户登录窗口（图标）。如图 4-25 所示，用户登录窗口用于限制用户操作监视的权利，标准的用户有三个，即 ON、OFF 和 ENG，除了 OFF 用户以外，ON 和 ENG 用户还可以用密码保护。

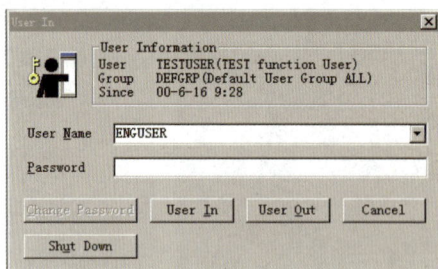

图 4-25　用户登录窗口

② 操作窗口下拉菜单（图标）。如图 4-26 所示，操作窗口下拉菜单显示标准的窗口和应用窗口。

图 4-26　操作窗口下拉菜单

③ 操作菜单（图标）。如图 4-27 所示，操作菜单是针对窗口操作顺序的一个寻根菜单。

图 4-27　操作菜单画面

170

④ 预设窗口菜单（▣）。预设窗口菜单是在系统维护中的 HIS　SETUP 中定义的，它非常灵活，可由用户随时更改，其形式也是下拉菜单式。

⑤ 工具盒（▣）。工具盒的内容是将经常操作的窗口综合在一起，见图 4-28。

图 4-28　工具盒的内容

从左到右：

- 图钉
- 帮助窗口
- 操作指导信息
- 调整画面
- 流程图
- 历史报告书
- 上一级目录
- 总貌画面
- 窗口解组
- 窗口循环
- 窗口最小化

- 系统报警
- 过程报警窗口
- 控制分组
- 趋势画面
- 过程报告书
- 左侧画面
- 右侧画面
- 窗口成组
- 印象文件
- 窗口最大化

⑥ 窗口名键入（NAME）。直接键入窗口名、工位号，见图 4-29，可以快速调出窗口。

图 4-29　窗口名键入示意图

⑦ 导航器（▣）。如图 4-30 所示，导航器是与 WINDOWS-NT 的资源管理器功能类似的窗口管理文件，由用户自定义和系统定义构成。

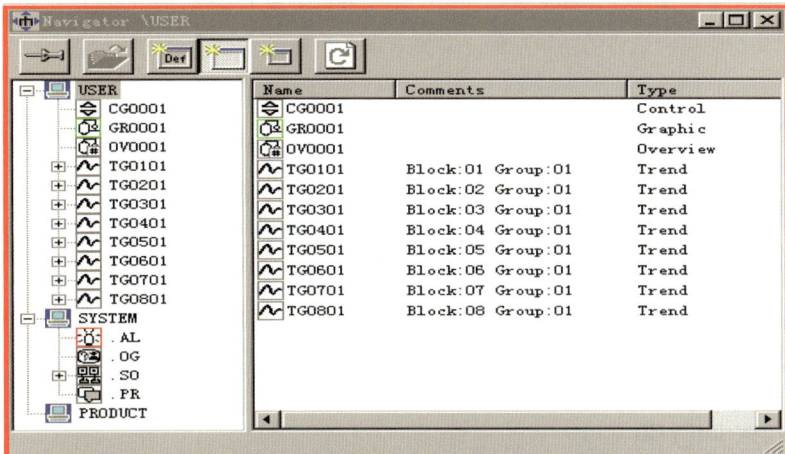

图 4-30　导航器画面

⑧ 过程报告书（）。如图 4-31 所示，过程报告书是记录系统过程的报告，包括系统过程控制的有关操作、状态的改变、数据的变动等，还有硬软 I/O，在二级菜单中，可有选择地进行显示。

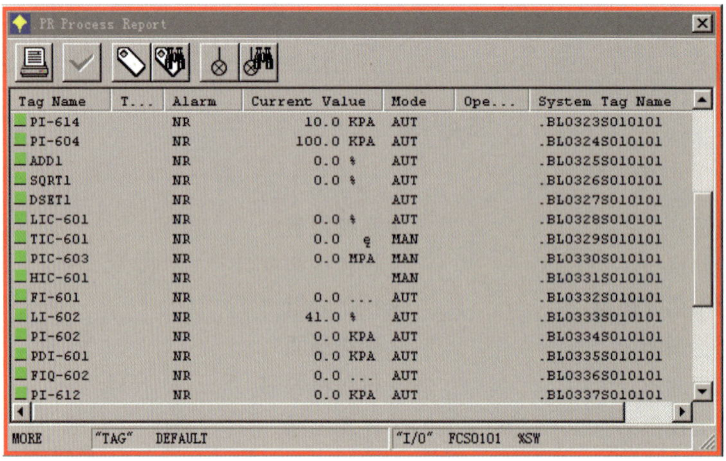

| Tag Name | T... | Alarm | Current Value | Mode | Ope... | System Tag Name |
|---|---|---|---|---|---|---|
| PI-614 | | NR | 10.0 KPA | AUT | | .BL0323S010101 |
| PI-604 | | NR | 100.0 KPA | AUT | | .BL0324S010101 |
| ADD1 | | NR | 0.0 % | AUT | | .BL0325S010101 |
| SQRT1 | | NR | 0.0 % | AUT | | .BL0326S010101 |
| DSET1 | | NR | | AUT | | .BL0327S010101 |
| LIC-601 | | NR | 0.0 % | AUT | | .BL0328S010101 |
| TIC-601 | | NR | 0.0 ℃ | MAN | | .BL0329S010101 |
| PIC-603 | | NR | 0.0 MPA | MAN | | .BL0330S010101 |
| HIC-601 | | NR | | MAN | | .BL0331S010101 |
| FI-601 | | NR | 0.0 ... | AUT | | .BL0332S010101 |
| LI-602 | | NR | 41.0 % | AUT | | .BL0333S010101 |
| PI-602 | | NR | 0.0 KPA | AUT | | .BL0334S010101 |
| PDI-601 | | NR | 0.0 KPA | AUT | | .BL0335S010101 |
| FIQ-602 | | NR | 0.0 ... | AUT | | .BL0336S010101 |
| PI-612 | | NR | 0.0 KPA | AUT | | .BL0337S010101 |



图 4-31 过程报告书画面

⑨ 历史报告书（）。系统的所有信息全部都反映在历史报告书中，系统的操作、过程报警、仪表系统状态的切换、仪表数据的改变及发生的时间等。使用历史报告书，可以清楚地观察到系统及工艺过程在过去的时间里所发生的任何事件，发生事件的时间、用户，这将为规范化管理提供便利的条件。

## 任务实施

### 一、安全教育

穿戴好个人防护用品进入实训（生产）场所（见图 4-8）。由于在有机硅实训中涉及电路操作，并且实训现场环境复杂，因此在开始实训之前，必须开展安全教育活动，明确工作环境和工作任务中可能存在的安全隐患和必要的防护措施，并签署该工作任务安全须知确认单。

### 二、所需仪器设备和工具

实训装置以 10 万吨 / 年有机硅单体为基础，根据一定比例缩小，选择其中典型的工艺流程。装置由单体合成工段、单体分离工段、二甲水解工段、裂解重排工段、107 胶制备工段、硅橡胶制备工段、装置罐区和公用工程组成。采用 DCS 控制，实现过程检测、数据处理、过程控制、用电设备运转显示等远程操作控制，可以在 OTS 仿真和 DCS 软件的支持下，对有机硅生产过程进行动态操作实训，培养现场操作能力、应变能力和应急处理能力。

### 三、现场工艺 PID 图

有机硅合成工艺流程见图 4-32。

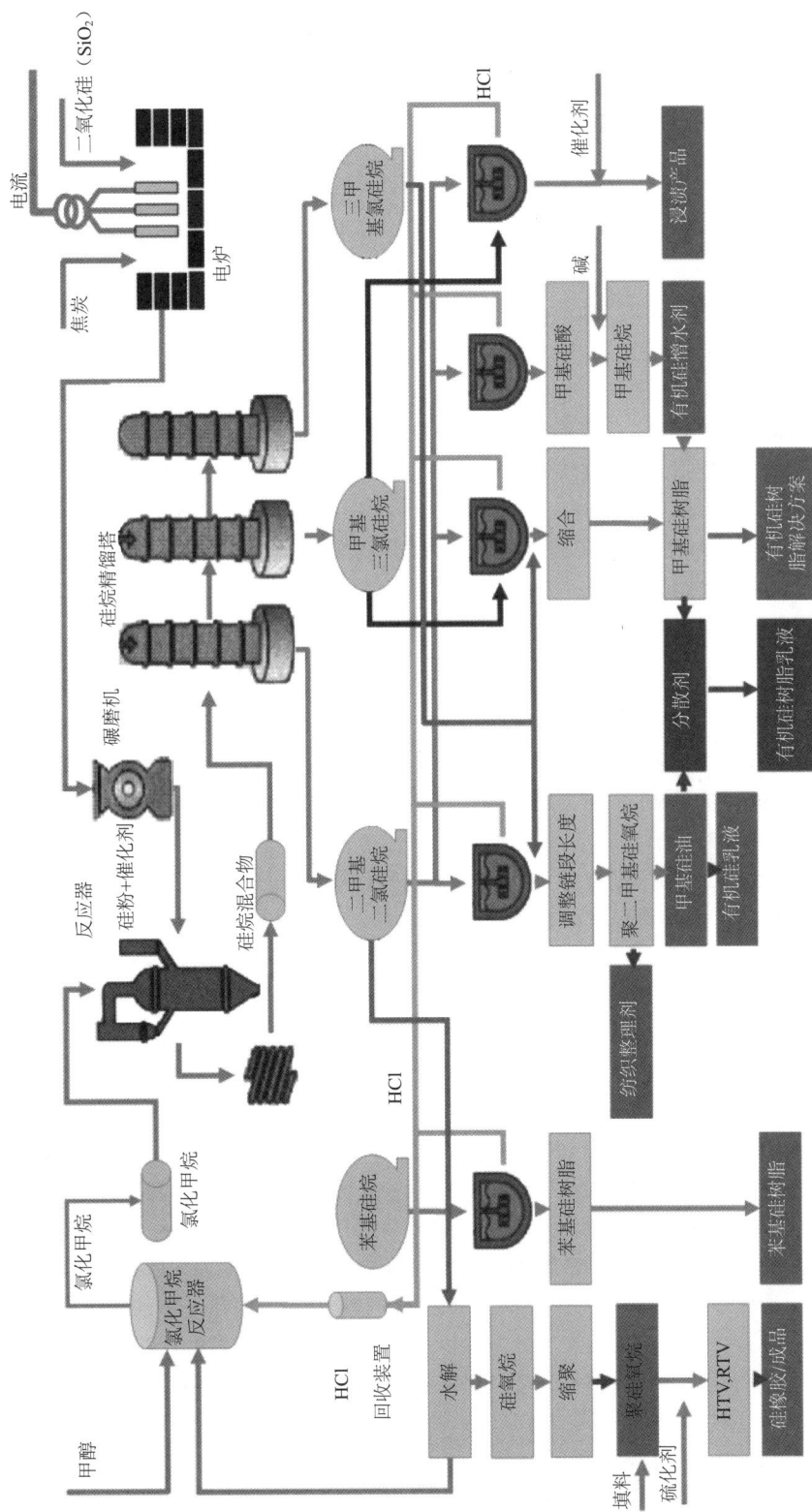

图 4-32　有机硅合成工艺流程图

## 四、工作内容与步骤

### 1. 任务要求

有机硅合成工艺流程如图 4-32 所示，在单体合成工段中，来自界外和回流罐的氯化甲烷经汽化、加热至 252℃，将硅粉原料和铜粉催化剂带入流化床中。在 290℃及 0.3MPa（A）条件下，在流化床中，进行气固相反应生成甲基氯硅烷混合物，甲基氯硅烷合成反应气经旋风分离及除尘洗涤，将其中残存的硅、铜除去，再经分馏塔分离，未反应的氯化甲烷重新用于合成反应，所得的甲基氯硅烷混合物送至单体分离工段进行分离。在正常生产过程中会遇到反应温度高于或者低于 290℃的情况，因此工艺要求将反应温度控制在 290℃，以保证二甲单程收率高。

要求流化床在最低消耗下，获得最大的二甲单程收率。硅粉、催化剂连续定量加料，以消除流化床床层料面的大幅度波动。流化床换热方式为导热油换热。硅粉、铜粉和氯化甲烷流量配比自动控制，保证流化床负荷稳定，也使空速和接触时间控制在对反应最有利的情况。反应器的密相床层温度可以自动调节。流化床操作控制状态在反应温度上明显表现出来，流化床反应得比较好时，反应温度容易控制；反应主要在密相床层进行，反应温度控制在 290℃时，二甲单程收率高，副产物也少；反应温度过高时，合成物易深度分解，生成较多的 $H_2$、$CH_4$，温度控制困难。流化床 F101 温控方案为调节反应器盘管导热油流量控制流化床密相床层温度。

### 2. 操作步骤

有机硅合成 PID 图见图 4-33。

（1）在现场打开氯化甲烷进料阀 10KZ-20（10ZI-01）、10KZ-22，开始向 V101 进料。

（2）等到 V101 液位达 40% 左右即可打开储罐出口阀 10KZ-23，准备向汽化器 E101 进料。

（3）在现场打开汽化器后至流化床反应器上的所有阀门，包括 10KZ-15、10KZ-05、10KZ-08、10KZ-07、10KZ-06、10KZ-04、10KZ-03、10KZ-33（10ZI-08）、10KZ-28（10ZI-07）、10KZ-29、10KZ-30、10KZ-51。

（4）在现场缓慢打开氮气进料调节阀 10KJ-04（10ZI-06）。

（5）在现场打开流化床旋风分离器进料阀 10KZ-48。

（6）在 DCS 画面缓慢打开调节阀 10FV-01、10FV-02，控制进气流量（2.33t/h、8.16t/h）。

（7）在现场打开 E102 过热器导热油系统的入口阀 10KZ-10、10KZ-11、10KZ-14 和出口阀 10KZ-13，在 DCS 画面通过调节阀 10TV-01 调节过热器出口气体温度为 250℃左右。

（8）在现场打开硅粉进料阀 10KZ-02、10KQ-01（10ZI-04），在现场打开回转阀电机，在 DCS 画面通过调节 101V-01 回转给料阀调节硅粉进料流量为 3.40t/h 左右。

（9）在现场打开铜粉进料阀 10KZ-01、10KQ-02（10ZI-05），在现场打开回转阀电机，在 DCS 画面通过变频器调节 10MV-02 回转给料阀使铜粉进料流量为 0.058t/h 左右。

（10）在现场打开流化床导热油热油系统进出口阀门，包括 10KZ-38、10KZ-36、10KZ-35、10KZ-34、10KZ-54、10KZ-53，在 DCS 画面通过调节阀 10TV-02 控制流化床温度为 280～295℃。

（11）在现场打开旋风分离器 S101 以及细粉罐 V102 的夹套换热导热油系统阀门 10KZ-47、10KZ-49、10KZ-43、10KZ-44，当旋风分离器以及细粉罐温度达到 280～290℃时，即可关闭夹套换热导热油系统各阀门，包括 10KZ-47、10KZ-49、10KZ-43、10KZ-44。

（12）在现场打开 P101 的前阀 10KZ-24，启动泵 P101 及汽化器 E101 进料调节阀 10KJ-21，控制汽化器液位在 30%～70% 之间。

（13）在现场打开 E101 低压蒸汽入口阀（10KZ-16、10KZ-17、10KZ-19）以及出口阀（10KZ-56、10KZ-55），在 DCS 画面通过调节阀 10PV-01 调节蒸汽流量，控制汽化器压力缓慢上升到

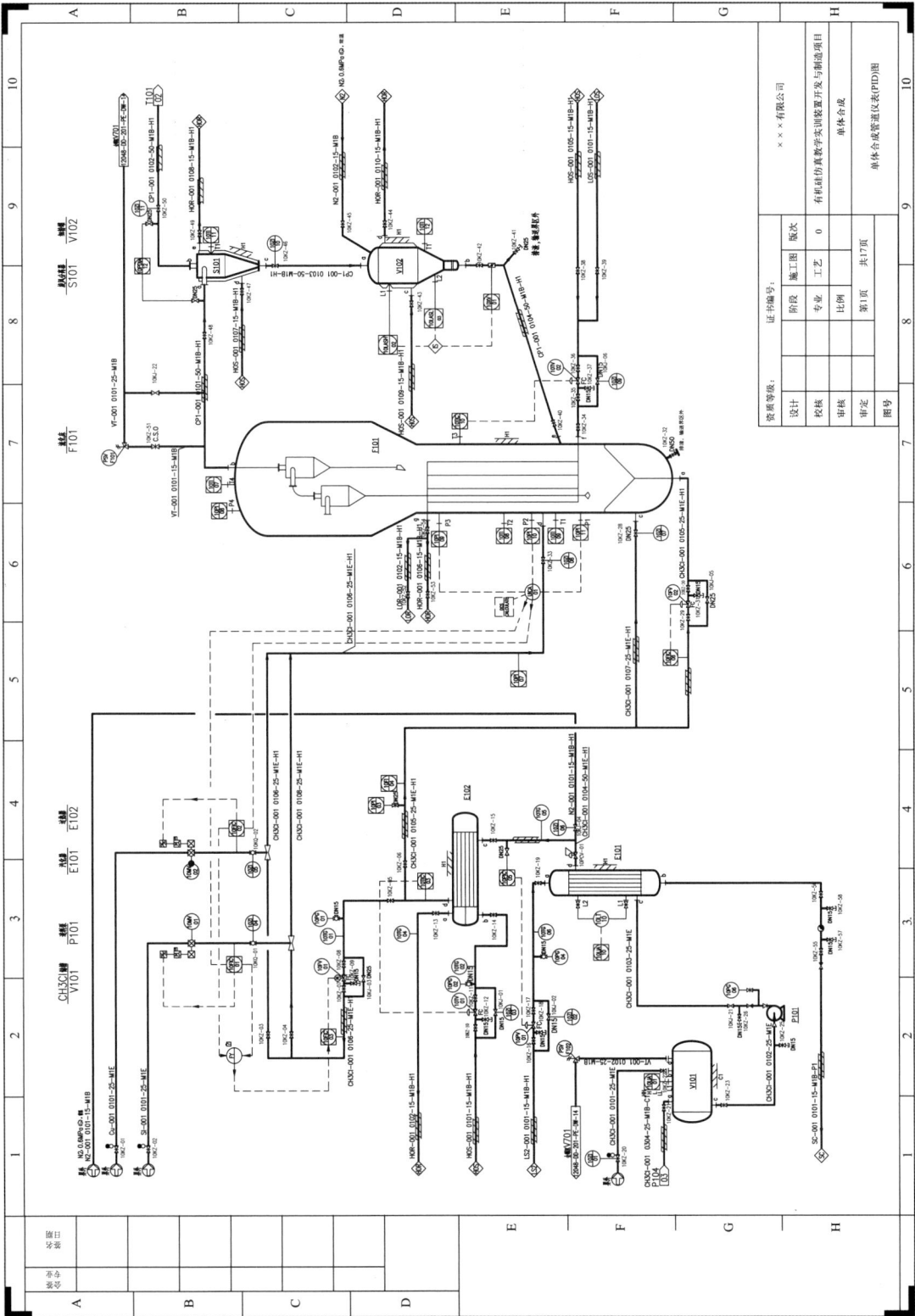

图 4-33　有机硅合成 PID 图

0.75MPa。

（14）当流化床床层形成，床顶压力在 0.15MPa 左右时，即可慢慢关小氮气调节阀 10KJ-04，直到最后关闭，通过调节汽化器 E101 的低压蒸汽入口调节阀控制汽化器出口压力为 0.75MPa，用氯化甲烷置换氮气。

（15）当流化床温度达到 280℃左右并且上升速度比较快时，即可在现场关闭导热油热油系统进口阀 10KZ-38、10KZ-53，打开流化床导热油冷油系统进出口阀门 10KZ-39、10KZ-52、在 DCS 画面通过调节阀 10TV-02 控制流化床温度为 290℃。

（16）当流化床运行稳定后每间隔 5h 在就地页面打开细粉罐进料阀 10KZ-46（10ZI-10）一次，每次持续开 15min 后再关闭（此步为间歇操作）。

（17）在 DCS 画面将 10XV-01 投为自动，当 10XV-01 自动打开后再在就地页面打开细粉罐出料阀 10KZ-42、10KZ-40（正常状况下关闭这两个阀门）。

（18）在现场打开流化床出料阀 10KZ-50（10ZI-11），向水洗重沸塔 T101 进料。

注意：当全流程开车时流化床出料阀在充氮气给流化床升压过程中就要打开，进一步打开单体洗涤页面水洗重沸塔塔顶气相出路，这是为了同时给水洗重沸塔升压。

## 五、考核评价内容

（1）按照安全规范进行 PPE 的穿戴和个人防护。

（2）操作 DCS 系统实现开车及稳态操作。

（3）熟悉相关工艺参数之间的相互影响关系。

## 巩固练习

### 1. 选择题

（1）西门子 PLC S7-300CPU 面板上 RUN 指示灯显示绿色，表示系统处于（　　）。

  A. 运行方式　　　　　　　　　　　　B. 停止方式

  C. 重新启动　　　　　　　　　　　　D. 保持状态

（2）PLC 的硬件部分主要由中央处理器（CPU）、输入接口、输出接口和（　　）等组成。

  A. RAM　　　　　　　　　　　　　　B. 存储器

  C. 模拟量控制　　　　　　　　　　　D. ROM

（3）PLC 按组成结构形式可分为整体式和（　　）。

  A. 模块式　　　　　　　　　　　　　B. 小型

  C. 中型　　　　　　　　　　　　　　D. 大型

（4）PLC 执行程序的过程可分为输入扫描、程序执行和（　　）3 个阶段。

  A. 循环扫描　　　　　　　　　　　　B. 输出刷新

  C. 编程　　　　　　　　　　　　　　D. 输出锁存

（5）PLC 的性能指标，一般有 I/O 点数、扫描速度、存储器容量及（　　）。

  A. I/O 接口　　　　　　　　　　　　B. 指令功能

  C. 编程器　　　　　　　　　　　　　D. CPU

（6）集散控制系统（DCS）是利用（　　）实现集中管理、分散控制。

  A. 上位计算机　　　　　　　　　　　B. 微处理器

  C. KMM 调节器　　　　　　　　　　D. 可编程控制器

（7）一般 DCS 中的过程 I/O 通道是指（　　）。

  A. 模拟量 I/O 通道　　　　　　　　B. 开关量 I/O 通道

  C. 脉冲量输入通道　　　　　　　　D. 以上都是

（8）插拔 DCS 各类卡件时，为防止人体静电损伤卡体上的电气元件，应（　　）插拔。

  A. 在系统断电后　　　　　　　　　B. 戴好接地环或防静电手套

  C. 站在防静电地板上　　　　　　　D. 清扫灰尘后

（9）直接与生产过程相连接，为操作站提供数据的是（　　）。

  A. 现场监测站　　　　　　　　　　B. 现场控制站

  C. 工程师站　　　　　　　　　　　D. 输入输出口

（10）集散控制系统是网络技术和（　　）相结合的产物。

  A. 控制技术　　　　　　　　　　　B. 计算机技术

  C. 通信技术　　　　　　　　　　　D. 以上都是

## 2. 判断题

（1）PLC 运行时，采用循环扫描工作方式。（　　）

（2）PLC 存储器中可读可写的是 ROM。（　　）

（3）操作站主要功能有报警功能、操作功能、组态和编程功能。（　　）

（4）上位计算机是连接 DCS 各个组成部分的桥梁。（　　）

（5）DCS 根据维护工作的不同可分为：日常维护、应急维护、预防维护。（　　）

（6）仪表信号线路不应与交流输电线合用一根穿线管。（　　）

（7）集散控制系统（DCS）是集计算机技术、控制技术、通信技术和 CRT 技术于一体的控制系统，实现了集中管理，分散控制。（　　）

（8）DCS 采用了以通信技术为核心的"智能技术"，能实现自适用、自诊断、自检测等功能。（　　）

## 3. 简答题

（1）什么是可编程逻辑控制器（PLC）？

（2）阐述 PLC 的构成及各组成部分的功能。

（3）集散控制系统（DCS）一般由哪几部分构成？各部分的主要功能是什么？

## 知识卡片

### 国内 DCS 佼佼者——和利时科技集团有限公司

和利时科技集团有限公司（以下简称"和利时"）是中国领先的自动化与信息技术解决方案供应商，主要从事自动控制系统产品的研发、制造和服务，核心业务聚焦在工业自动化、轨道交通自动化和医疗大健康三大领域。和利时是国家产业安全的保驾护航者，智能制造的领军者，中国核电、中国高铁等国家名片的建设者。

和利时基于自主研发的核心产品，为石化和化工行业提供以 DCS+SIS+ITCC 为核心的一体化过程控制和过程安全保护系统，向下集成公司的安全栅和仪表，向上集成公司的 Batch、APC、SCADA、MES、AMS 和 OTS 产品，并与工业云平台连接，形成横向和纵向的全厂一体化解决方案，推动工厂的自动化、数字化、网络化、信息化和智能化。

　　和利时是中国石化、中国石油、中国海油、德国巴斯夫等大型石化或化工企业的自动化解决方案供应商，参与了中国石化海南炼化有限公司 60 万吨 / 年对二甲苯、中安联合煤化有限责任公司煤制 170 万吨 / 年甲醇及转化烯烃、中国石油宁夏石化分公司 45/80 大化肥、中石化青岛分公司 500 万吨大炼油、中国石油呼和浩特石化公司 500 万吨 / 年炼油等大型工程项目。和利时通过人才和技术储备，运用先进技术武装了我国石油化工企业，助力其完成转型升级；同时也借助"一带一路"倡议的契机走出去，促进了中国石油化工仪表自动化技术走向国际。

# 参考文献

[1] 厉玉鸣, 刘慧敏. 化工仪表及自动化. 6 版. 北京: 化学工业出版社, 2020.

[2] 姜换强. 化工仪表及自动化. 北京: 中国石化出版社, 2013.

[3] 廖常初. PLC 基础及应用. 4 版. 北京: 机械工业出版社, 2019.

[4] 田淑珍. S7-200PLC 原理及应用. 3 版. 北京: 机械工业出版社, 2021.

[5] 邓建南, 王建春, 李文华. 可编程控制器. 西安: 西安电子科技大学出版社, 2021.

[6] 崔学智, 崔家铭. 控制阀结构及检维修技术. 北京: 中国石化出版社, 2020.

[7] 吴健. 化工 DCS 技术与操作. 3 版. 北京: 化学工业出版社, 2023.

[8] 樊陈莉, 何心伟. 化工 DCS 操作与控制. 北京: 化学工业出版社, 2024.

[9] 俞文光, 孟邹清, 方来华. 化工安全仪表系统. 北京: 化学工业出版社, 2021.

[10] 刘亚娟, 张慧娟. 化工仪表及自动化. 北京: 化学工业出版社, 2023.

[11] 张毅, 张宝芬, 曹丽, 等. 自动检测技术及仪表控制系统. 4 版. 北京: 化学工业出版社, 2023.

[12] 李飞. 过程检测仪表. 北京: 化学工业出版社, 2018.

[13] 李邓化, 彭书华, 许晓飞. 智能检测技术及仪表. 2 版. 北京: 科学出版社, 2012.

[14] 《石油化工仪表自动化培训教材》编写组. 集散控制系统及现场总线. 北京: 中国石化出版社, 2010.

[15] 靳其兵, 王燕, 曹丽婷. 集散系统中 PID 参数整定与控制器优化. 北京: 化学工业出版社, 2011.

[16] 康明艳, 王蕾. 石油化工生产过程操作与控制. 北京: 化学工业出版社, 2021.

# 化工生产过程控制

## 工作页

（活页式）

张 鹏　主　编
张 燕　副主编
张新岭　主　审

化学工业出版社
·北京·

# 工作情境一
# 控制仪表的调试运行

## 工作情境

某化工生产装置由于已经连续运行两年，按照计划进行停车检修，经过了一个月的紧张而忙碌的装置检修工作，计划于三日后进行装置的开车工作。目前，需要在三日内完成单体仪表的调试工作以及涉及其中的执行器（气动薄膜调节阀）的拆卸、安装和调试运行。

## 工作任务1  数字式控制仪表的投运

### 任务描述及要求

请你完成中间物料储罐液位控制系统的调试运行，需要控制 AI 数字式控制仪表的投运对上水箱液位进行控制。

### 能力目标

#### 1. 专业能力目标

① 会规范熟练地使用 AI 数字式控制仪表。
② 能规范熟练地进行 AI 数字式控制仪表的投运。

#### 2. 通用能力目标

① 具备沟通交流能力。
② 具备严谨的逻辑分析能力。
③ 具备熟练规范的动手操作能力。

### 主导问题

一、请写出 AI 数字式控制仪表的特点和基本功能。

二、请写出使用 AI 数字式控制仪表进行液位控制的原理。

三、请概述 AI 数字式控制仪表进行液位控制的投运过程。

# 任务准备

## 一、安全教育

安全教育须知确认单

· 按照接线图接线，并经任课老师确认正确后方可通电操作。
· 严禁带电接线，以保证人员与设备的安全。
· 注意设备的接线，特别是强电的接线，不要错将380V的电压加到220V的设备上，220V的电源不可跨相连接，否则将导致设备损坏。
· 实训中要注意观察设备的状况，发现异常及时按"停止"按钮，并向老师反映情况。
· 实训结束后，应先关闭仪器电源开关，再拔下电源插头，避免仪器受损。
· 工作过程中切忌互相打闹，要专心工作。
· 工具和零部件按次序摆放，不可乱丢乱放。

学生签名：＿＿＿＿＿＿
日　　期：＿＿＿＿＿＿

## 二、任务确认

在教师的引导下解读工作任务，明确工作目标要求。

工作任务单

目标要求：
1. 现场阀门设置。
2. 操作台系统连线。
3. 上位机系统控制到上水箱液位SV=60mm稳定。
4. 更改液位设定值SV=80mm，等待其再次稳定。
5. 打印控制曲线并进行分析。

学生签名：＿＿＿＿＿＿
日　　期：＿＿＿＿＿＿

## 三、设备清单

| 设备名称 | 型号 | 使用人 | 使用日期 |
|---|---|---|---|
|  |  |  |  |
|  |  |  |  |
|  |  |  |  |
|  |  |  |  |

## 四、工具清单

| 工具名称 | 使用数量 | 使用人 | 使用日期 |
|---|---|---|---|
|  |  |  |  |
|  |  |  |  |
|  |  |  |  |
|  |  |  |  |

## 五、工作计划

工作计划

以下为学生独立地进行工作流程计划设计。

1.

2.

3.

......

学生签名：＿＿＿＿＿＿＿

日　　期：＿＿＿＿＿＿＿

## 六、任务实施

1. 说明现场工艺流程的设置过程。

2. 说明 AI 控制仪表的接线过程。

3. 说明 AI 控制仪表参数设置及 PID 参数整定的过程。

4. 说明该控制系统实现投运及稳定控制的过程。

## 七、任务总结评价

| 评分项目 | 评分细目 | | 配分 | 得分 | 总分 |
|---|---|---|---|---|---|
| 安全防护与准备 | 个人PPE穿戴 | 正确规范 | 2 | | |
| | 安全须知 | 阅读与确认 | 2 | | |
| | 工作任务单 | 阅读与确认 | 1 | | |
| 工作计划制订 | 有效、可执行 | 目的明确 | 5 | | |
| | | 安排合理 | 5 | | |
| | | 步骤可行 | 5 | | |
| 工作过程及记录表的填写 | 实验连接线的连接 | 正确规范 | 5 | | |
| | 系统的组态 | 正确规范 | 5 | | |
| | 数据记录 | 正确规范 | 5 | | |
| | 过渡过程曲线的绘制 | 正确规范 | 10 | | |
| | 数据计算 | 最大偏差 | 5 | | |
| | | 超调量 | 5 | | |
| | | 衰减比 | 5 | | |
| | | 余差 | 5 | | |
| | | 过渡时间 | 5 | | |
| | | 震荡周期 | 5 | | |
| | 安全文明操作 | 规范 | 10 | | |
| | | 不规范 | 0 | | |
| 评估谈话 | 表达和沟通 | 正确全面 | 10 | | |
| 现场整理 | 5S标准 | 规范 | 5 | | |
| 合计 | | | | | |

## 八、评估谈话

评估谈话

• 请说出该任务的基本原理和过程。

• 请说出如何进行自动控制系统的无扰动投运。

• 通过此次工作任务，谈谈你的体会。

## 九、技能拓展

写出 AI 控制与仪表控制下水箱液位的调试运行计划，SV=100mm。

_____

_____

_____

_____

_____

_____

_____

_____

_____

_____

_____

_____

_____

_____

_____

# 工作任务2  自动控制仪表的参数整定调试运行

## 任务描述及要求

你的工作是完成中间物料储罐液位控制系统的调试运行。首先，需要根据液位控制系统的特点，选定控制器，并进行控制器参数的整定工作；其次，需要熟悉液位控制系统的投运步骤；最后，顺利地将中间物料储罐液位控制系统投入运行。

## 能力目标

### 1. 专业能力目标

① 会规范熟练地进行控制器参数的整定。
② 能规范熟练地进行控制系统的投运。

### 2. 通用能力目标

① 具备沟通交流能力。
② 具备严谨的逻辑分析能力。
③ 具备熟练规范的动手操作能力。

## 主导问题

一、请写出液位控制系统中的被控对象、被控变量。

二、请写出根据过渡过程的品质指标如何判断过渡过程的品质。

三、请写出比例度、积分时间、微分时间对自动控制系统过渡过程的影响。

四、请写出 PV、SV、MV、A/M 在自动控制系统中表示的意义。

# 任务准备

## 一、安全教育

安全教育须知确认单

- 按照接线图接线，并经任课老师确认正确后方可通电操作。
- 严禁带电接线，以保证人员与设备的安全。
- 注意设备的接线，特别是强电的接线，不要错将380V的电压加到220V的设备上，220V的电源不可跨相连接，否则将导致设备损坏。
- 实训中要注意观察设备的状况，发现异常及时按"停止"按钮，并向老师反映情况。
- 实训结束后，应先关闭仪器电源开关，再拔下电源插头，避免仪器受损。
- 工作过程中切忌互相打闹，要专心工作。
- 工具和零部件按次序摆放，不可乱丢乱放。

学生签名：＿＿＿＿＿＿

日　　期：＿＿＿＿＿＿

## 二、任务确认

在教师的引导下解读工作任务，明确工作目标要求。

工作任务单

目标要求：操作YB2300型过程控制实验系统，正确连接实验连接线，进行C3000控制器的组态，打开相应的泵及阀门，向1号水箱注水，待水箱液位稳定后，将水箱的液位控制系统由手动状态改为自动状态。修改P的数值，同时用改变给定值的方法给系统加干扰，来测取过渡过程的曲线，更改P的数值，重复这一步骤，得到多条过渡过程曲线。对得到的多条过渡过程曲线进行分析，计算余差、最大偏差、衰减比、过渡时间等品质指标，找到过渡过程的衰减比接近4∶1时对应的P的数值。

学生签名：＿＿＿＿＿＿

日　　期：＿＿＿＿＿＿

## 三、设备清单

| 设备名称 | 型号 | 使用人 | 使用日期 |
|---|---|---|---|
|  |  |  |  |
|  |  |  |  |
|  |  |  |  |
|  |  |  |  |
|  |  |  |  |

## 四、工具清单

| 工具名称 | 使用数量 | 使用人 | 使用日期 |
|---|---|---|---|
|  |  |  |  |
|  |  |  |  |
|  |  |  |  |

## 五、工作计划

工作计划

以下为学生独立地进行工作流程计划设计。

1.

2.

3.

......

学生签名：＿＿＿＿＿＿＿

日　　期：＿＿＿＿＿＿＿

## 六、任务实施

任务实施

记录衰减比接近4：1的过渡过程曲线，并计算余差、最大偏差、衰减比、过渡时间等品质指标。

学生签名：＿＿＿＿＿＿＿

日　　期：＿＿＿＿＿＿＿

## 七、任务总结评价

| 评分项目 | 评分细目 | | 配分 | 得分 | 总分 |
|---|---|---|---|---|---|
| 安全防护与准备 | 个人PPE穿戴 | 正确规范 | 2 | | |
| | 安全须知 | 阅读与确认 | 2 | | |
| | 工作任务单 | 阅读与确认 | 1 | | |
| 工作计划制订 | 有效、可执行 | 目的明确 | 5 | | |
| | | 安排合理 | 5 | | |
| | | 步骤可行 | 5 | | |
| 工作过程及记录表的填写 | 实验连接线的连接 | 正确规范 | 5 | | |
| | 系统的组态 | 正确规范 | 5 | | |
| | 数据记录 | 正确规范 | 5 | | |
| | 过渡过程曲线的绘制 | 正确规范 | 10 | | |
| | 数据计算 | 最大偏差 | 5 | | |
| | | 超调量 | 5 | | |
| | | 衰减比 | 5 | | |
| | | 余差 | 5 | | |
| | | 过渡时间 | 5 | | |
| | | 震荡周期 | 5 | | |
| | 安全文明操作 | 规范 | 10 | | |
| | | 不规范 | 0 | | |
| 评估谈话 | 表达和沟通 | 正确全面 | 10 | | |
| 现场整理 | 5S标准 | 规范 | 5 | | |
| 合计 | | | | | |

## 八、评估谈话

评估谈话

• 请说出该任务的基本原理和过程。

• 请说出如何进行自动控制系统的无扰动投运。

• 通过此次工作任务，谈谈你的体会。

## 九、技能拓展

撰写报告——写出水箱温度控制系统的调试运行计划。

# 工作任务3 气动薄膜调节阀的拆卸

## 任务描述及要求

请选用合适的工具，合理地拆卸气动薄膜调节阀，包括阀体、阀杆、阀芯及配套电气阀门定位器组件，直至拆卸到固定在实训平台底部的阀座为止，然后将零部件规整地摆放在台面上（图1-1）。

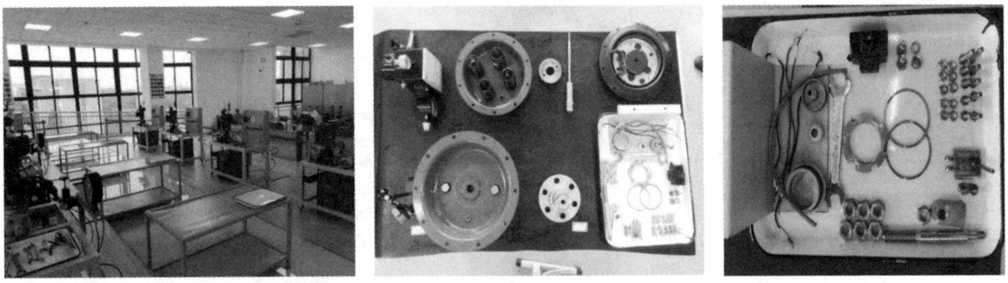

**图1-1 气动薄膜调节阀拆装实物图**

## 能力目标

### 1. 专业能力目标

① 会合理地选择使用工具及规范安全操作。

② 会熟练合理地拆卸气动薄膜调节阀。

### 2. 通用能力目标

① 具备规范使用工具的能力。

② 具备有序合理地摆放零件和工具的能力。

③ 具备安全规范的动手操作能力。

## 主导问题

目前生产装置上的某气动薄膜调节阀出现了故障，需要在做好能源隔断的前提下对其进行拆卸，以方便检维修。

1. 对于气动薄膜调节阀的结构和组成你了解多少？

2. 拆卸之前要先切断哪些能源供应？

3. 根据你的观察，拆卸气动薄膜调节阀的大致顺序是怎样的？

4. 你觉得拆卸过程中有哪些注意事项？

## 任务准备

### 一、安全教育

安全教育须知确认单

- 拆卸工具（如手锤、錾子、扳手、螺丝刀等）的使用，检查有无破损，切忌蛮力使用，须佩戴防滑手套，当心手滑导致意外受伤。
- 在上阀盖的拆卸过程中，由于膜头空间中有四个大弹簧在受力压缩状态，因此周边螺母要均匀泄力拆解，防止上阀盖蹦起伤人。
- 电路拆卸要切断电源；气路拆卸要切断气源。
- 工作过程中切忌互相打闹，要专心工作。
- 拆卸好的零部件按次序摆放，不可乱丢乱放。

学生签名：＿＿＿＿＿＿＿＿
日　　期：＿＿＿＿＿＿＿＿

### 二、任务确认

在教师的引导下解读工作任务，明确工作目标要求。

工作任务单

拆卸对象：气动薄膜调节阀，型号重庆川仪自动化股份有限公司（简称重庆川仪）HTS
　　　　　气源压力0.14～0.50MPa，公称压力1.6MPa
　　　　　电气阀门定位器，型号重庆川仪HEP 15-125A
　　　　　阀杆行程25mm，精度等级1.0%
目标要求：选用合适的工具，合理地拆卸气动薄膜调节阀，包括阀体、阀杆、阀芯及配套电气阀门定位器组件，直至拆卸到固定在实训平台底部的阀座为止，然后将零部件规整地摆放在台面上。

学生签名：＿＿＿＿＿＿＿＿
日　　期：＿＿＿＿＿＿＿＿

## 三、设备清单

| 设备名称 | 型号 | 精度等级 | 使用人 | 使用日期 |
|---|---|---|---|---|
|  |  |  |  |  |
|  |  |  |  |  |
|  |  |  |  |  |
|  |  |  |  |  |

## 四、工具清单

| 工具名称 | 使用数量 | 使用人 | 使用日期 |
|---|---|---|---|
|  |  |  |  |
|  |  |  |  |
|  |  |  |  |
|  |  |  |  |
|  |  |  |  |

## 五、工作计划

工作计划

以下为学生独立地进行工作流程计划设计。

1.

2.

3.

……

学生签名：＿＿＿＿＿＿
日　　期：＿＿＿＿＿＿

## 六、任务实施

1. 请写明拆卸气动薄膜调节阀所需要的工具。

2. 首先拆卸的电气阀门定位器组件包括哪些零件？

3. 接下来拆卸的上阀盖和下阀盖部分包含了哪些零件？

4. 最后拆卸的下阀体和阀座部分包含了哪些零件（图 1-2）？

图1-2　气动薄膜调节阀零部件实物图

## 七、任务总结评价

| 评分项目 | 评分细目 | 配分 | 得分 | 总分 |
|---|---|---|---|---|
| 安全防护与准备 | 个人PPE穿戴 | 2 | | |
| | 安全须知的阅读与确认 | 2 | | |
| | 工作任务单的阅读和确认 | 1 | | |
| 工作计划制订 | 全面性 | 10 | | |
| | 合理性 | 10 | | |
| 工作过程 | 选用工具合理 | 10 | | |
| | 工具零件无掉落 | 10 | | |
| | 熟练度 | 10 | | |
| | 无不安全不文明操作 | 10 | | |
| 工作记录表的填写 | 准确性 | 10 | | |
| | 规范性 | 10 | | |
| 专业谈话 | 准确性 | 5 | | |
| | 创新性 | 5 | | |
| 现场整理 | 整洁性 | 5 | | |
| 合计 | | | | |

## 八、评估谈话

<table>
<tr><td align="center">评估谈话</td></tr>
<tr><td>

• 请说出气动薄膜调节阀的拆卸顺序。

<br><br><br>

• 在拆卸上下阀盖部分时如何操作比较安全合理？

<br><br><br>

• 通过此次工作任务，谈谈你的体会。

</td></tr>
</table>

## 九、技能拓展

请完成对气动活塞调节阀的熟练拆卸。

# 工作任务4　气动薄膜调节阀的组装

## 任务描述及要求

请选用合适的工具，将拆卸好的气动薄膜调节阀的各个零件完成组装（图1-3）。

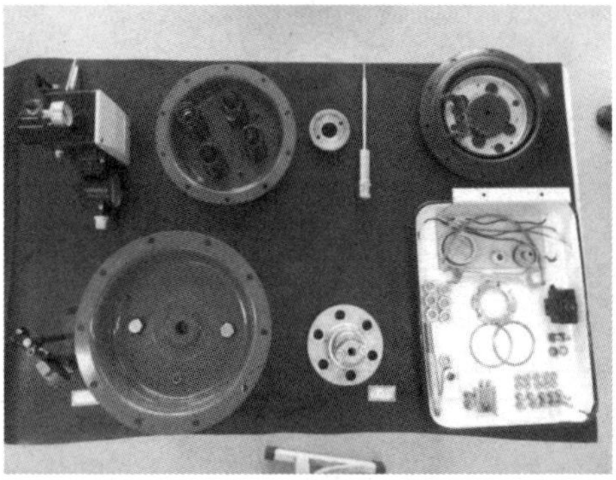

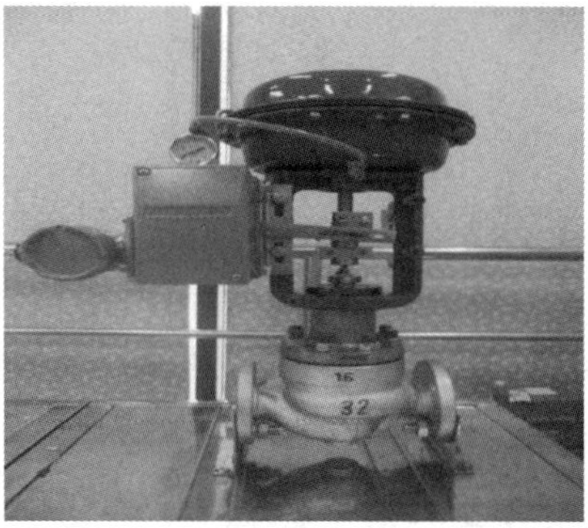

图1-3　气动薄膜调节阀拆装实物图

## 能力目标

### 1. 专业能力目标

① 会合理地选择使用工具及规范安全操作。

② 会熟练合理地组装气动薄膜调节阀。

### 2. 通用能力目标

① 具备规范合理使用工具的能力。

② 具备安全规范的动手操作能力。

## 主导问题

生产装置上的某气动薄膜调节阀之前由于出现了故障，维修人员已经对其完成了拆卸和损坏零部件的更换，现需要你对其进行组装。

1. 请根据气动薄膜调节阀的结构组成清点所有的零部件。

2. 根据你的观察和之前的拆卸经验，组装气动薄膜调节阀的大致顺序是怎样的？

3. 组装好之后要恢复哪些能源供应来初步测试其动作是否正常？

4. 你觉得组装过程中有哪些注意事项？

## 任务准备

### 一、安全教育

安全教育须知确认单

- 组装工具（如手锤、錾子、扳手、螺丝刀等）的使用，检查有无破损，切忌蛮力使用，须佩戴防滑手套，当心手滑导致意外受伤。
- 在上阀盖的组装过程中，由于膜头空间中有四个大弹簧在受力压缩状态，因此周边螺母要对角均匀上力拧紧，以保证其气密性合格。
- 先连接好电路和气路后再通电通气测试其动作。
- 工作过程中切忌互相打闹，要专心工作。
- 零部件和工具按次序摆放，不可乱丢乱放。

学生签名：_____

日　　期：_____

### 二、任务确认

在教师的引导下解读工作任务，明确工作目标要求。

工作任务单

组装对象：气动薄膜调节阀，型号重庆川仪HTS

气源压力0.14～0.50MPa，公称压力1.6MPa

电气阀门定位器，型号重庆川仪HEP 15-125A

阀杆行程25mm，精度等级1.0%

目标要求：选用合适的工具，合理地组装气动薄膜调节阀，包括阀体、阀杆、阀芯及配套电气阀门定位器组件，然后连接电路和气路初步测试其动作是否正常。

学生签名：_____

日　　期：_____

## 三、设备清单

| 设备名称 | 型号 | 精度等级 | 使用人 | 使用日期 |
|---|---|---|---|---|
|  |  |  |  |  |
|  |  |  |  |  |
|  |  |  |  |  |
|  |  |  |  |  |

## 四、工具清单

| 工具名称 | 使用数量 | 使用人 | 使用日期 |
|---|---|---|---|
|  |  |  |  |
|  |  |  |  |
|  |  |  |  |
|  |  |  |  |
|  |  |  |  |

## 五、工作计划

工作计划

以下为学生独立地进行工作流程计划设计。

1.

2.

3.

……

学生签名：＿＿＿＿＿＿＿

日　　期：＿＿＿＿＿＿＿

## 六、任务实施

1.请写出组装气动薄膜调节阀所需要的工具。

2.首先组装阀座和下阀体部分，请概述各个零件的安装顺序。

3.接下来组装上阀盖和下阀盖部分，请概述各个零件的安装顺序。

4.最后安装电气阀门定位器组件，请概述各个零件的安装顺序。

## 七、任务总结评价

| 评分项目 | 评分细目 | 配分 | 得分 | 总分 |
|---|---|---|---|---|
| 安全防护与准备 | 个人PPE穿戴 | 2 | | |
| | 安全须知的阅读与确认 | 2 | | |
| | 工作任务单的阅读和确认 | 1 | | |
| 工作计划制订 | 全面性 | 10 | | |
| | 合理性 | 10 | | |
| 工作过程 | 选用工具合理 | 10 | | |
| | 工具零件无掉落 | 10 | | |
| | 熟练度 | 10 | | |
| | 无不安全不文明操作 | 10 | | |
| 工作记录表的填写 | 准确性 | 10 | | |
| | 规范性 | 10 | | |
| 专业谈话 | 准确性 | 5 | | |
| | 创新性 | 5 | | |
| 现场整理 | 整洁性 | 5 | | |
| 合计 | | | | |

## 八、评估谈话

评估谈话
- 请说出气动薄膜调节阀的组装顺序。

- 在何种位置状态下安装电气阀门定位器反馈杆最合理？并说明原因。

- 通过此次工作任务，谈谈你的体会。

## 九、技能拓展

完成对气动活塞调节阀的熟练组装。

# 工作任务5　电气阀门定位器的调校

## 任务描述及要求

　　根据工艺要求，通过对电气阀门定位器（图 1-4）的零点和量程旋钮的调节，完成对气动薄膜调节阀阀杆行程正反行程的五点调校，使其每个点都满足阀杆行程 1.0%（±0.25mm）的精度控制要求。

图1-4　电气阀门定位器内部结构及安装图

## 能力目标

### 1. 专业能力目标

① 会合理地选择使用工具及规范操作；
② 会熟练地调节电气阀门定位器进行阀杆正反行程的五点调校。

### 2. 通用能力目标

① 具备规范使用工具的能力。
② 具备规范记录数据和计算的能力。
③ 具备安全规范的动手操作能力。

## 主导问题

　　生产装置上的某气动薄膜调节阀之前由于出现了故障，维修人员已经对其完成了拆卸、损坏零部件的更换和组装，现在需要完成对气动薄膜调节阀及电气阀门定位器正反行程的五点调校，使其满足阀杆行程 1.0%（±0.25mm）的精度控制要求。

　　1. 请你回忆一下差压变送器进行正反行程五点校验时的原理和过程，并进行类比思考气动薄膜调节阀的阀杆行程调校如何实现？

2. 请你说出电气阀门定位器的结构和工作原理，并指出其零点和量程调整旋钮的位置。

3. 根据你的观察和台面上目前提供的工具，测量阀杆行程的数字式测量尺如何安装和固定？

4. 你觉得调校过程中有哪些注意事项？

## 任务准备

### 一、安全教育

安全教育须知确认单

- 工具（如手锤、錾子、扳手、螺丝刀等）的使用，检查有无破损，切忌蛮力使用，须佩戴防滑手套，当心手滑导致意外受伤。
- 开启压缩机和操作压力阀时注意不要带压操作。
- 在调节电气阀门定位器的旋钮时切忌用蛮力。
- 数字式测量尺的测量导杆要与阀杆保持平行。
- 工作过程中切忌互相打闹，要专心工作。

学生签名：_____

日　　期：_____

### 二、任务确认

在教师的引导下解读工作任务，明确工作目标要求。

工作任务单

工作对象：气动薄膜调节阀，型号重庆川仪HTS

　　　　　气源压力0.14～0.50MPa，公称压力1.6MPa

　　　　　电气阀门定位器，型号重庆川仪HEP 15-125A

　　　　　阀杆行程25mm，精度等级1.0%

目标要求：根据工艺要求，通过对电气阀门定位器的零点和量程旋钮的调节，完成对气动薄膜调节阀阀杆行程正反行程的五点调校，使其每个点都满足阀杆行程1.0%（±0.25mm）的精度控制要求。

学生签名：_____

日　　期：_____

## 三、设备清单

| 设备名称 | 型号 | 精度等级 | 使用人 | 使用日期 |
|---|---|---|---|---|
|  |  |  |  |  |
|  |  |  |  |  |
|  |  |  |  |  |
|  |  |  |  |  |

## 四、工具清单

| 工具名称 | 使用数量 | 使用人 | 使用日期 |
|---|---|---|---|
|  |  |  |  |
|  |  |  |  |
|  |  |  |  |
|  |  |  |  |
|  |  |  |  |

## 五、工作计划

工作计划

以下为学生独立地进行工作流程计划设计。

1.

2.

3.

……

学生签名：_____

日　　期：_____

## 六、任务实施

1. 电气阀门定位器反馈杆安装初始位置如何确定？

2. 电路和气路连接后如何初步测试其动作状态？

3. 调节电气阀门定位器的零点和量程旋钮对阀杆进行正反行程的五点校验，请阐明过程。

4. 调校过程中需要记录哪些数据？如何计算得出正确的校验结论？

电气阀门定位器调校校验单

| 仪表名称 | | 仪表型号 | |
|---|---|---|---|
| 弹簧压力范围 | | 额定行程 | |
| 电器阀门定位器型号 | | 输入信号 | |
| 气源压力 | | 额定行程 | |

| 输入 | | 输出 | | | | | |
|---|---|---|---|---|---|---|---|
| | | 标准值 | 实测值 | | | | |
| | | mm | 上行 | 绝对误差 | 下行 | 绝对误差 | 正反行程差值 |
| 0.00% | 4mA | 0.00 | | | | | |
| 25.00% | 8mA | 6.25 | | | | | |
| 50.00% | 12mA | 12.50 | | | | | |
| 75.00% | 16mA | 18.75 | | | | | |
| 100.00% | 20mA | 25.00 | | | | | |
| 基本误差（引用误差）： | | | | 回差（变差）： | | | |
| 备注 | | | | | | | |
| 成绩 | | 校验日期 | | | | | |

## 七、任务总结评价

| 评分项目 | 评分细目 | 配分 | 得分 | 总分 |
|---|---|---|---|---|
| 安全防护与准备 | 个人PPE穿戴 | 2 | | |
| | 安全须知的阅读与确认 | 2 | | |
| | 工作任务单的阅读和确认 | 1 | | |
| 工作计划制订 | 全面性 | 10 | | |
| | 合理性 | 10 | | |
| 工作过程 | 选用工具合理 | 10 | | |
| | 工具零件无掉落 | 10 | | |
| | 熟练度 | 10 | | |
| | 无不安全不文明操作 | 10 | | |
| 工作记录表的填写 | 准确性 | 10 | | |
| | 规范性 | 10 | | |
| 专业谈话 | 准确性 | 5 | | |
| | 创新性 | 5 | | |
| 现场整理 | 整洁性 | 5 | | |
| 合计 | | | | |

## 八、评估谈话

评估谈话

· 请说出电气阀门定位器的作用。

· 请说出正反行程五点校验的原理和方法。

· 通过此次工作任务，谈谈你的体会。

## 九、技能拓展

将阀杆行程调至 20mm 再次进行调校并达到精度等级 1.0% 的使用要求。

# 工作任务6　气动薄膜调节阀的密封性及泄漏量测试

## 任务描述及要求

请选用合适的工具，在现有装置条件下，设计合理方案，对气动薄膜调节阀的上阀盖、填料函及其他连接处的密封性进行测试，对气动调节阀气室的密封性进行测试，对调节结构阀体的泄漏量进行测试（图1-5）。

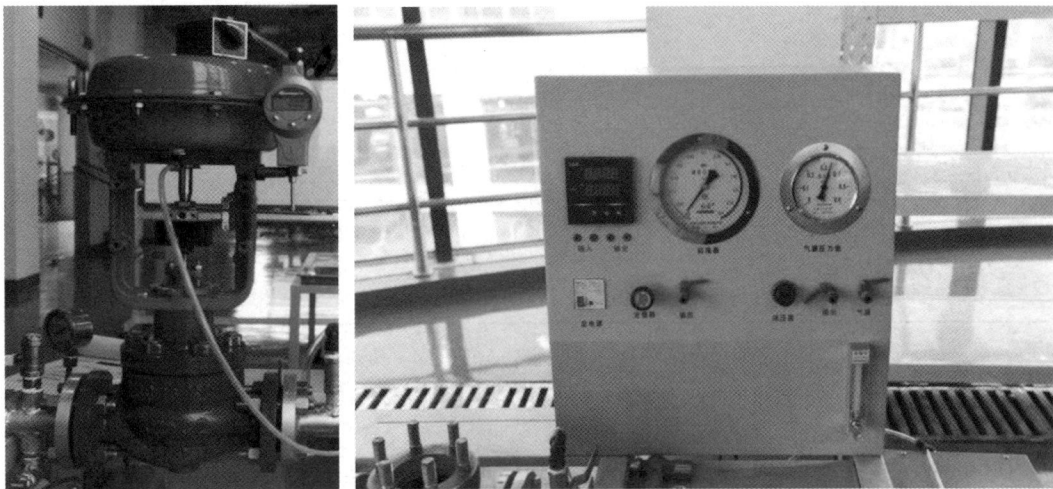

图1-5　气动薄膜调节阀气密性测试

## 能力目标

### 1. 专业能力目标

① 会合理地选择使用工具及规范安全操作。
② 会正确合理地完成气动薄膜调节阀的密封性及泄漏量测试。

### 2. 通用能力目标

① 具备规范使用工具的能力。
② 具备带压设备的正确操作能力。
③ 具备安全规范的动手操作能力。

## 主导问题

生产装置上的某气动薄膜调节阀之前由于出现了故障，维修人员已经对其完成了拆卸、损坏零部件的更换和组装，之后又完成了其阀杆行程的精度调校，在投运之前，还要对其进行密封性和泄漏量的测试，这部分完成后就可实现设备投运。

1. 根据你的理解，请说明密封性测试和泄漏量测试具体是指什么。

2. 你觉得在测试过程中有哪些注意事项？

## 任务准备

### 一、安全教育

安全教育须知确认单
- 工具（如手锤、錾子、扳手、螺丝刀等）的使用，检查有无破损，切忌蛮力使用，须佩戴防滑手套，当心手滑导致意外受伤。
- 操作过程中不可带压操作。
- 电路拆卸要切断电源；气路拆卸要切断气源。
- 工作过程中切忌互相打闹，要专心工作。

学生签名：＿＿＿＿＿＿＿＿

日　　期：＿＿＿＿＿＿＿＿

### 二、任务确认

在教师的引导下解读工作任务，明确工作目标要求。

工作任务单
拆卸对象：气动薄膜调节阀，型号重庆川仪HTS
　　　　　气源压力0.14～0.50MPa，公称压力1.6MPa
　　　　　电气阀门定位器，型号重庆川仪HEP 15～125A
　　　　　阀杆行程25mm，精度等级1.0%
目标要求：请选用合适的工具，在现有装置条件下，设计合理方案，对气动薄膜调节阀的上阀盖、填料函及其他连接处的密封性进行测试，对气动调节阀气室的密封性进行测试，对调节结构阀体的泄漏量进行测试。

学生签名：＿＿＿＿＿＿＿＿

日　　期：＿＿＿＿＿＿＿＿

## 三、设备清单

| 设备名称 | 型号 | 精度等级 | 使用人 | 使用日期 |
|---|---|---|---|---|
|  |  |  |  |  |
|  |  |  |  |  |
|  |  |  |  |  |
|  |  |  |  |  |

## 四、工具清单

| 工具名称 | 使用数量 | 使用人 | 使用日期 |
|---|---|---|---|
|  |  |  |  |
|  |  |  |  |
|  |  |  |  |
|  |  |  |  |
|  |  |  |  |

## 五、工作计划

工作计划

以下为学生独立地进行工作流程计划设计。

1.

2.

3.

……

学生签名：_____

日　　期：_____

## 六、任务实施

1. 如何利用现有的设备和工具首先对其上阀盖的密封性进行测试？

2. 如何利用现有的设备和工具对其气室的气密性进行测试？

3. 如何利用现有的设备和工具对阀体的泄漏量进行测试？

## 七、任务总结评价

| 评分项目 | 评分细目 | 配分 | 得分 | 总分 |
|---|---|---|---|---|
| 安全防护与准备 | 个人PPE穿戴 | 2 | | |
| | 安全须知的阅读与确认 | 2 | | |
| | 工作任务单的阅读和确认 | 1 | | |
| 工作计划制订 | 全面性 | 10 | | |
| | 合理性 | 10 | | |
| 工作过程 | 选用工具合理 | 10 | | |
| | 工具零件无掉落 | 10 | | |
| | 熟练度 | 10 | | |
| | 无不安全不文明操作 | 10 | | |
| 工作记录表的填写 | 准确性 | 10 | | |
| | 规范性 | 10 | | |
| 专业谈话 | 准确性 | 5 | | |
| | 创新性 | 5 | | |
| 现场整理 | 整洁性 | 5 | | |
| 合计 | | | | |

## 八、评估谈话

评估谈话

• 请说出气动薄膜调节阀密封性测试的内容。

• 请说出气动薄膜调节阀泄漏量测试的内容。

• 通过此次工作任务，谈谈你的体会。

## 九、技能拓展

阐述化工生产装置上气动薄膜调节阀维修更换的全流程。

_____

_____

_____

_____

_____

_____

_____

_____

_____

_____

_____

_____

_____

_____

_____

_____

_____

_____

_____

_____

_____

_____

课堂
笔记

# 工作情境二
# 控制系统的调试运行

## 情境描述

常减压车间技术改造完成，设备仪表安装完毕并检查合格，施工方需要按照交工验收方案进行系统模拟试验。系统模拟试验分为三个阶段：单体仪表调试、单系统调试和全系统调试。通过信号发生端输入模拟信号，监测控制仪表、执行器、单自动控制系统和信号联锁报警系统的运行状况，进而测试系统的允许误差、PID 作用及作用方向、工艺参数设定、安全仪表及联锁报警系统的工作状况、控制系统的工艺全模拟运行状况，检测系统是否符合设计要求。本次任务涉及其中的信号联锁报警系统的构建和调试运行。

## 工作任务1　认知简单控制系统

### 任务描述及要求

根据某工段的工艺管道及仪表流程图（图 2-1），认知该工段流程中控制系统的情况，理解闭环控制系统与开环控制系统的本质区别。

① 列出所有的闭环控制系统和开环控制系统并列出相对应的被控对象、被控变量。
② 对于闭环控制系统，除列出对应的被控对象、被控变量外，再列出操纵变量。
③ 画出闭环自动控制系统的方块图。

### 能力目标

#### 1. 专业能力目标

① 会熟练地识别和绘制自动控制系统的方块图。
② 会根据工艺管道及仪表流程图，分析确定单系统控制系统的被控对象、被控变量、操纵变量、扰动因素。

#### 2. 通用能力目标

① 具备沟通交流的能力。
② 具备分析控制系统的能力。
③ 具备绘制控制方块图的能力。

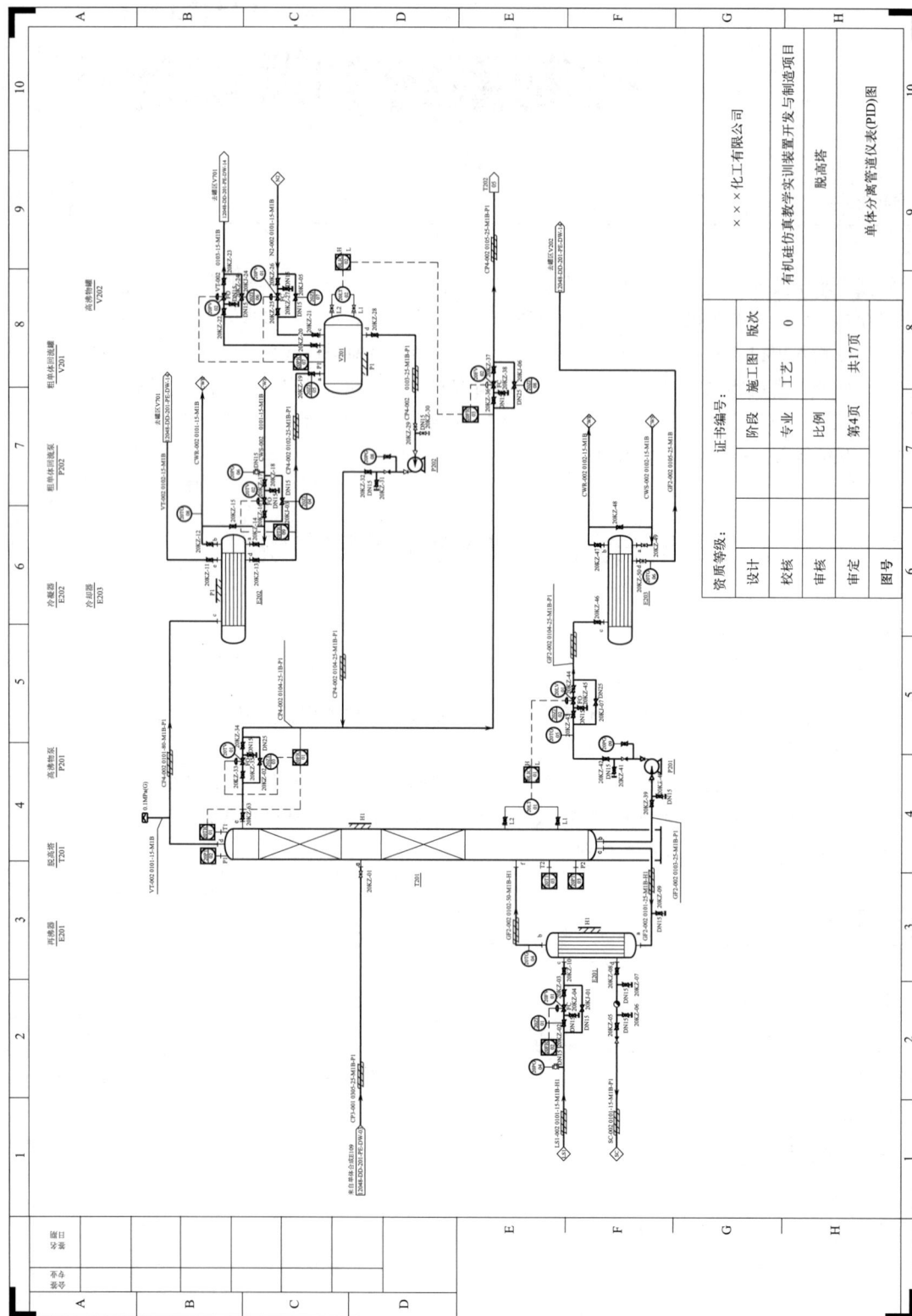

图2-1　某工段工艺流程图

## 主导问题

根据工艺管道及仪表流程图，哪些控制系统是可自动控制的？哪些是需要主操外操人员协调完成的？

## 任务准备

### 一、安全教育

安全教育须知确认单

- 在分组实训前应认真了解实训场所的安全隐患及相应的处理措施，发现安全隐患应立即报告指导教师或实训室管理人员处理。
- 检查本组资料、工具是否齐全，若缺少立即报告指导教师或实训室管理人员处理。
- 实训结束后，应先关闭仪器电源开关，再拔下电源插头，避免仪器受损。
- 工作过程中切忌互相打闹，要专心工作。
- 工具和零部件按次序摆放，不可乱丢乱放。

学生签名：＿＿＿＿＿＿
日　　期：＿＿＿＿＿＿

### 二、任务确认

在教师的引导下解读工作任务，明确工作目标要求。

工作任务单

目标要求：根据某工段的工艺管道及仪表流程图，认知该工段流程中控制系统的情况，理解闭环控制系统与开环控制系统的本质区别。

1. 列出所有的闭环控制系统和开环控制系统，并指出相对应的被控对象、被控变量。
2. 对于闭环控制系统，除列出对应的被控对象、被控变量外，再指出操纵变量。
3. 任选一闭环控制系统画出其控制方块图。

学生签名：＿＿＿＿＿＿
日　　期：＿＿＿＿＿＿

## 三、设备清单

| 设备名称 | 类别 | 等级 | 使用人 | 使用日期 |
|---|---|---|---|---|
|  |  |  |  |  |
|  |  |  |  |  |
|  |  |  |  |  |
|  |  |  |  |  |
|  |  |  |  |  |
|  |  |  |  |  |

## 四、工具清单

| 工具名称 | 使用数量 | 使用人 | 使用日期 |
|---|---|---|---|
|  |  |  |  |
|  |  |  |  |
|  |  |  |  |
|  |  |  |  |
|  |  |  |  |
|  |  |  |  |
|  |  |  |  |

## 五、工作计划

工作计划

以下为学生独立地进行工作流程计划设计。

1.

2.

3.

......

学生签名：_____

日　　期：_____

## 六、任务实施

1. 控制系统分析表

| 仪表图形符号 | 控制系统名称 | 开环或闭环系统 | 被控对象 | 被控变量 | 操纵变量 | 执行器 |
|---|---|---|---|---|---|---|
|  |  |  |  |  |  |  |
|  |  |  |  |  |  |  |
|  |  |  |  |  |  |  |
|  |  |  |  |  |  |  |
|  |  |  |  |  |  |  |
|  |  |  |  |  |  |  |

2. 方块图

## 七、任务总结评价

| 评分项目 | 评分细目 | | 配分 | 得分 | 总分 |
|---|---|---|---|---|---|
| 安全防护与准备 | 个人PPE穿戴 | 正确规范 | 2 | | |
| | 安全须知 | 阅读与确认 | 2 | | |
| | 工作任务单 | 阅读与确认 | 1 | | |
| 工作计划制订 | 有效、可执行 | 目的明确 | 5 | | |
| | | 安排合理 | 5 | | |
| | | 步骤可行 | 5 | | |
| 工作过程及记录表的填写 | 工艺管道及仪表图识读 | 正确规范 | 20 | | |
| | 控制系统分析表的书写 | 正确规范 | 15 | | |
| | 自动控制系统方块图的绘制 | 正确规范 | 15 | | |
| | 自动控制过程的理解 | 理解正确 | 15 | | |
| 评估谈话 | 表达和沟通 | 正确全面 | 10 | | |
| 现场整理 | 5S标准 | 规范 | 5 | | |
| 合计 | | | | | |

## 八、评估谈话

评估谈话

· 请说出简单控制系统的组成部分（环节）。

· 请说出简单控制系统方块图包含的要素。

· 通过此次工作任务，谈谈你的体会。

## 九、技能拓展

针对另外一个工艺管道及仪表流程图，结合工艺要求分析其包含的控制系统。

# 工作任务2　简单控制系统的设计

## 任务描述及要求

经过前期的学习，学会了简单控制系统的组成及表达控制过程的方法，同时也学习了设计一个简单控制系统（单系统控制系统）的方法，那么，在CS2000过程控制实验装置上（图2-2），如何建立一个简单控制系统，完成水箱液位的控制？

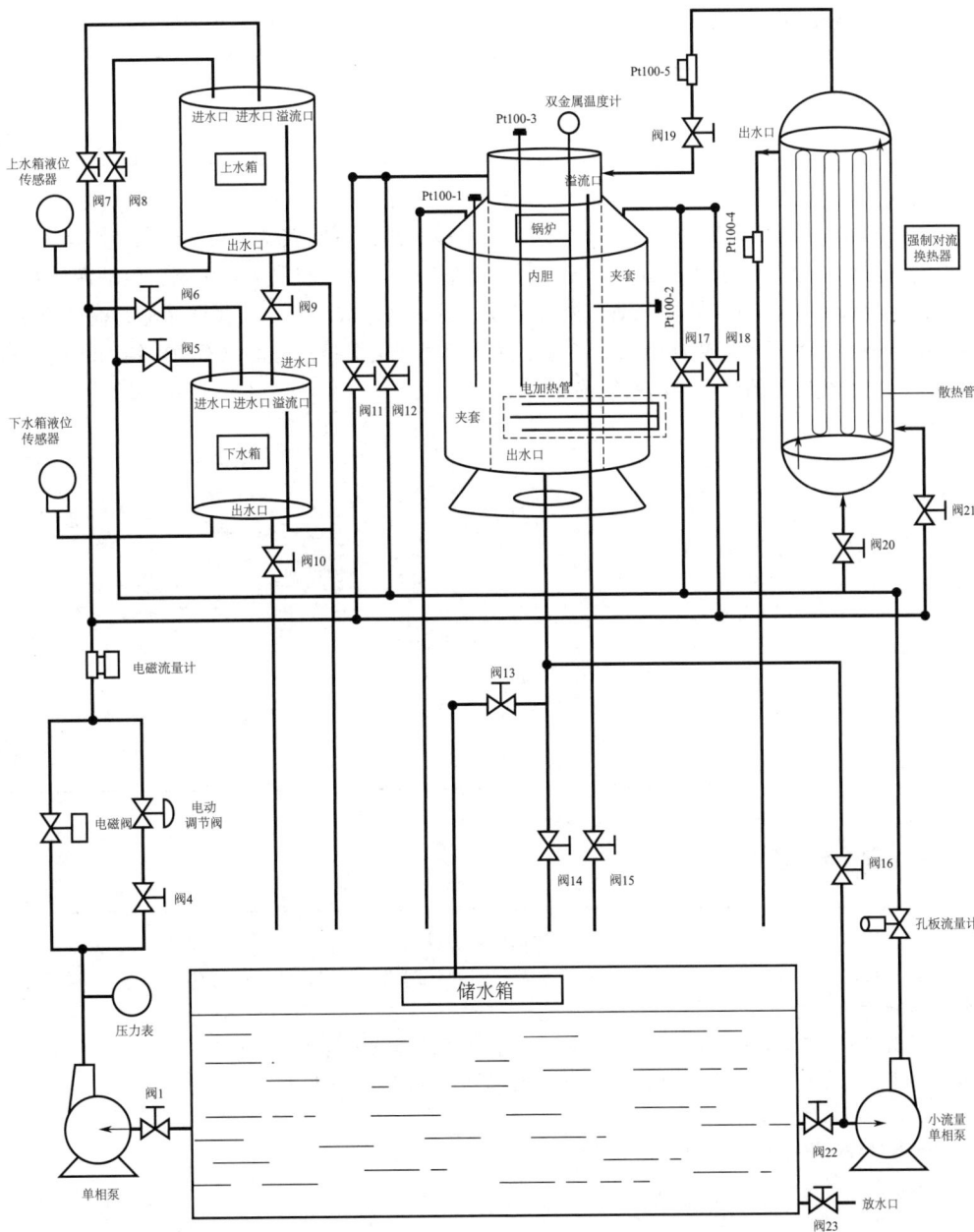

图2-2　CS2000型过程控制实验装置示意图

## 能力目标

### 1. 专业能力目标

① 会熟练根据要求完成单水箱液位定值控制系统构建。

② 会根据单系统控制流程分析确定控制系统的被控对象、被控变量、操纵变量、扰动因素。

③ 会绘制单水箱液位定值控制系统的方块图。

### 2. 通用能力目标

① 具备沟通交流的能力。

② 具备 5S 现场管理的能力。

## 主导问题

CS2000 型过程控制实验装置，有两个或三个串接的圆筒有机玻璃水箱——上水箱、中水箱、下水箱，水通过威乐泵输送到水箱，系统的动力支路分为两路：一路由威乐泵、电动调节阀、孔板流量计、自锁紧不锈钢水管及手动切换阀组成；另一路由威乐泵、变频调速器、涡轮流量计、自锁紧不锈钢水管及手动切换阀组成。通过不同阀门的开关选择，可构成不同水箱的液位控制系统。那么，上水箱液位的简单控制系统该如何设计？

## 任务准备

### 一、安全教育

安全教育须知确认单

- 在分组实训前应认真了解实训场所的安全隐患及相应的处理措施，发现安全隐患应立即报告指导教师或实训室管理人员处理。
- 检查本组资料、工具是否齐全，若缺少立即报告指导教师或实训室管理人员处理。
- 实训结束后，应先关闭仪器电源开关，再拔下电源插头，避免仪器受损。
- 工作过程中切忌互相打闹，要专心工作。
- 工具和零部件按次序摆放，不可乱丢乱放。

学生签名：＿＿＿＿＿＿

日 期：＿＿＿＿＿＿

## 二、任务确认

在教师的引导下解读工作任务，明确工作目标要求。

工作任务单

目标要求：根据CS2000型过程控制实验装置，正确选择阀门的开关，构成上水箱（或中水箱或下水箱）液位的简单控制系统。

1. 画出上水箱（或中水箱或下水箱）液位的简单控制流程简图。
2. 指出上水箱（或中水箱或下水箱）液位控制系统对应的被控对象、被控变量、操纵变量。
3. 画出上水箱（或中水箱或下水箱）液位简单控制的方块图。

学生签名: ＿＿＿＿＿＿＿＿＿

日　　期: ＿＿＿＿＿＿＿＿＿

## 三、设备清单

| 设备名称 | 类别 | 等级 | 使用人 | 使用日期 |
|---|---|---|---|---|
|  |  |  |  |  |
|  |  |  |  |  |
|  |  |  |  |  |
|  |  |  |  |  |

## 四、工具清单

| 工具名称 | 使用数量 | 使用人 | 使用日期 |
|---|---|---|---|
|  |  |  |  |
|  |  |  |  |
|  |  |  |  |
|  |  |  |  |

## 五、工作计划

工作计划

以下为学生独立地进行工作流程计划设计。

1.
2.
3.
......

学生签名: ＿＿＿＿＿＿＿＿＿

日　　期: ＿＿＿＿＿＿＿＿＿

## 六、任务实施

1. 控制系统分析表

| 仪表图形符号 | 控制系统名称 | 开环或闭环系统 | 被控对象 | 被控变量 | 操纵变量 | 执行器 |
|---|---|---|---|---|---|---|
|  |  |  |  |  |  |  |
|  |  |  |  |  |  |  |
|  |  |  |  |  |  |  |
|  |  |  |  |  |  |  |
|  |  |  |  |  |  |  |
|  |  |  |  |  |  |  |

2. 方块图

## 七、任务总结评价

| 评分项目 | 评分细目 | | 配分 | 得分 | 总分 |
|---|---|---|---|---|---|
| 安全防护与准备 | 个人PPE穿戴 | 正确规范 | 2 |  |  |
|  | 安全须知 | 阅读与确认 | 2 |  |  |
|  | 工作任务单 | 阅读与确认 | 1 |  |  |
| 工作计划制订 | 有效、可执行 | 目的明确 | 5 |  |  |
|  |  | 安排合理 | 5 |  |  |
|  |  | 步骤可行 | 5 |  |  |
| 工作过程及记录表的填写 | 工艺管道及仪表图识读 | 正确规范 | 15 |  |  |
|  | 控制系统分析表的书写 | 正确规范 | 15 |  |  |
|  | 控制系统方块图的绘制 | 正确规范 | 15 |  |  |
|  | 自动控制系统分析 | 正确规范 | 20 |  |  |
| 评估谈话 | 表达和沟通 | 正确全面 | 10 |  |  |
| 现场整理 | 5S标准 | 规范 | 5 |  |  |
| 合计 |  |  |  |  |  |

## 八、评估谈话

评估谈话

• 简单控制系统被控变量、操纵变量如何选择？


• 设计一个简单控制方案，关键在于选择什么？


• 通过此次工作任务，谈谈你的体会。

## 九、技能拓展

根据图 2-3 设计一个塔顶压力简单控制系统，可以有几个方案？分析并说明。

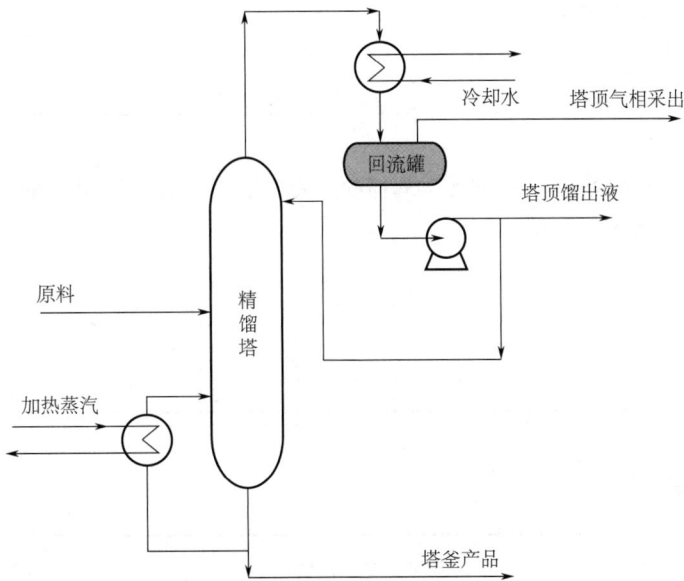

图2-3　精馏塔工艺流程图

# 工作任务3 简单控制系统的投运

## 任务描述及要求

已在 CS2000 型过程控制实验装置上（图 2-2），构建了一个简单控制系统来完成水箱液位的控制，接下来我们一起将这个系统投入运行。

## 能力目标

### 1. 专业能力目标

① 会熟练根据要求完成水箱液位简单控制系统构建，并清楚系统的被控对象、被控变量、操纵变量、扰动因素。

② 会绘制单水箱液位简单控制系统的方块图。

③ 会分析工艺过程，确定控制器的正反作用。

④ 会控制器 PID 参数的工程整定。

### 2. 通用能力目标

① 具备沟通交流的能力。

② 具备现场 5S 管理的能力。

## 主导问题

CS2000 过程控制实验装置，通过不同阀门的开关选择，可构建不同水箱的液位控制系统。那么，如何实现水箱的液位控制呢？

## 任务准备

### 一、安全教育

安全教育须知确认单

- 实训场所有220V电源，有连接电线、电脑、机柜连线等，存在安全隐患；学生到实训场所应了解隐患所在及相应的处理措施，发现安全隐患应立即报告指导教师或实训室管理人员处理。
- 检查本组资料、工具是否齐全，若缺少立即报告指导教师或实训室管理人员处理。
- 实训结束后，应先关闭仪器电源开关，再拔下电源插头，避免仪器受损。
- 工作过程中切忌互相打闹，要专心工作。
- 工具和零部件按次序摆放，不可乱丢乱放。

学生签名：_____

日　　期：_____

## 二、任务确认

在教师的引导下解读工作任务，明确工作目标要求。

工作任务单

目标要求：根据要求构建不同水箱的液位简单控制系统，并完成控制器PID参数整定，获得满足工艺要求的过渡过程曲线。

1. 构建上水箱（或中水箱或下水箱）的液位控制系统。
2. 完成液位控制系统控制器的PID参数整定。
3. 计算过渡过程的5个品质指标。

学生签名：＿＿＿＿＿＿＿＿

日　　期：＿＿＿＿＿＿＿＿

## 三、设备清单

| 设备名称 | 类别 | 等级 | 使用人 | 使用日期 |
|---|---|---|---|---|
|  |  |  |  |  |
|  |  |  |  |  |
|  |  |  |  |  |
|  |  |  |  |  |
|  |  |  |  |  |
|  |  |  |  |  |
|  |  |  |  |  |

## 四、工具清单

| 工具名称 | 使用数量 | 使用人 | 使用日期 |
|---|---|---|---|
|  |  |  |  |
|  |  |  |  |
|  |  |  |  |
|  |  |  |  |
|  |  |  |  |

## 五、工作计划

工作计划

以下为学生独立地进行工作流程计划设计。

1.

2.

3.

......

学生签名：_____

日　　期：_____

## 六、任务实施

1. 控制系统的流程图

2. 控制系统的方块图

3. 控制系统投运的步骤

4. 整定获得的PID参数

$P=$　　　　　　　　$I=$　　　　　　　　$D=$

5. 过渡过程曲线

6.过渡过程的品质指标：

最大偏差

余差

衰减比

过渡时间

振荡周期

# 七、任务总结评价

| 评分项目 | 评分细目 | | 配分 | 得分 | 总分 |
|---|---|---|---|---|---|
| 安全防护与准备 | 个人PPE穿戴 | 正确规范 | 2 | | |
| | 安全须知 | 阅读与确认 | 2 | | |
| | 工作任务单 | 阅读与确认 | 1 | | |
| 工作计划制订 | 有效、可执行 | 目的明确 | 5 | | |
| | | 安排合理 | 5 | | |
| | | 步骤可行 | 5 | | |
| 工作过程及记录表的填写 | 工艺管道阀门选择 | 正确规范 | 15 | | |
| | 故障检查 | 正确规范 | 15 | | |
| | 手动自动切换 | 正确规范 | 15 | | |
| | 参数整定方法 | 正确规范 | 20 | | |
| 评估谈话 | 表达和沟通 | 正确全面 | 10 | | |
| 现场整理 | 5S标准 | 规范 | 5 | | |
| 合计 | | | | | |

## 八、评估谈话

评估谈话

• 请说出采用哪种方法进行控制器参数整定。



• 衰减比一般控制在什么范围？为什么？



• 通过此次工作任务，谈谈你的体会。

## 九、技能拓展

换一种方法或换一个对象进行控制器 PID 参数的整定。

# 工作任务4 水箱液位与进水流量串级控制系统的构建及投运

## 任务描述及要求

组建下水箱进水流量与液位串级控制系统（如图2-4所示，设定值SV=80mm）。

化工过程控制实训装置，包括水箱、锅炉、盘管、管道及阀门、压力变送器、流量变送器、温度变送器、离心泵、加热管线、电动调节阀、电磁阀等，模拟构建以水作为物料的化工生产流程，实现液位、流量、温度、压力的测量调节，同时包括380V电源、220V电源、24V电源、DCS模拟量I/O模块、数字量I/O模块、交流变频器、上位机等，可实现信号的连接和转换，构建各种液位控制、流量控制、温度控制、压力控制系统。设备初始状态如下：

I/O通道地址配置：

| AI0 | LT1液位传感器 |
|---|---|
| AI1 | LT2液位传感器 |
| AI2 | LT3液位传感器 |
| AI3 | FT1流量传感器 |
| AI4 | FT2流量传感器 |
| AI5 | FT3流量传感器 |
| AO0 | 电动调节阀 |
| AO1 | 变频器 |

电源等级配置说明：

| 三相磁力泵 | 380V AC |
|---|---|
| 电动调节阀 | 220V AC |
| I/O模块供电 | 24V DC |

过渡过程曲线性能指标要求：

| 余差 | ±0.50mm |
|---|---|
| 最大偏差 | ≤25mm |
| 衰减比 | 4：1～10：1 |
| 过渡时间 | ≤240s |

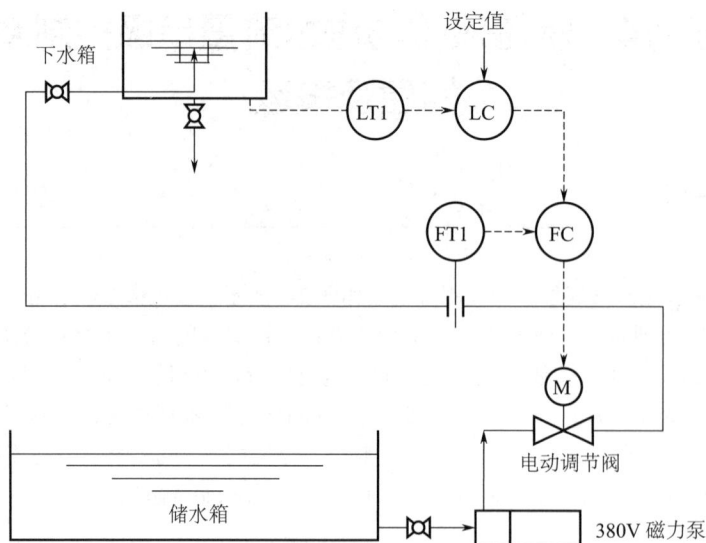

图2-4 下水箱液位与进水流量串级控制系统

## 能力目标

### 1. 专业能力目标

① 会熟练地识别和绘制串级控制系统组成方框图。

② 会根据工艺要求构建串级控制系统并正确投运。

### 2. 通用能力目标

① 具备沟通交流能力。

② 具备逻辑分析能力。

③ 具备规范严谨绘制控制系统组成方框图的能力。

## 主导问题

1. 请说出串级控制系统的组成和运行原理。

2. 如何根据工艺要求确定主变量、副变量和操纵变量？

3. 请说明串级控制系统主、副控制器 PID 参数的整定过程。

## 任务准备

### 一、安全教育

安全教育须知确认单

- 按照接线图接线，并经任课老师确认正确后方可通电操作。
- 严禁带电接线，以保证人员与设备的安全。
- 注意设备的接线，特别是强电的接线，不要错将380V的电压加到220V的设备上，220V的电源不可跨相连接，否则将导致设备损坏。
- 实训中要注意观察设备的现象，发现异常及时按"停止"按钮，并向老师反映情况。
- 实训结束后，应先关闭仪器电源开关，再拔下电源插头，避免仪器受损。
- 工作过程中切忌互相打闹，要专心工作。
- 工具和零部件按次序摆放，不可乱丢乱放。

学生签名：＿＿＿＿＿＿

日　　期：＿＿＿＿＿＿

### 二、任务确认

在教师的引导下解读工作任务，明确工作目标要求。

工作任务单

目标要求：

1. 现场阀门设置。
2. 操作台系统连线。
3. 上位机系统控制到下水箱液位SV=80mm稳定。
4. 更改液位设定值SV=100mm，等待其再次稳定。
5. 打印控制曲线并进行分析。

学生签名：＿＿＿＿＿＿

日　　期：＿＿＿＿＿＿

### 三、设备清单

| 设备名称 | 型号 | 精度等级 | 使用人 | 使用日期 |
|---|---|---|---|---|
|  |  |  |  |  |
|  |  |  |  |  |
|  |  |  |  |  |
|  |  |  |  |  |
|  |  |  |  |  |

## 四、工具清单

| 工具名称 | 使用数量 | 使用人 | 使用日期 |
|---|---|---|---|
|  |  |  |  |
|  |  |  |  |
|  |  |  |  |
|  |  |  |  |

## 五、工作计划

工作计划

以下为学生独立地进行工作流程计划设计。

1.

2.

3.

......

学生签名：＿＿＿＿＿＿＿

日　　期：＿＿＿＿＿＿＿

## 六、任务实施

1. 说明现场工艺流程的设置过程。

2. 说明上位机参数设置及 PID 参数整定的过程。

3. 说明该串级控制系统是如何实现投运及稳定控制的。

## 七、任务总结评价

| 评分项目 | 评分细目 | | 配分 | 得分 | 总分 |
|---|---|---|---|---|---|
| 安全防护与准备 | 个人PPE穿戴 | 正确规范 | 2 | | |
| | 安全须知 | 阅读与确认 | 2 | | |
| | 工作任务单 | 阅读与确认 | 1 | | |
| 工作计划制订 | 有效、可执行 | 目的明确 | 5 | | |
| | | 安排合理 | 5 | | |
| | | 步骤可行 | 5 | | |
| 工作过程及记录表的填写 | 现场阀门设置 | 错一个阀门扣2分，扣完为止 | 10 | | |
| | 接线 | 错一根线扣2分，扣完为止 | 10 | | |
| | 计算机操作界面 | 进入相应控制画面、参数设置画面、曲线画面，错一处扣3分 | 10 | | |
| | 各种参数设置 | 错一个参数扣2分，扣完为止 | 10 | | |
| | 过渡过程曲线的调取 | 相应曲线调取正确，无法调出全扣 | 10 | | |
| | 控制系统图的绘制 | 错一个符号或者错一根信号线扣2分，扣完为止 | 10 | | |
| | 安全文明操作 | 出现一次不安全或者不文明操作扣1分，扣完为止 | 10 | | |
| 评估谈话 | 表达和沟通 | 视回答的准确性和完整性酌情扣分 | 5 | | |
| 现场整理 | 5S标准 | 一项标准未达到扣1分，扣完为止 | 5 | | |
| 合计 | | | | | |

## 八、评估谈话

评估谈话
- 请说出串级控制系统的基本原理和工作过程。

- 请说出用串级控制系统构建下水箱液位与进水流量串级控制的设计思路。

- 通过此次工作任务，谈谈你的体会。

## 九、技能拓展

针对另外一个典型的串级控制系统结合工艺要求分析其组成和工作原理。

# 工作任务5　双闭环流量比值控制系统的构建及投运

## 任务描述及要求

组建比例系数可调的双闭环流量比值控制系统（如图2-5所示，$K=Q_1/Q_2$）。

化工过程控制实训装置，包括水箱、锅炉、盘管、管道及阀门、压力变送器、流量变送器、温度变送器、离心泵、加热管线、电动调节阀、电磁阀等，模拟构建以水作为物料的化工生产流程，实现液位、流量、温度、压力的测量调节，同时包括380V电源、220V电源、24V电源、DCS模拟量I/O模块、数字量I/O模块、交流变频器、上位机等，可实现信号的连接和转换，构建各种液位控制、流量控制、温度控制、压力控制系统。设备的初始状态如下：

I/O通道地址配置：

| AI0 | LT1液位传感器 |
|---|---|
| AI1 | LT2液位传感器 |
| AI2 | LT3液位传感器 |
| AI3 | FT1流量传感器 |
| AI4 | FT2流量传感器 |
| AI5 | FT3流量传感器 |
| AO0 | 电动调节阀 |
| AO1 | 变频器 |

电源等级配置说明：

| 三相磁力泵 | 380V AC |
|---|---|
| 电动调节阀 | 220V AC |
| I/O模块供电 | 24V DC |

过渡过程曲线性能指标要求：

| 余差 | ± 0.50mm |
|---|---|
| 最大偏差 | ≤25mm |
| 衰减比 | 4：1～10：1 |
| 过渡时间 | ≤240s |

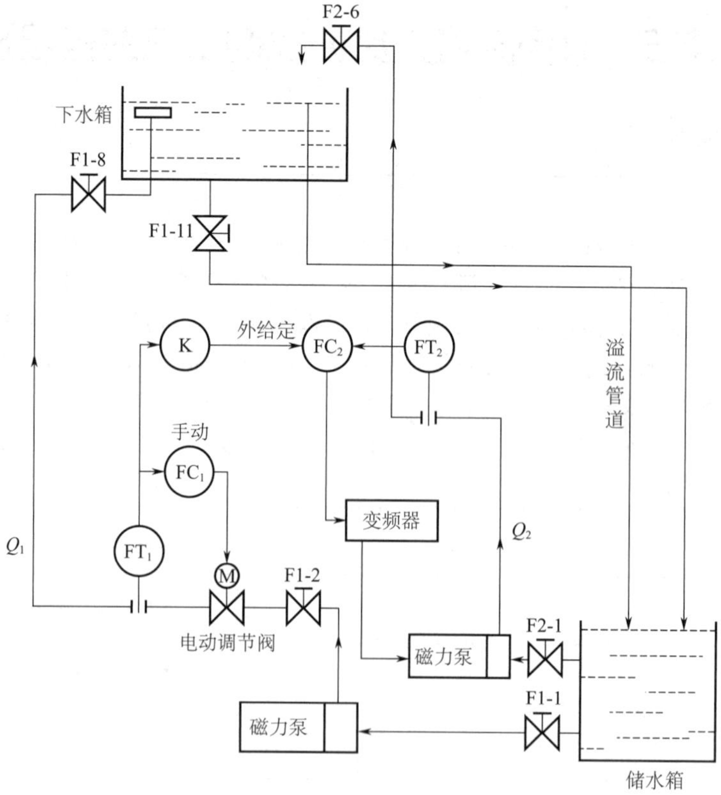

图2-5 双闭环流量比值控制系统工艺流程图

## 能力目标

### 1. 专业能力目标

① 会熟练地识别和绘制双闭环比值控制系统组成方框图。

② 会根据工艺要求构建双闭环比值控制系统并正确投运。

### 2. 通用能力目标

① 具备沟通交流能力。

② 具备逻辑分析能力。

③ 具备规范严谨绘制控制系统组成方框图的能力。

## 主导问题

1. 请说明双闭环比值控制系统的组成和运行原理。

2.如何根据工艺要求确定主流量控制系统和副流量控制系统。

3.请说明双闭环比值控制系统中主、副控制器PID参数的整定过程。

# 任务准备

## 一、安全教育

安全教育须知确认单
- 按照接线图接线，并经任课老师确认正确后方可通电操作。
- 严禁带电接线，以保证人员与设备的安全。
- 注意设备的接线，特别是强电的接线，不要错将380V的电压加到220V的设备上，220V的电源不可跨相连接，否则将导致设备损坏。
- 实训中要注意观察设备的状况，发现异常及时按"停止"按钮，并向老师反映情况。
- 实训结束后，应先关闭仪器电源开关，再拔下电源插头，避免仪器受损。
- 工作过程中切忌互相打闹，要专心工作。

学生签名：＿＿＿＿＿＿＿
日　　期：＿＿＿＿＿＿＿

## 二、任务确认

在教师的引导下解读工作任务，明确工作目标要求。

工作任务单
目标要求：
1.现场阀门设置。
2.操作台系统连线。
3.上位机系统控制两路流量的比例$K=1.5$，保持稳定。
4.更改比例设定值$K=2$，等待其再次稳定。
5.打印控制曲线并进行比对分析。

学生签名：＿＿＿＿＿＿＿
日　　期：＿＿＿＿＿＿＿

## 三、设备清单

| 设备名称 | 型号 | 精度等级 | 使用人 | 使用日期 |
|---|---|---|---|---|
|  |  |  |  |  |
|  |  |  |  |  |
|  |  |  |  |  |

## 四、工具清单

| 工具名称 | 使用数量 | 使用人 | 使用日期 |
|---|---|---|---|
|  |  |  |  |
|  |  |  |  |
|  |  |  |  |

## 五、工作计划

工作计划

以下为学生独立地进行工作流程计划设计。

1.

2.

3.

……

学生签名：_____

日　　期：_____

## 六、任务实施

1. 说明现场工艺流程的设置过程。

2. 说明该双闭环流量比值控制系统接线的过程。

3. 说明上位机参数设置及 PID 参数整定的过程。

4. 说明该双闭环流量比值控制系统是如何实现投运及稳定控制的。

# 七、任务总结评价

| 评分项目 | 评分细目 | | 配分 | 得分 | 总分 |
|---|---|---|---|---|---|
| 安全防护与准备 | 个人PPE穿戴 | 正确规范 | 2 | | |
| | 安全须知 | 阅读与确认 | 2 | | |
| | 工作任务单 | 阅读与确认 | 1 | | |
| 工作计划制订 | 有效、可执行 | 目的明确 | 5 | | |
| | | 安排合理 | 5 | | |
| | | 步骤可行 | 5 | | |
| 工作过程及记录表的填写 | 现场阀门设置 | 错一个阀门扣2分，扣完为止 | 10 | | |
| | 接线 | 错一根线扣2分，扣完为止 | 10 | | |
| | 计算机操作界面 | 进入相应控制画面、参数设置画面、曲线画面，错一处扣3分 | 10 | | |
| | 各种参数设置 | 错一个参数扣2分，扣完为止 | 10 | | |
| | 过渡过程曲线的调取 | 相应曲线调取正确，无法调出全扣 | 10 | | |
| | 控制系统图的绘制 | 错一个符号或者错一根信号线扣2分，扣完为止 | 10 | | |
| | 安全文明操作 | 出现一次不安全或者不文明操作扣1分，扣完为止 | 10 | | |
| 评估谈话 | 表达和沟通 | 视回答的准确性和完整性酌情扣分 | 5 | | |
| 现场整理 | 5S标准 | 一项标准未达到扣1分，扣完为止 | 5 | | |
| 合计 | | | | | |

## 八、评估谈话

评估谈话

- 请说出比值控制系统的基本原理和工作过程。

- 请说出用比值控制系统构建两路流量的双闭环比值控制的设计思路。

- 通过此次工作任务，谈谈你的体会。

## 九、技能拓展

针对另外一个典型的比值控制系统结合工艺要求分析其组成和工作原理。

_____

_____

_____

_____

_____

_____

_____

_____

_____

_____

_____

_____

_____

_____

# 工作情境三
# 信号报警及联锁系统
# 的调试运行

## 情境描述

常减压车间技术改造完成，设备仪表安装完毕并检查合格，施工方需要按照交工验收方案进行系统模拟试验。系统模拟试验分为三个阶段：单体仪表调试、单系统调试和全系统调试。通过信号发生端输入模拟信号，监测控制仪表、执行器、单自动控制系统和信号联锁报警系统的运行状况，进而测试系统的允许误差、PID 作用及作用方向、工艺参数设定、安全仪表及联锁报警系统的工作状况、控制系统的工艺全模拟运行状况，检测系统是否符合设计要求。本次任务涉及其中的信号联锁报警系统的构建和调试运行。

## 任务描述及要求

乙烯加氢脱炔反应工段的工艺流程如图 3-1 所示，在正常生产过程中会遇到反应釜温度过高或者压力过高的不安全状况，因此要求在主反应釜温度过高时，温度报警信号通过逻辑电路去触发联锁保护开关闭合，从而启动联锁保护系统，以保证设备的安全。请根据工艺要求利用 CD4011（四输入与非门）芯片自己设计电路，实现相应的逻辑联锁触发功能。

塔 R-101 的底部、中部和顶部分别有三个温度测量点 TISA1003C、TISA1003B 和 TISA1003A（都属于联锁高值报警的温度控制点），在满足一定条件时会产生逻辑 1 的触发信号，启动带联锁功能的气动薄膜调节阀 PV1001 全开（放空，去火炬系统），用于装置降压，保护设备和操作人员的安全。具体要求如下：

① TISA1003A 超过温度上限值（产生逻辑 1），另外两个 TISA1003B 和 TISA1003C 中任何一个超过温度上限值（产生逻辑 1），或者都同时超过温度上限值，输出触发信号启动联锁。

② TISA1003A 没有超过温度上限值，另外两个 TISA1003B 和 TISA1003C 中任何一个超过温度上限值（产生逻辑 1），或者都同时超过温度上限值，那么也不会输出触发信号启动联锁。

③ 在 TISA1003A、TISA1003B、TISA1003C 都不超温度上限值时，不会触发启动联锁；如果只有 TISA1003A 超过温度上限值（产生逻辑 1），不会输出触发信号启动联锁。

## 能力目标

### 1. 专业能力目标

① 会熟练地识别和绘制基础的数字逻辑门电路。
② 会根据简单的工艺联锁要求构建数字逻辑门电路。

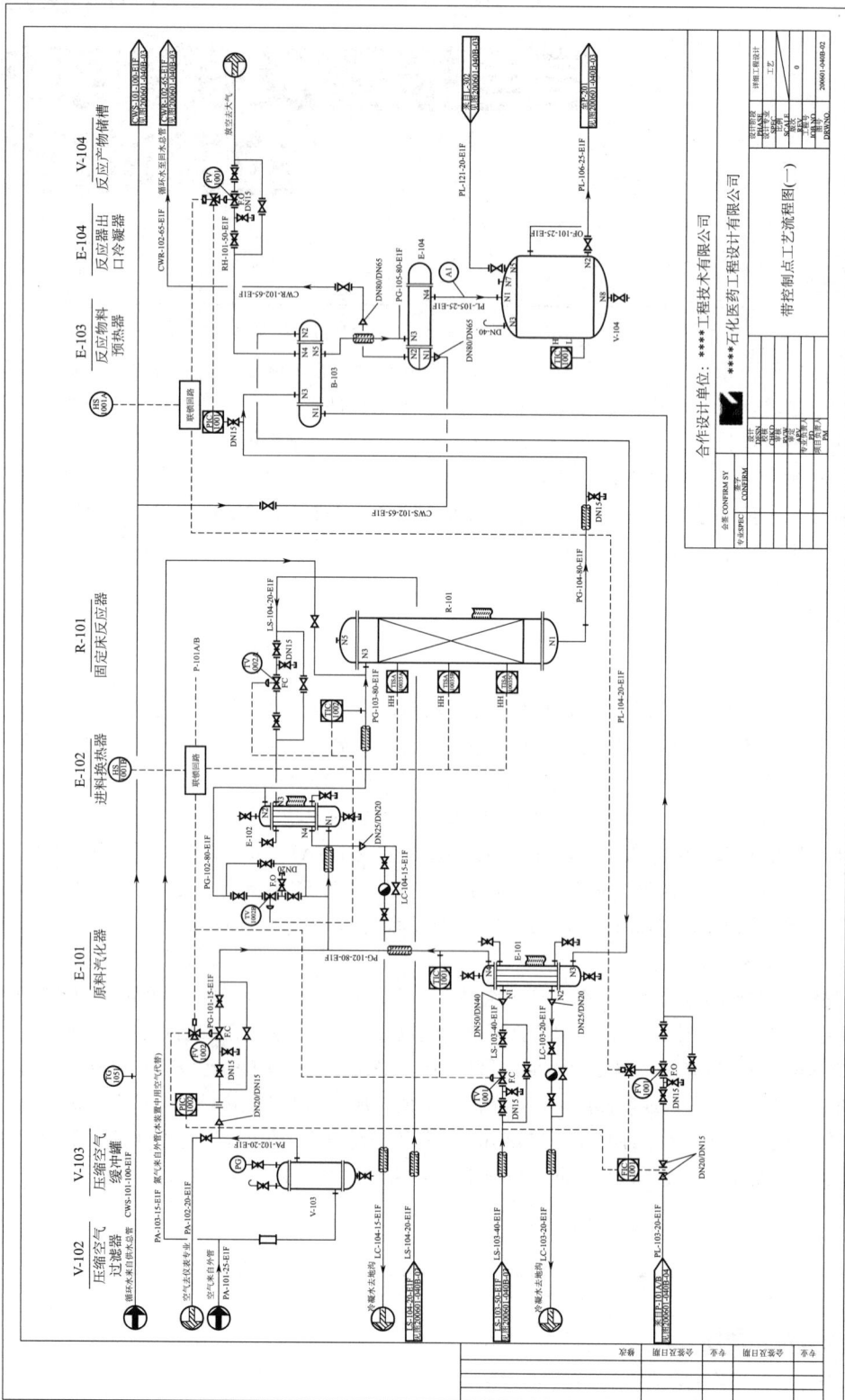

图3-1 乙烯加氢脱炔块反应工段的工艺流程图

## 2.通用能力目标

① 具备沟通交流能力。

② 具备逻辑分析能力。

③ 具备规范严谨绘制数字逻辑电路图的能力。

# 主导问题

1.数字逻辑中的与非门的逻辑关系是如何定义的?并写出其逻辑符号和真值表。

2.在分析工艺要求的基础上,请设置变量并写出其实际联锁触发条件的真值表。

3.请思考如何借助合适的逻辑门电路来实现相应的联锁触发功能。

# 任务准备

## 一、安全教育

安全教育须知确认单

- 在分组实训前应认真检查本组仪器、设备及电子元器件状况,若发现缺损或异常现象,应立即报告指导教师或实训室管理人员处理。
- 给直流供电设备接电源时,应把直流电源电压旋钮调到最低处,接好电源后再把电源开关打开,并调电压至额定值,同时所有电路的相关操作须在断电后进行。
- 实训结束后,应先关闭仪器电源开关,再拔下电源插头,避免仪器受损。
- 工作过程中切忌互相打闹,要专心工作。

学生签名:＿＿＿＿＿＿

日　　期:＿＿＿＿＿＿

## 二、任务确认

在教师的引导下解读工作任务，明确工作目标要求。

工作任务单

目标要求：在明确和熟悉工艺过程和联锁控制要求之后，设计并构建一个数字逻辑电路，能够在满足条件时触发联锁输出逻辑1的信号，这样再连接到调节阀PV1001的信号输入端就可以触发联锁保护系统启动，并进行最后结果的验证。

学生签名：＿＿＿＿＿

日　　期：＿＿＿＿＿

## 三、设备清单

| 设备名称 | 型号 | 精度等级 | 使用人 | 使用日期 |
|---|---|---|---|---|
|  |  |  |  |  |
|  |  |  |  |  |
|  |  |  |  |  |

## 四、工具清单

| 工具名称 | 使用数量 | 使用人 | 使用日期 |
|---|---|---|---|
|  |  |  |  |
|  |  |  |  |
|  |  |  |  |

## 五、工作计划

工作计划

以下为学生独立地进行工作流程计划设计。

1.

2.

3.

……

学生签名：＿＿＿＿＿

日　　期：＿＿＿＿＿

## 六、任务实施

**联锁逻辑真值表**

| A | B | C | Y |
|---|---|---|---|
|   |   |   |   |
|   |   |   |   |

**实验结果数据记录表**

| 输入 | | | 输出 | | |
|---|---|---|---|---|---|
| A | B | C | 逻辑值 | 灯 | 电压 |
| 0 | 0 | 0 |   |   |   |
| 0 | 0 | 1 |   |   |   |
| 0 | 1 | 0 |   |   |   |
| 0 | 1 | 1 |   |   |   |
| 1 | 0 | 0 |   |   |   |
| 1 | 0 | 1 |   |   |   |
| 1 | 1 | 0 |   |   |   |
| 1 | 1 | 1 |   |   |   |

## 七、任务总结评价

| 评分项目 | 评分细目 | | 配分 | 得分 | 总分 |
|---|---|---|---|---|---|
| 安全防护与准备 | 个人PPE穿戴 | 正确规范 | 2 | | |
| | 安全须知 | 阅读与确认 | 2 | | |
| | 工作任务单 | 阅读与确认 | 1 | | |
| 工作计划制订 | 有效、可执行 | 目的明确 | 5 | | |
| | | 安排合理 | 5 | | |
| | | 步骤可行 | 5 | | |
| 工作过程及记录表的填写 | 真值表的编制 | 正确规范 | 10 | | |
| | 逻辑表达式的书写 | 正确规范 | 10 | | |
| | 逻辑电路图的绘制 | 测电阻 | 10 | | |
| | 逻辑电路的搭建 | 测电流 | 20 | | |
| | 逻辑功能的验证 | 量程设置 | 10 | | |
| | 安全文明操作 | 规范 | 10 | | |
| | | 不规范 | 0 | | |
| 评估谈话 | 表达和沟通 | 理解正确 | 2 | | |
| | | 回答准确 | 3 | | |
| 现场整理 | 5S标准 | 规范 | 5 | | |
| 合计 | | | | | |

## 八、评估谈话

评估谈话
- 请说出联锁保护系统的基本原理和工作过程。


- 请说出用数字逻辑电路实现联锁触发的设计思路。


- 通过此次工作任务，谈谈你的体会。

## 九、技能拓展

针对另外一个典型的联锁保护系统结合工艺要求分析其逻辑电路构成和触发原理。

_____

_____

_____

_____

_____

_____

_____

_____

_____

_____

_____

_____

_____

_____

# 计算机控制系统的调试运行

## 情境描述

常减压车间技术改造完成，设备仪表安装完毕并检查合格，施工方需要按照交工验收方案进行系统模拟试验。系统模拟试验分为三个阶段：单体仪表调试、单系统调试和全系统调试。在熟悉技术方案的情况下，合理安排系统安装与调试程序，是确保高效优质地完成安装与调试任务的关键。本次任务涉及其中的可编程逻辑控制器（PLC）调试运行。

## 工作任务1 可编程逻辑控制器（PLC）的调试运行

### 任务描述及要求

常减压的工艺流程如图 4-1 所示，在正常生产过程中会遇到管路流速过高或者压力过高的不安全状况，因此要求在流速过高时，需要通过 PLC 控制系统实现流量控制，以保证生产的安全。请根据工艺要求利用 SIMATIC Manager 以及 WinCC 等软件进行模拟操作，实现相应的控制功能。

常压塔回流管路中流量需要进行控制，可以对常顶回流泵或者泵出口阀门开度进行调控，以实现回流量的控制。

### 能力目标

#### 1. 专业能力目标

① 会熟练地识别和绘制逻辑图、梯形图。
② 会根据简单的工艺要求构建 PLC 控制系统。

#### 2. 通用能力目标

① 具备沟通交流能力。
② 具备逻辑分析能力。
③ 具备规范严谨绘制梯形图的能力。

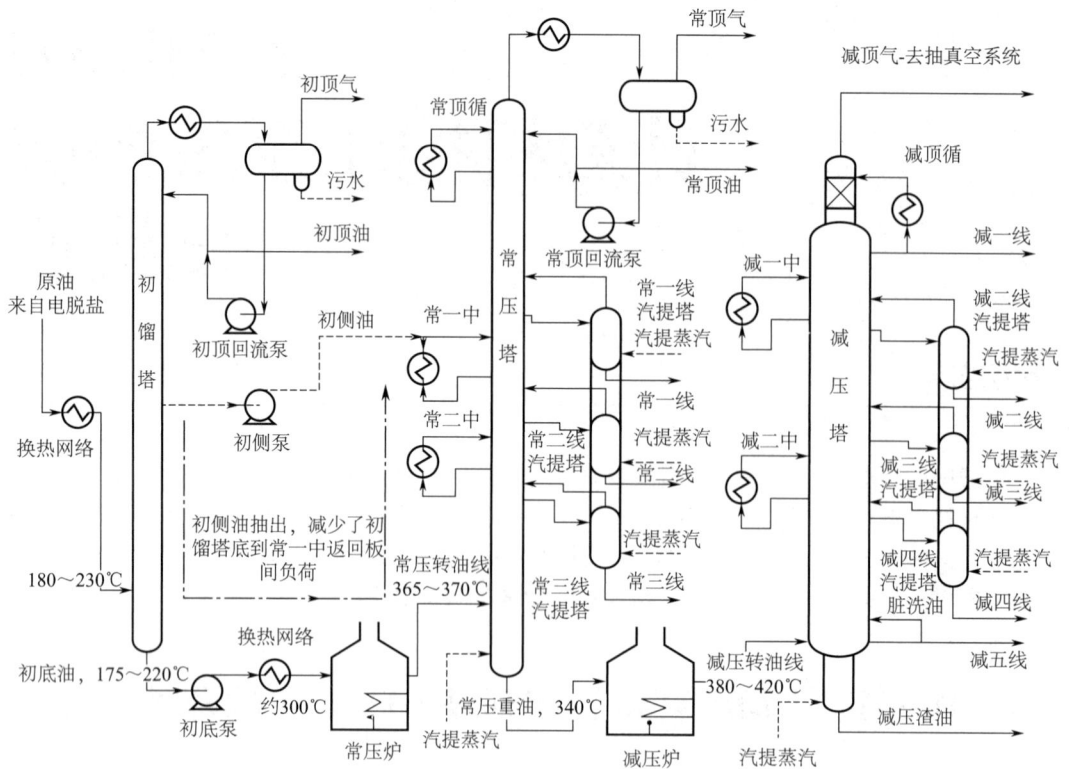

图4-1　常减压的工艺流程图

## 主导问题

1. PLC 逻辑语言的与或非门的逻辑关系是如何定义的？并写出其逻辑符号。

2. 在分析工艺要求的基础上，请编制 PLC 流量控制程序。

3. 请思考一下如何借助 SIMATIC Manager 以及 WinCC 等软件实现系统调试。

4. 如何在过程控制实验台上实现流量控制？

## 任务准备

### 一、安全教育

**安全教育须知确认单**

- 在分组实训前应认真检查本组仪器、设备及电子元器件状况，若发现缺损或异常现象，应立即报告指导教师或实训室管理人员处理。
- 给直流供电设备接电源时，应把直流电源电压旋钮调到最低处，接好电源后再把电源开关打开，并调电压至额定值，同时所有电路的相关操作须在断电后进行。
- 实训结束后，应先关闭仪器电源开关，再拔下电源插头，避免仪器受损。
- 工作过程中切忌互相打闹，要专心工作。

学生签名：_____

日　　期：_____

### 二、任务确认

在教师的引导下解读工作任务，明确工作目标要求。

**工作任务单**

目标要求：在明确和熟悉工艺过程和流量控制要求之后，设计和构建一个PLC控制系统，能够在满足条件时实现流量的自动控制，并进行最后结果的验证。

学生签名：_____

日　　期：_____

### 三、设备清单

| 设备名称 | 型号 | 精度等级 | 使用人 | 使用日期 |
|---|---|---|---|---|
|  |  |  |  |  |
|  |  |  |  |  |
|  |  |  |  |  |
|  |  |  |  |  |
|  |  |  |  |  |
|  |  |  |  |  |
|  |  |  |  |  |
|  |  |  |  |  |

## 四、工具清单

| 工具名称 | 使用数量 | 使用人 | 使用日期 |
|---|---|---|---|
|  |  |  |  |
|  |  |  |  |
|  |  |  |  |
|  |  |  |  |
|  |  |  |  |
|  |  |  |  |

## 五、工作计划

工作计划

以下为学生独立地进行工作流程计划设计。

1.

2.

3.

……

学生签名：＿＿＿＿＿＿

日　　期：＿＿＿＿＿＿

## 六、任务实施

梯形图

实验结果数据记录

## 七、任务总结评价

| 评分项目 | 评分细目 | | 配分 | 得分 | 总分 |
|---|---|---|---|---|---|
| 安全防护与准备 | 个人PPE穿戴 | 正确规范 | 2 | | |
| | 安全须知 | 阅读与确认 | 2 | | |
| | 工作任务单 | 阅读与确认 | 1 | | |
| 工作计划制订 | 有效、可执行 | 目的明确 | 5 | | |
| | | 安排合理 | 5 | | |
| | | 步骤可行 | 5 | | |
| 工作过程及记录表的填写 | 梯形图的编制 | 正确规范 | 10 | | |
| | 逻辑表达式的书写 | 正确规范 | 10 | | |
| | 控制系统的绘制 | 测电阻 | 10 | | |
| | 控制系统的搭建 | 测电流 | 20 | | |
| | 控制功能的验证 | 量程设置 | 10 | | |
| | 安全文明操作 | 规范 | 10 | | |
| | | 不规范 | 0 | | |
| 评估谈话 | 表达和沟通 | 理解正确 | 2 | | |
| | | 回答准确 | 3 | | |
| 现场整理 | 5S标准 | 规范 | 5 | | |
| 合计 | | | | | |

## 八、评估谈话

评估谈话

· 请说出PLC的基本结构、工作原理和工作过程。

· 请说出用PLC实现流量控制的设计思路。

· 通过此次工作任务，谈谈你的体会。

## 九、技能拓展

针对压力控制要求分析其 PLC 控制原理和工作流程。

# 工作任务2　集散控制系统（DCS）的调试运行

## 任务描述及要求

有机硅合成工艺流程如图4-2所示，在单体合成工段中，来自界外和回流罐的氯化甲烷经汽化、加热至252℃，将硅粉原料和铜粉催化剂带入流化床中。在290℃及0.3MPa(A)条件下，在流化床中，进行气固相反应生成甲基氯硅烷混合物，甲基氯硅烷合成反应气经旋风分离及除尘洗涤，将其中残存的硅、铜除去，再经分馏塔分离，未反应的氯化甲烷重新用于合成反应，所得的甲基氯硅烷混合物送至单体分离工段进行分离。在正常生产过程中会遇到反应温度高于或者低于290℃的情况，因此要求将反应温度控制在290℃，以保证二甲单程收率高。

要求流化床在最低消耗下，获得最大的二甲单程收率。硅粉、催化剂连续定量加料，以消除流化床床层料面的大幅度波动。流化床换热方式为导热油换热。硅粉、铜粉和氯化甲烷流量配比自动控制，保证流化床负荷稳定，也使空速和接触时间控制在对反应最有利的情况。反应器的密相床层温度可以自动调节。流化床操作控制状态在反应温度上明显表现出来，流化床反应得比较好时，反应温度容易控制；反应主要在密相床层进行，反应温度控制在290℃时，二甲单程收率高，副产物也少；反应温度过高时，合成物易深度分解，生成较多 $H_2$、$CH_4$，温度控制困难。流化床 F101 温控方案为调节反应器盘管导热油流量控制流化床密相床层温度。

## 能力目标

### 1. 专业能力目标

① 会熟练地使用 CENTUM-CS3000 组态软件建立工作站。

② 会根据简单的工艺要求，添加所需要的卡件。

### 2. 通用能力目标

① 具备沟通交流能力。

② 具备逻辑分析能力。

③ 具备规范严谨使用 CENTUM-CS3000 软件的能力。

## 主导问题

1. 集散控制系统是如何定义的？并写出它有哪些结构和特点。

2. 在分析工艺要求的基础上，请自己设置变量并写出其操作步骤。

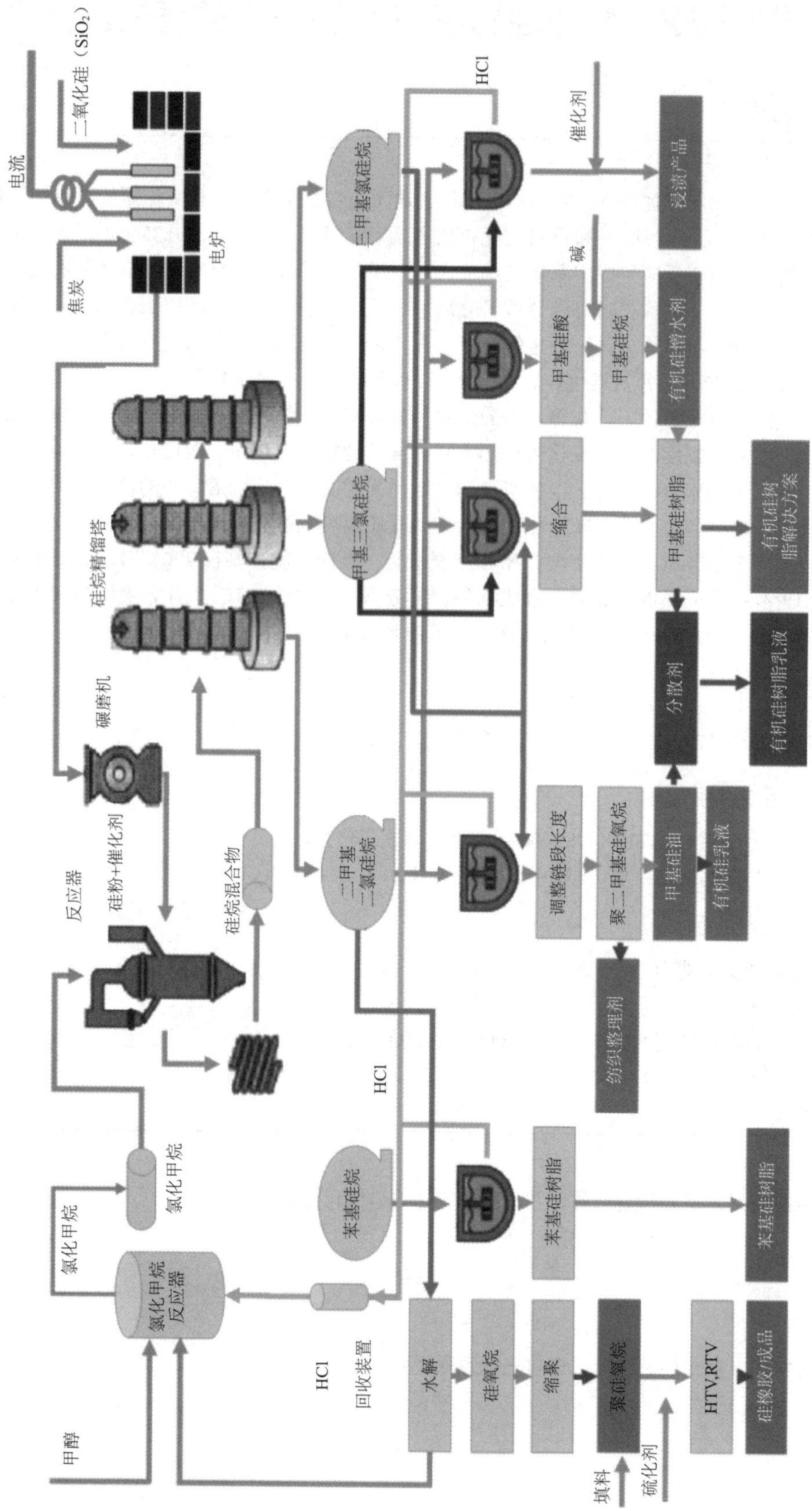

图4-2 有机硅合成工艺流程图

3. 请思考一下如何借助合适的集散控制系统来实现相应的自动控制。

## 任务准备

### 一、安全教育

安全教育须知确认单
- 在分组实训前应认真检查本组仪器、设备状况，若发现缺损或异常现象，应立即报告指导教师或实训室管理人员处理。
- 使用装置前，首先检查本装置的外部供电系统，本装置供电电压为380V（AC），频率为50Hz，额定功率为2.5kW。
- 实训结束后，应先关闭仪器电源开关，再拔下电源插头，避免仪器受损。
- 工作过程中切忌互相打闹，要专心工作。

学生签名: _____

日　　期: _____

### 二、任务确认

在教师的引导下解读工作任务，明确工作目标要求。

工作任务单
目标要求：明确和熟悉工艺过程和CENTUM-CS3000软件，在流化床温度发生变化时，调节反应器盘管导热油流量控制流化床密相床层温度，最终实现反应器温度保持稳定，并进行最后结果的验证。

学生签名: _____

日　　期: _____

### 三、设备清单

| 设备名称 | 型号 | 精度等级 | 使用人 | 使用日期 |
|---|---|---|---|---|
| | | | | |
| | | | | |
| | | | | |
| | | | | |
| | | | | |
| | | | | |

## 四、工具清单

| 工具名称 | 使用数量 | 使用人 | 使用日期 |
|---|---|---|---|
|  |  |  |  |
|  |  |  |  |
|  |  |  |  |
|  |  |  |  |
|  |  |  |  |
|  |  |  |  |

## 五、工作计划

工作计划

以下为学生独立地进行工作流程计划设计。

1.

2.

3.

……

学生签名：＿＿＿＿＿＿＿

日　　期：＿＿＿＿＿＿＿

## 六、任务实施

记录反应器的温度以及二甲浓度变化，以此获得的数据绘制变化曲线。

| $t/s$ |  |  |  |  |  |  |  |  |  |  |  |  |
|---|---|---|---|---|---|---|---|---|---|---|---|---|
| 反应器温度 |  |  |  |  |  |  |  |  |  |  |  |  |
| 二甲浓度 |  |  |  |  |  |  |  |  |  |  |  |  |

曲线图：

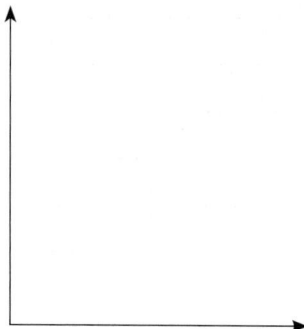

## 七、任务总结评价

| 评分项目 | 评分细目 | | 配分 | 得分 | 总分 |
|---|---|---|---|---|---|
| 安全防护与准备 | 个人PPE穿戴 | 正确规范 | 2 | | |
| | 安全须知 | 阅读与确认 | 2 | | |
| | 工作任务单 | 阅读与确认 | 1 | | |
| 工作计划制订 | 有效、可执行 | 目的明确 | 5 | | |
| | | 安排合理 | 5 | | |
| | | 步骤可行 | 5 | | |
| 工作过程及记录表的填写 | 物料配比 | 正确规范 | 10 | | |
| | 卡件选择 | 正确规范 | 10 | | |
| | 组态工作站建立 | 正确合理 | 10 | | |
| | 数据整理与记录 | 正确规范 | 20 | | |
| | 安全文明操作 | 规范 | 10 | | |
| 评估谈话 | 表达和沟通 | 理解正确 | 5 | | |
| | | 回答准确 | 5 | | |
| 现场整理 | 5S标准 | 规范 | 10 | | |
| 合计 | | | | | |

## 八、评估谈话

评估谈话

• 请说出集散控制系统的基本原理和工作过程。

• 请说出如何用集散控制系统实现某工段的流量控制。

• 通过此次工作任务，谈谈你的体会。

## 九、技能拓展

针对另外一个典型的集散控制系统结合工艺要求分析其工作过程。